TASCABILI BOMPIANI 400

Dello stesso autore nel catalogo Bompiani

L'INVENZIONE DELLE RAZZE
MORTI E SPOLTI
SILLABARIO DI GENETICA PER PRINCIPIANTI
TUTTO IL RESTO È PROVVISORIO

GUIDO BARBUJANI

EUROPEI SENZA SE E SENZA MA

STORIE DI NEANDERTALIANI E DI IMMIGRATI

I GRANDI TASCABILI
BOMPIANI

ISBN 978-88-301-0393-1

www.giunti.it
www.bompiani.it

Via Bolognese 165 - 50139 Firenze - Italia
Via G. B. Pirelli 30 - 20124 Milano - Italia

Prima edizione Bompiani: 2008
Prima edizione Giunti Editore S.p.A.: aprile 2021

A Fabio Milani,
che nel 1969 chiese a un fantasma se gli inglesi
sarebbero entrati nella Comunità economica europea.
Peccato non gli abbia chiesto anche
quanto a lungo pensavano di fermarsi.

Ogni casa, ogni strada, ogni piazza di Praga continuò a gridare incessantemente lungo tutta la storia: “Non dimenticare questo! Non dimenticare quello!”, sì da far quasi dimenticare, fra tanti ricordi e desideri di vendetta, il tempo presente.

Johannes Urzidil, *Trittico di Praga*

SOMMARIO

PREFAZIONE ALL'EDIZIONE DEL 2021

Come passa il tempo. Pensavo che per ripubblicare questo libro a tredici anni di distanza dalla prima edizione avrei dovuto dargli una sistemata, invece ho finito per riscriverne tre quarti. Il fatto è che c'è l'evoluzione. E qui evoluzione vuol dire che sono cambiati sia i dati scientifici di cui disponiamo, sia il contesto europeo, sociale e politico in cui collocarli. È successo tutto molto in fretta. La genetica, per cominciare, ha fatto passi da gigante, alimentati da formidabili innovazioni tecnologiche. Se l'impianto dei nostri ragionamenti è rimasto lo stesso, cioè i lavori fondamentali di Luca Cavalli-Sforza e Robert Sokal innestati sul tronco del pensiero darwiniano, tanto di quello che tredici anni fa si poteva intuire, ma di rado dimostrare, adesso lo si può andare direttamente a vedere: nel DNA di migliaia di europei del passato e di un milione di contemporanei. Il quadro si è fatto più chiaro; allo stesso tempo, per ogni risposta trovata sono emerse nuove domande, ma è quello che succede quando la scienza funziona: a ogni passo avanti cambia un po' la prospettiva e si cerca di guardare un po' più in là. Il dialogo fitto, spesso non facile, con archeologi, linguisti, storici e antropologi ha prodotto sintesi fino a qualche anno fa semplicemente impensabili e sollevato nuovi interrogativi. Ne parleremo.

È cambiato anche il mondo in cui viviamo. Tredici anni fa, sotto la spinta non disinteressata di Tony Blair, si discuteva di allargare i confini dell'Unione Europea, arrivando a comprendere anche la Turchia. Ci si guardava bene, però, dal mettere in discussione i meccanismi decisionali europei, mantenendo il principio dell'unanimità che, come abbiamo poi visto, paralizza al minimo soffio di vento ogni capacità di scelta, anche adesso che senza il Regno Unito siamo rimasti in ventisei. Blair in seguito ha allargato il suo raggio d'azione, arrivando a combinare disastri anche in Medio Oriente, ma nel frattempo la grande recessione aveva fatto scoppiare la crisi del debito sovrano. La politica di bassi interessi adottata dalla BCE (Banca centrale europea) ha portato a massicci investimenti delle banche del nord nei paesi del sud, che in breve hanno accumulato debiti insostenibili. Grecia, Portogallo, Spagna, Irlanda e Cipro hanno dovuto ricorrere ad aiuti, negoziati a condizioni pesanti con la BCE o l'FMI (Fondo monetario internazionale); e c'è mancato poco che toccasse anche all'Italia. Da allora, la contrapposizione fra il cosiddetto *Club Méditerranée*, i paesi del sud indebitati, e i "paesi frugali" del nord con i conti in ordine, ha segnato le relazioni (politiche e direi anche psicologiche) fra i governi europei, in modo pesante, generando incomprensioni e conflitti. Le misure di austerità imposte ai paesi più indebitati hanno dimostrato plasticamente la fragilità di tante conquiste sociali, gettando nella povertà e nella disperazione milioni di cittadini europei (non solo greci) e nell'angoscia per il futuro una buona parte degli altri. Tagli alla sanità, alle pensioni e all'istruzione, precarizzazione del lavoro e, per finire, l'incremento dei flussi migratori in entrata hanno fatto il resto. Un'Europa già in difficoltà a gestire la globalizzazione ha scoperto di avere un problema dove non se l'aspettava, a quei confini che fino a pochi anni prima pensava di allargare. Ha reagito in maniera scomposta: scaricando gli oneri di accoglienza sui paesi del sud e dell'est, e chi s'è visto s'è visto. Il Regolamento di Dublino del 2013, che definisce lo stato competente per le richieste d'asilo, è il prodotto di un'impostazione miope e difensiva, in cui si finge di non capire che o tutta l'Unione Europea si muove in maniera coordinata e razionale, o i singoli paesi non saranno in grado di venirne fuori. Nel frattempo, assistiamo a scene già viste nel Novecento: ben coordinate campagne mediatiche gridano all'invasione e scaricano sugli immigrati stranieri la colpa di tutto ciò che non funziona, invocando una chiusura ermetica delle frontiere che è con ogni evidenza impossibile da realizzare, anche se la si decidesse. Il fenomeno ha aspetti sinistri, ma anche bizzarri. Per esempio, le opinioni pubbliche dell'area mediterranea manifestano sentimenti di rifiuto e di disprezzo per gli immigrati; ma si risentono quando, dalle opinioni pubbliche dei cosiddetti paesi frugali, analoghi sentimenti vengono espressi nei loro confronti. Ognuno è il terrone di qualcun altro, e rendersene conto forse servirebbe.

Quando è uscita la prima edizione di questo libro, in Italia e altrove si parlava ancora poco di globalizzazione e per niente di sovranismo. L'atteggiamento nei confronti delle istituzioni europee era più sfumato: comprendeva diffidenze per la cosiddetta burocrazia di Bruxelles, ma anche qualche speranza che a livello europeo si potessero risolvere tanti problemi che da soli non sapevamo o non volevamo affrontare. Insomma, non credo di semplificare troppo se dico che nel corso degli ultimi tredici anni un insieme di fattori diversi, alcuni immaginari ma altri no, ha portato a mettere in discussione le basi stesse della democrazia europea, con spinte sempre più aperte verso modelli autoritari, che incontrano consenso e a cui si stenta a trovare un antidoto. Ma il quadro generale non è solo fosco. L'emergenza sanitaria del 2020 sembra aver messo in moto anche energie prima troppo timide per esprimersi, che forse permetteranno di rivedere vecchie regole e attenuare passate rigidità. Nella grande tragedia planetaria dell'epidemia da coronavirus qualcosa si muove, e oggi la dirigenza europea mi sembra meno lontana dalle aspirazioni dei cittadini, più propensa a scelte coraggiose.

Tutto questo non ha niente a che vedere con la genetica, ma la genetica ha a che vedere con tutto questo. Non è un gioco di parole. Progressiva perdita di protezione sociale; precarizzazione estrema del lavoro; nuove povertà; reciproche sordità fra paesi europei; instabilità politica ai confini e accentuazione dei flussi migratori: nessuno di questi fenomeni ha la minima radice in processi genetici. Ma chi, attraverso la genetica, cerca di ricostruire la storia delle popolazioni, va a sbattere regolarmente contro un sacco di pregiudizi, secondo cui, invece, proprio nei geni starebbe scritto il destino dei popoli e degli individui che li compongono. È una semplificazione puerile, ma, come tutte le semplificazioni, può piacere a chi fatica a fare i conti con la complessità delle nostre relazioni sociali. E allora ho cercato di insistere molto su quanto la nostra storia, che ha lasciato nei nostri geni tracce che sappiamo interpretare, si riveli inevitabilmente tanto, ma tanto complessa. Nessun popolo ha mai avuto radici pure e univoche, perché, da milioni di anni, siamo in continuo spostamento di qua e di là. Ricostruire queste migrazioni, e i fenomeni per cui certe popolazioni si sono fuse con altre, o non lo hanno fatto, o le hanno rimpiazzate, è interessante e a me, personalmente, piace da matti. Ma è bene metterlo in chiaro da subito: a conti fatti, tutto quello che sappiamo o crediamo di sapere ci porta a concludere che c'erano, una volta, i veri europei: ma erano i neandertaliani, e si sono estinti in seguito a un fenomeno migratorio dall'Africa. Quegli africani siamo noi, o meglio, sono i nostri antenati: e dunque, anche tredici anni dopo la prima edizione di questo libro, continuo a credere che l'Europa c'è ed è un ottimo posto per viverci, ma non c'è più, da nessuna parte, qualcuno che si possa chiamare veramente europeo, senza se e senza ma.

Anni fa	Evento
3,7 miliardi	Comparsa delle prime forme di vita sulla Terra
250 milioni	Primi mammiferi
65 milioni	Primi primati
6,5 milioni	Separazione delle linee evolutive che hanno portato allo scimpanzé e all'uomo
2,2 milioni	Comparsa in Africa dell'est del genere *Homo* (*Homo habilis*), paleolitico inferiore
1,8 milioni	Prime forme di *Homo* fuori dall'Africa (*Homo georgicus*)
1 milione	*Homo heidelbergensis* in Africa, Asia ed Europa
Forse 300.000	*Homo neanderthalensis* in Europa, paleolitico medio
190.000	*Homo sapiens* in Africa orientale
70.000-50.000	Espansione di *Homo sapiens* dall'Africa verso il Vicino Oriente e l'Asia
45.000-40.000	*Homo sapiens* in Europa, paleolitico superiore
38.000	Estinzione di *Homo neanderthalensis*
18.000	Ultimo picco glaciale
12.000-10.000	Mesolitico
10.000-5000	Neolitico, origine dell'agricoltura, diffusione demica dall'Anatolia e dal Vicino Oriente
5400-3000	Età del bronzo
5000-4000	Scrittura in Mesopotamia (cuneiforme)
3800	Scrittura in Europa (lineare A)
3500	Migrazione dalle steppe dell'Ucraina
250	Rivoluzione industriale

Cronologia di alcuni eventi nel corso dell'evoluzione e della storia demografica europea. Le date sono approssimate, e i diversi periodi della preistoria iniziano comunque in momenti diversi nelle diverse regioni del mondo.

1.
NO GOOD CRICKET IN ITALY, SIR

Dove ci si chiede se i turchi abbiano o no i geni in regola per entrare nell'Unione Europea

Nel novembre del 2006 mi hanno invitato a un congresso in India. Si teneva nel sud, al Centro ricerche di biologia molecolare e cellulare di Hyderabad: un vasto complesso di edifici dall'aria sovietica immerso in un magnifico parco. Le tinte marroncino caserma dei muri contrastavano vivacemente con i verdi e gli arancioni scintillanti della vegetazione tutt'intorno, manco a dirlo rigogliosa, ma al cancello i soldati di guardia ci facevano il saluto militare. Le stanze erano vaste, buie, piene di mobilia massiccia e dotate di una ricca collezione di interruttori; solo dopo mezza settimana di prove, errori e consulti con i vicini ho scoperto la combinazione con la quale si spegnevano tutte le luci ma non scaldabagno e ventilatore, e senza nel frattempo aver chiamato per sbaglio uno dei servizievolissimi impiegati.

La notte si dormiva poco. Un po' era per via del cambio di fuso orario, un po' per il caldo; molto a causa del rumore di motori e clacson, che penetrava dappertutto e non cessava mai. Andare in India a cercare la pace come si faceva negli anni settanta, pensavo in quelle ore insonni, sembrava sensato più o meno come andare ad Auschwitz a cercare la gioia di vivere. Mi addormentavo, o forse perdevo i sensi, verso le due; poco dopo, da una moschea che non sono riuscito a localizzare, saliva il potente, ipnotico richiamo del muezzin. Gli abitanti di Hyderabad sono in maggioranza islamici, ma doveva essere induista l'inserviente che nello stesso momento, invece di pregare, scivolava lungo il corridoio, infilando il giornale del mattino nei due centimetri abbondanti fra porta e pavimento.

Ho una passione incontrollata per i giornali. Li leggo tutti i giorni, se non posso mi sento come se non mi fossi lavato i denti. Quando sono all'estero seguo con interesse la politica locale, la cronaca nera, la cronaca rosa e lo sport. Certe mattine era l'*Hindustan Times*, altre *The Hindu*; non so giustificare razionalmente la mia preferenza per il primo, forse frutto degli echi salgariani di quel toponimo obsoleto, Hindustan. Fatto sta che non riuscivo a lasciare il giornale dove si trovava. Ancora intontito scendevo dal letto, e se non ce la facevo a reggermi in piedi strisciavo: tanto il pavimento era pulitissimo, lustrato ogni giorno da mezza dozzina di donne in magnifici sari, scalze ma ingioiellate al limite dell'ingioiellabile.

Così una mattina, sul far dell'alba, ho scoperto che anche in India si discute dell'adesione della Turchia all'Unione Europea. Pensa un po', mi son detto, inforcando gli occhiali per capire bene. Un giornalista di *The Hindu* si chiedeva appunto chi sarebbero i veri europei, quelli che hanno diritto a stare nell'Unione senza se e senza ma, e perciò anche a decidere chi altro ci possa entrare. Sembrava all'autore che Tony Blair si desse da fare un po' troppo per aprire alla Turchia, e un po' troppo in sintonia con George W. Bush, nel malcelato intento di ridurre l'Europa a un'accozzaglia di paesi incapaci di coordinare una politica comune. Con un filo di sarcasmo, a insinuare che il premier inglese fosse eterodiretto, si citava la dichiarazione dell'ex commissario europeo Chris Patten, secondo cui gli americani sono molto gentili a offrire ai turchi un posto nell'Unione Europea, ma magari gli europei avrebbero qualcosa da dire anche loro al riguardo. Era un bell'articolo e in quel momento mi è venuta un'idea che, lì per lì, nello stato di alterazione prodotto dallo spaesamento e dalla prolungata mancanza di sonno, mi è sembrata brillante.

Io lo so chi è il vero europeo, ho pensato: è l'uomo di Neandertal. Per quasi 300 mila anni ha occupato, da solo e stabilmente, l'Europa, e anche un pezzetto d'Asia. Aveva uno scheletro diverso dal nostro, tanto che i paleontologi, quando ne scoprono uno, lo identificano senza problemi. Era un po' più basso di noi, ben piantato, con un grande naso, la fronte bassina, e niente mento. Cacciava in gruppo, mangiava quasi solo carne, non teneva molto in ordine le sue caverne. Si pensa che il suo cervello, non più piccolo del nostro, sapesse elaborare anche idee complicate, visto che pare seppellisse i suoi morti, forse, e forse addirittura costruisse flauti. Forse aveva una sua idea dell'aldilà, se, come alcuni sostengono, in certe sepolture ha deposto dei fiori.

Da qualche anno, con le nuove tecniche di studio del DNA, abbiamo capito che i Neandertal avevano caratteristiche genetiche ben distinte da quelle di qualsiasi europeo moderno. Non erano solo fisicamente un po' più bassi e più grossi di noi, avevano anche geni ben diversi dai nostri. In altre parole: erano creature quasi come noi, intellettualmente complesse, un prodotto molto sofisticato dell'evoluzione, ma *non erano noi*. Non è facile dire se appartenessero a un'altra specie, o solo a un'altra sottospecie della nostra specie. Oggi abbiamo la prova che alcuni di loro si sono innamorati di qualcuno con un cranio e uno scheletro come i nostri, facendoci dei figli (è successo, lo vedremo, nell'attuale Romania e ne è rimasta traccia nel DNA di uno scheletro fossile). Ma questi figli, come tutti i figli, avranno preso un po' dalla mamma e un po' dal papà. E invece oggi non conosciamo nessuno scheletro con caratteristiche intermedie, e quindi viene da pensare (anche se, come vedremo, non tutti gli esperti sono d'accordo) che si sia trattato di un amore passeggero, un flirt senza grandi conseguenze.

Fra 200 e 100 mila anni fa, mentre l'Europa era popolata dai Neandertal, gente come noi, con un cranio come il nostro e lo scheletro pure, se ne stava dalle parti dell'Etiopia. Hanno, cioè abbiamo, fatto un primo tentativo di uscirne 100 mila anni fa e non è andata bene. Sono arrivati in Palestina, ma tutto lascia credere che non si siano spinti oltre e, anzi, dopo un po' si siano estinti: nei siti dove li abbiamo trovati ci sono ossa, in strati più superficiali e dunque più recenti, di Neandertal, a indicare che a un certo punto sono stati rimpiazzati da gente diversa da noi. I nostri antenati africani però non si sono persi d'animo. Ci hanno riprovato, più volte forse. Naturalmente non disponevano di mappe: vagavano alla ricerca di un posto in cui sopravvivere meglio, scappavano da quelli in cui se l'erano passata male. Alla fine, a furia di insistere, sono riusciti a sbucare di nuovo in Palestina, e forse anche a passare direttamente dal Corno d'Africa alla penisola araba. Da lì, colonizzare tutta la Terra è stato solo questione di tempo. Quarantamila anni fa si sono, cioè ci siamo, infine affacciati alle frontiere sudorientali dell'Europa. Era fatta: nel giro di qualche millennio sono rimasti solo loro, cioè noi, mentre i Neandertal sono scomparsi. L'Europa è tutta nostra da forse 30 mila anni: davvero poco per poterci dare delle arie, rispetto ai quasi 300 mila anni dei Neandertal.

Nessuno può dire con sicurezza cosa sia successo nel periodo in cui i Neandertal e i nostri antenati si dividevano lo stesso continente, a volte così vicini da potersi guardare dai versanti opposti di una valle. Si possono immaginare, e in effetti si sono immaginati, da un lato scontri brutali e cannibalismo, dall'altro coesistenze pacifiche e collaborazione nella caccia al mammut: più tutte le possibilità intermedie. Probabile che siano vere molte ipotesi, almeno in parte: che sia successo un po' di tutto, visto che stiamo parlando di un arco di tempo di alcuni millenni e delle popolazioni di un intero continente. Però c'è poco da fare: nella migliore delle ipotesi i neandertaliani si sono estinti da soli poco dopo averci incontrati, nella peggiore li abbiamo spinti noi a estinguersi. In un modo o nell'altro, siamo fra le principali cause, forse *la* causa principale, della loro scomparsa, e siamo gli ultimi venuti, gli immigrati: immigrati invadenti che alla fine, in un modo o nell'altro, hanno sfrattato i padroni di casa. Dunque in definitiva, se il giornalista di *The Hindu* mi avesse contattato (cosa che naturalmente non si sognava neanche di fare) avrei potuto dichiarare che gli europei di una volta, quelli veri, non ci sono più. Lui, presumo, ne sarebbe stato contento; immagino il suo sogghigno di rivincita postcoloniale nel sedersi al computer, il suo articolo in cui si annuncia che l'Unione Europea è un'unione di impostori. Ma mi sembrava, e continua a sembrarmi, che il mio ragionamento, nato per scherzo, avesse una sua logica: fino a 30 mila anni fa chi fossero i veri europei era chiaro, oggi è difficile dirlo; sappiamo molto meglio chi sono i veri africani perché siamo noi.

Volete vedere che faccia ha un immigrato africano? Guardatevi allo specchio. Volete vedere che faccia ha un vero europeo, senza se e senza ma? Troppo tardi, dovevate pensarci 30 mila anni fa. Questi pensieri mi passavano per la testa mentre la luce filtrava dalle finestre mal oscurate, e il traffico di Hyderabad, che per un poco pareva essersi placato, riprendeva a muggire con rinnovata energia. E ridacchiavo perché mi sembrava una bella idea, anche se, pensavo, bisogna spiegarla per bene. E intanto mi rendevo conto che, come spesso succede, spiegandola per bene diventa più complicata, e più si scava più si capisce che la nostra storia non si può riassumere in due parole, in uno schema facile da mandare a mente. In realtà, pensavo mentre gli oggetti della stanza prendevano forma uscendo dalla penombra, basta ragionarci un po' su per rendersi conto che concetti in apparenza semplici, l'Europa, gli europei, l'identità europea, non lo sono affatto. E più ci si riflette, più ci si rende conto che la biologia c'entra sì, ma fino a un certo punto. Però un po' c'entra. Però per parlare di tutto questo non bastavano le venti righe che lì per lì avevo addirittura immaginato di mandare a *The Hindu.* Ci voleva un libro, che forse avrei potuto scrivere: questo.

Qualche giorno dopo gironzolavo nel Rajastan, molto più a nord. Il livello di inquinamento acustico era lo stesso che a Hyderabad, con un'eccezione. La sera, dalle nove a mezzanotte, il rombo del traffico, che pure non cessava, era sovrastato dalle orchestrine dei matrimoni, tamburi e ottoni a pieno volume. Non so se nel Rajastan si sposino solo a novembre o tantissimo tutto l'anno, ma era la stessa storia tutte le sere. Le donne da una parte, bellissime, coloratissime, a loro agio nel frastuono, i maschi dall'altra a ballare fra loro lanciando in aria banconote, come gli zingari nei film di Emir Kusturica. Intorno, decine di lampioncini, portati a mano in cima a bastoni, e collegati per mezzo di uno spaventoso intrico di fili a un generatore che dal pianale di un camion seguiva a passo d'uomo il corteo. I festeggiamenti occupavano tutta la sede stradale, provocando un ulteriore aumento della congestione. In quei momenti i clacson davano il meglio di sé, si sommavano alle note dell'orchestra in una miscela caotica e per certi versi affascinante. Alla fine arrivava lo sposo, a bordo di un cavallo bianco, vestito di bianco, con un pennacchio bianco in testa, circonfuso di luce, scansando con sovrana indifferenza i motociclisti esasperati. Come nei nostri matrimoni, tutto il potere era nelle mani del fotografo.

Con sorpresa avevo notato che l'inglese nel Rajastan lo parlano in pochi. Nelle grandi città e nei principali paradisi turistici va ancora bene, ma basta andare un po' più in là per ritrovarsi in crisi se non si sa l'hindi. E io mi trovavo a Sanganer, appunto un po' più in là dei circuiti turistici principali. Mi ero perso; non ero granché preoccupato, il posto era piccolo, prima o poi avrei ritrovato l'orientamento, ma un po' di inquietudine c'era. Mi ero fermato in uno slargo per fare il punto della situazione; da poca distanza, accucciato in cima a un mucchio di mattoni e calcinacci, mi fissava un ragazzo. Aveva una giacchetta scura, troppo pesante per il clima, e una luce curiosa e ironica nello sguardo. "Your country, sir?" mi ha chiesto appena i nostri occhi si sono incontrati: voleva sapere da dove venivo. Sentirlo parlare inglese mi ha confortato. "Italy," ho risposto, e intanto lui si era mosso e adesso scendeva con cautela verso di me. "Ah," ha detto, e ha scosso la testa. Non sono tanto bravo a interpretare la mimica indiana, ma si capiva che la mia risposta l'aveva deluso. Ma deluso come? Gli ho chiesto come si chiamasse, mi sono presentato. Adesso che eravamo di fronte lo sovrastavo di tutta la testa, ma anche così era evidente la sua insoddisfazione (per quel che avevo detto? per quello che ero?), o almeno una perplessità, che con ammirevole cortesia cercava di non farmi pesare, invano. A quel punto ho preferito approfondire: allora, cosa c'è che non va in Italia? Ha allargato le braccia, come chi è costretto a spiegare un'ovvietà a un bambino: "No good cricket in Italy, sir," non giocate bene a cricket, voi italiani.

Sono passati anni ma ogni tanto ci ripenso. Quella frase innocente si è fatta strada attraverso strati e strati della mia coscienza, raggiungendo un livello profondo e abbastanza sepolto, e rimescolando le carte. Perché c'è poco da fare: si va in India (o in Africa, o in Sud America) pieni di spirito egualitario, ma un qualche senso delle gerarchie fra i popoli, inconfessato, largamente inconfessabile, frutto di secolari condizionamenti, ce lo si porta dietro. E in queste gerarchie noi stiamo in alto. Sono qua perché sono europeo, pieno di cultura e di idee progressiste, intatte queste ultime nonostante gli scapaccioni presi dalla realtà in anni recenti. Padroneggio le lingue, ho in tasca una carta di credito e in mano la guida Lonely Planet, da cui ho desunto varie utili informazioni su storia e cultura del subcontinente. Da qualche parte qui intorno si aggira il mio amico catalano Jaume, perso quanto me, professore come me, con il quale intratterrò per tutto il giorno una conversazione svagata e divertente; da qualche altra parte è parcheggiata una macchina che in serata ci riporterà al nostro ottimo albergo a Jaipur. Quindi non c'è motivo perché mi si guardi dall'alto in basso: specie, se proprio dobbiamo parlare di sport, nell'anno in cui abbiamo vinto i mondiali di calcio. E invece? Invece, evidentemente, in quel luogo e in quelle circostanze le gerarchie si basavano non sul calcio, come sarebbe naturale, santo cielo, ma, figurarsi, sul cricket: un'attività ignota e incomprensibile a me come alla stragrande maggioranza dei miei concittadini. C'era poco da fare: potevo benissimo andarmene da un'altra parte, a pavoneggiarmi per il mio reddito e le mie conoscenze. Però finché restavo lì, per tutto il tempo che restavamo lì noi due, e in seguito ogni volta che ci ho ripensato, mi toccava la parte del poveraccio, di quello che magari non sarà colpa sua, ma fa parte di un popolo che ne ha ancora da fare, di strada, per potersi confrontare con gli altri da pari a pari.

La cosa mi colpiva anche perché il cricket ha una valenza speciale per noi biologi evoluzionisti. Bisogna sapere che nel villaggio di Down, dove si era ritirato dopo la lunga crociera intorno al mondo che avrebbe rivoluzionato la storia della scienza, Charles Darwin aveva fondato una società di mutuo soccorso. Si chiamava Friendly Club, qualcosa come il "club degli amici", e, dietro pagamento di una piccola quota di iscrizione, forniva ai contadini un contributo in caso di malattia o morte. I membri del Friendly Club giocavano appassionatamente a cricket, tanto che a un certo punto Darwin mise a disposizione un pezzo del suo prato per questa attività sportiva. Dunque il cricket, gioco egualitario in cui capita che "il contadino metta fuori gioco il proprietario", non è da prendere sottogamba, né quando si parla di biologia evoluzionistica né quando si affrontano i nodi delle relazioni internazionali.

E non è da prendere sottogamba neanche l'alterna fortuna del concetto di Europa. Certo, i turchi bussano alla porta e noi, mentre li scrutiamo perplessi dallo spioncino, siamo ben contenti di trovarci dentro, al calduccio. Ma non è che siamo tutti sempre e solo contenti di essere europei. Prendiamo un caso estremo: Umberto Bossi, a lungo leader della Lega Nord. Negli anni novanta, insofferente per la burocrazia e i ritardi del nostro paese, minacciava di portarcelo lui, il Nord Italia, in Europa, lasciando il sud al suo triste destino. Poi, solo pochi anni più tardi, mentre i suoi militanti, in stato confusionale, gli facevano omaggio di una moneta con la sua faccia da un lato e l'Europa dall'altro, lo stesso Bossi parlava con disprezzo delle istituzioni comunitarie e attribuiva al continente intero tendenze sessuali ignobili ("Sapevo che sarebbe fallita l'Europa, noi abbiamo lottato per le nostre imprese, per difenderle dalla concorrenza asiatica. Noi abbiamo lottato contro l'Europa che voleva la pedofilia e abbiamo vinto").

Un caso estremo, si diceva, ma anche senza raggiungere questi livelli, è innegabile che i nostri sentimenti verso l'Europa siano ambivalenti. Ci piace che esista un posto dove alla difesa di minuscoli e spesso meschini interessi locali si contrappone un ideale di dialogo e di unità. E transitare attraverso le frontiere senza che nessuno ti chieda il passaporto è un piacere sottile ma intenso; chi non lo capisce provi a fare una coda di un'ora al controllo documenti dell'aeroporto Kennedy e poi mi dirà. Ma è tramontata, tanto per dirne una, l'idea che esista un altrove in cui la burocrazia funziona e le tasse si pagano con piacere perché si sa che i soldi ci torneranno indietro sotto forma di servizi efficienti. Nel 2004 è stato siglato, a Roma, un trattato che prevedeva di adottare una Costituzione europea, modificando alcuni meccanismi di voto e ponendo le basi per una politica estera coordinata. Gli elettori francesi e olandesi ne hanno però bloccato la ratifica, e si è dovuto ripiegare su un documento molto meno impegnativo, il Trattato di Lisbona. Ma anche su quello sono sorti problemi, al punto che gli elettori di un paese che ha beneficiato moltissimo degli aiuti comunitari, l'Irlanda, si sono rifiutati di ratificarlo. Andando oltre la superficie di questi fenomeni, sembra che dopo una fase, gli anni sessanta e settanta, in cui un po' tutti vivevamo proiettati nel futuro, adesso prevalga la preoccupazione di tutelare il passato, con tutto il carico di divisioni, rancori e conflitti irrisolti che si trascina dietro. Dopo l'uscita della Gran Bretagna dall'Unione, la cosiddetta Brexit, e nonostante le evidenti difficoltà che il processo di uscita ha dimostrato di comportare, in molti paesi, compreso il nostro, c'è chi parla di seguire l'esempio degli inglesi, e non è detto che alle parole non debbano seguire i fatti. Non è solo un problema nostro. Diego Marani racconta come in Belgio fiamminghi e valloni convivano a stento in un regime da separati in casa, e come entrambi i gruppi linguistici diffidino del cosmopolitismo di Bruxelles, la città sede del parlamento europeo. Insomma, alla fine, sull'aereo che mi riportava dall'India in Italia, non sapevo bene cosa pensare. Da un lato, mi sembrava che l'identità europea posasse su fondamenta fragilissime, e che un minimo di conoscenza della storia lo dimostrasse inconfutabilmente. Dall'altro lato, sentivo che, proprio mentre vacilla, questa identità vale la pena di difenderla, perché resta pur sempre meglio di qualunque altra identità possa pensare di attribuirsi uno come me che viene dalla provincia di Rovigo, e con ogni probabilità anche tutti quelli nati qualche migliaio di chilometri più a ovest o più a nord. E, forte della convinzione, maturata in anni di insegnamento, che il modo più sicuro per imparare quello che non si sa è doverlo spiegare, pensavo che per capirci qualcosa l'unica era scrivere un libro, questo.

Note

Chi volesse verificare se e quanto sia giustificata la mia passione per l'*Hindustan Times* può consultare questo sito: http://www.hindustantimes.com/ Homepage/Homepage.aspx. L'articolo sull'ammissione della Turchia alla UE è però apparso su *The Hindu* il 20 dicembre 2006.

La descrizione e l'analisi del fossile di Peştera cu Oase, in Romania, che dimostra un'avvenuta ibridazione fra Neandertal e *Homo sapiens* sono in Fu Q. *et al.* (2015), "An early modern human from Romania with a recent Neanderthal ancestor", *Nature*, 524:216-219. C'è chi sostiene che *Homo sapiens* sia arrivato in Europa anche molto tempo prima: Harvati K. *et al.* (2019), "Apidima Cave fossils provide earliest evidence of *Homo sapiens* in Eurasia", *Nature*, 571:500-504. Ma nel numero di settembre 2019 di *Le Scienze* il mio paleontologo umano di riferimento, Giorgio Manzi, spiega che i fossili di Apidima, e altri trovati in Marocco, se non sono Neandertal (e non lo sono) non per questo possono essere attribuiti alla nostra specie.

Dei rapporti fra Darwin e il cricket si parla nel capitolo 6 di Randal Keynes, *Annie's box: Charles Darwin, his daughter and human evolution* (Fourth Estate, London 2001; trad. it *Casa Darwin*, Einaudi, Torino 2007), da dove ho tratto anche la frase sull'egualitarismo del cricket, in realtà proveniente da un testo del 1854. L'affermazione che l'Europa voleva la pedofilia è stata fatta a Pontida dal senatore Umberto Bossi il 19 giugno 2005, ed è riportata sul sito del Corriere della Sera: https://www.corriere.it/Primo_Piano/Politica/2005/06_Giugno/19/bossi.html. Sulle mai risolte tensioni fra valloni e fiamminghi raccomando di Diego Marani "Le lingue da salvare", sul *Sole 24 Ore* di domenica 24 agosto 2007.

2.
NEANDERTAL

Dove si fa conoscenza con i veri europei, gli uomini di Neandertal

INTERVISTATORE: Signor Neander, lei s'aspettava di diventare tanto famoso? Voglio dire: per quel che si sa in vita sua lei non ha mai fatto niente di speciale: e tutt'a un tratto s'è trovato a essere un personaggio così importante. Come se lo spiega?
NEANDER: Te lo dici tu. C'eri tu? Io sì che c'ero lì. Mica tu.
INTERVISTATORE: D'accordo, lei era qui. Ebbene, le sembra che basti?
NEANDER: C'ero già.
INTERVISTATORE: Questa mi pare un'utile precisazione. Il merito del signor Neander non sarebbe tanto il semplice fatto d'esserci, ma d'esserci già, d'esserci allora, prima di tanti altri.

Italo Calvino, *Intervista all'uomo di Neandertal*, 1974

Si è molto discusso e si continua a discutere dell'uomo di Neandertal, ma almeno su una cosa tutti sono d'accordo: lui c'era già, in Europa, prima di tutti noi. Possiamo dirlo perché i paleontologi ne hanno ritrovato e datato le ossa e perché riconosciamo la tecnica con cui produceva oggetti di pietra scheggiandoli, un metodo che gli archeologi chiamano musteriana. Con buona approssimazione, se in Europa si trovano strumenti realizzati con tecniche musteriane, vuol dire che li ha fatti un neandertaliano. Negli ultimi anni, poi, siamo riusciti a leggere il suo DNA: prima frammenti, poi tutto quanto, poi tutto quanto in diversi neandertaliani, e a confrontarlo con il nostro. I dati paleontologici, archeologici e genetici ci danno indicazioni su aspetti diversi dell'esistenza dei neandertaliani, ma sono coerenti fra loro. Raccontano la storia di un passato remoto, l'età della pietra, che comprendiamo (è giusto dirlo) solo in parte, che non arriveremo mai a conoscere con esattezza a meno che qualcuno non inventi una macchina del tempo, ma in cui ci orientiamo.

Giusto per intenderci, la prima età della pietra, il paleolitico, comincia intorno a 2,5 milioni di anni fa, quando compaiono i primi, rudimentali strumenti prodotti, in Africa, da una forma umana che per questo ha preso il nome di *Homo habilis*. Negli scavi archeologici, questi strumenti sono rinvenuti in strati molto profondi, e perciò questa fase iniziale è chiamata paleolitico inferiore. Con il trascorrere dei millenni, le tecniche di scheggiatura della pietra diventano più sofisticate. I primi utensili di tipo musteriano sono comparsi 300 mila anni fa, e si parla allora di paleolitico medio, e a partire da 40 mila anni fa si passa al paleolitico superiore, con le sue nuove tecnologie: aurignaziane, gravettiane, maddaleniane ecc. Poi, intorno a 10 mila anni fa, una vera rivoluzione: compaiono la ceramica e gli attrezzi per l'agricoltura, si entra in un'età della pietra completamente nuova: il neolitico.

È una classificazione, come si vede, basata sugli oggetti che l'umanità ha lasciato dietro di sé, cioè sull'archeologia. Nello stesso arco di tempo è cambiato profondamente anche l'aspetto dell'umanità. *Homo habilis* era alto forse 130 centimetri da adulto, e pochi di noi, se ne incontrassero uno oggi per strada, si renderebbero conto di avere a che fare con un essere umano. Invece, una volta rasati e rivestiti, non si distinguerebbero da noi gli uomini del paleolitico superiore, che all'uscita della prima edizione di questo libro era comune indicare come Cro-Magnoidi, dal sito francese di Cro-Magnon in cui nel 1868 sono emersi i loro primi resti fossili. Oggi nella letteratura specializzata si chiamano AMH, acronimo di sapiens anatomicamente moderni (*anatomically modern human*), e i puristi mi perdoneranno se qui li chiamerò, semplicemente, sapiens (chi storcesse il naso davanti a questa scelta ne troverà una giustificazione fra poche pagine, nel paragrafo intitolato "Nomenclatura"). Con qualche approssimazione si può stabilire una corrispondenza fra i reperti archeologici e l'aspetto fisico degli uomini che li hanno prodotti, ma bisogna andarci cauti: in certi posti le tecniche sono cambiate prima che in altri, e poi basta pensare che ognuno di noi possiede e utilizza oggetti prodotti dai giapponesi e non per questo ha gli occhi a mandorla; e viceversa. Sta di fatto che la forma umana del paleolitico medio europeo è l'uomo di Neandertal. Nel paleolitico medio viveva in Europa un'umanità per certi versi distinta dalla nostra, e per altri versi molto simile a noi.

I neandertaliani non stavano dove stiamo noi

Be' sì: se guardiamo una cartina dei siti archeologici (Figura 1) sembra che i neandertaliani vivessero proprio dove stiamo noi. Abbiamo ritrovato le loro ossa o i loro strumenti musteriani in un'area che comprende la penisola iberica, l'Italia, tutta l'Europa centrale fino alla Germania del nord, e si spinge più a est di quanto pensassimo anche solo vent'anni fa: non soltanto fino al Caucaso e all'Iraq settentrionale, ma anche in Asia centrale. Questi posti, però, erano molto diversi da come li conosciamo adesso, e non solo per le case e le strade che ci abbiamo costruito, per non parlare delle fabbriche e dei campi coltivati. Oggi queste regioni sono temperate, e alcune come la Palestina francamente calde. Gli inverni sono freddi nel centro Europa, più sopportabili altrove; d'estate le tempe-

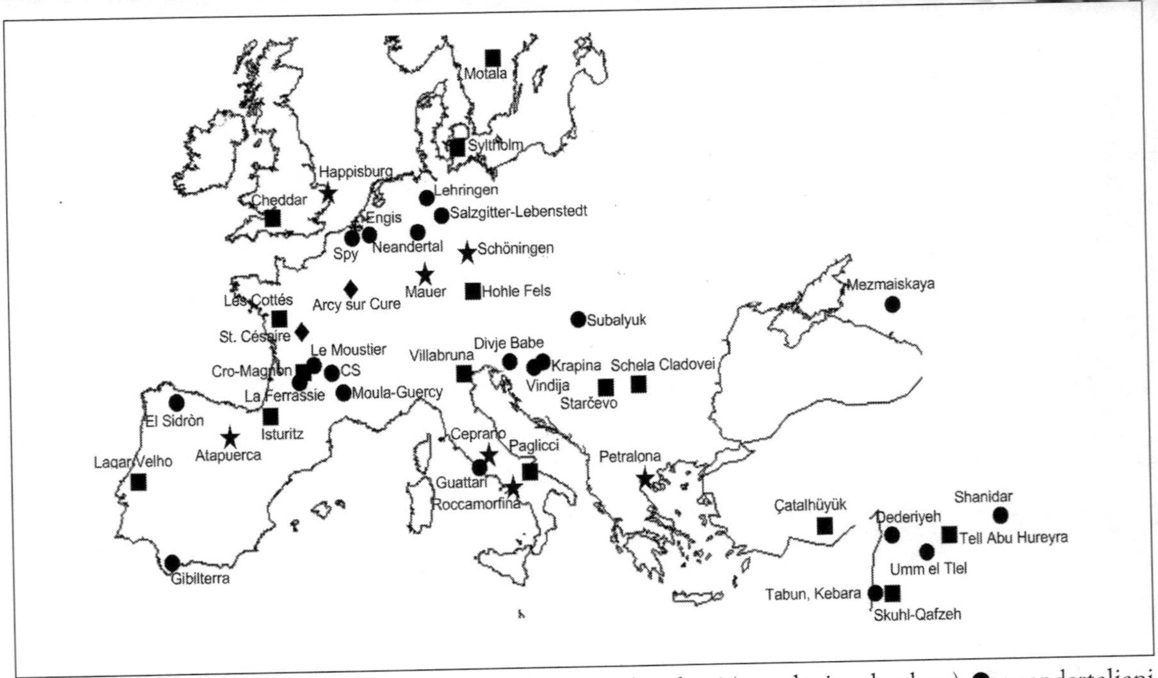

Figura 1. Alcuni siti archeologici citati nel testo. ★: preneandertaliani (tecnologie acheulane); ●: neandertaliani (tecnologie musteriane); ◆: probabilmente neandertaliani (tecnologie castelperroniane); ■: sapiens anatomicamente moderni (tecnologie aurignaziane, gravettiane, maddaleniane ecc.). Non sono indicati Goyet, in Belgio, molto vicino a Spy; Pech-de-l'Azé, Regourdou e Roc de Marsal, in Francia, tutti molto vicini a Le Moustier. CS: La Chapelle-aux-Saints.

rature sono alte ovunque e nel Vicino Oriente raggiungono punte altissime. Ma non è sempre stato così.

Bisogna tener presente che la storia dei Neandertal copre quasi 300 mila anni. Il nostro paesaggio e il nostro clima sono diversi da quelli dei tempi di Romolo e Remo, e gli anni che ci separano da loro sono meno di un centesimo di quelli durante i quali i neandertaliani erano i padroni dell'Europa. In un periodo così lungo, e in un territorio così vasto, dev'essere successo di tutto, e in particolare il clima è cambiato più e più volte. Spesso gli illustratori rappresentano i neandertaliani in grandi pianure coperte di neve, e fanno bene: senza dubbio molti di loro hanno avuto a che fare con territori aperti e innevati. Ma l'abilità particolare nei neandertaliani è stata quella di affrontare e superare nel corso dei millenni variazioni climatiche estreme, riuscendo a sopravvivere sia durante terribili inverni in cui la temperatura raggiungeva facilmente i 20 gradi sotto zero, sia in ambienti caldi e aridi.

La paleoclimatologia è la scienza che si occupa di ricostruire i cambiamenti climatici attraverso i millenni. I paleoclimatologi sono un po' geologi, un po' chimici, un po' botanici e un po' zoologi: ragionano sulle tracce lasciate sul terreno dall'avanzare e dal ritirarsi del ghiaccio, sulla concentrazione di isotopi all'interno delle rocce e nei sedimenti marini, e sulla distribuzione della flora e della fauna fossili. Anche il polline, che si conserva benissimo attraverso i millenni, e le minuscole porzioni di atmosfera imprigionate nei ghiacci danno indicazioni importanti. Lo studio di tutti questi dati ci indica che la Terra è stata sottoposta a ripetuti raffreddamenti, le ere glaciali o glaciazioni, e riscaldamenti, i periodi interglaciali come quello attuale.

Intorno a 300 mila anni fa, quando i primi Neandertal si aggiravano per l'Europa, le temperature erano miti, ma si stavano raffreddando. I paleoclimatologi datano intorno a 200 mila anni fa l'inizio del penultimo periodo glaciale, che noi chiamiamo Riss e gli americani chiamano Illinoian. La glaciazione Riss è durata fino a 125 mila anni fa, millennio più millennio meno. Dopo un periodo interglaciale relativamente breve c'è stata un'altra glaciazione, l'ultima finora, che da noi si chiama Würm (Wisconsinian in America) ed è durata da 70 mila fino a circa 15 mila anni fa. L'ambiente naturale europeo come lo conosciamo oggi, con le sue foreste e la sua macchia mediterranea, ha avuto origine nel periodo interglaciale successivo.

(Piccola parentesi. Se non è ben chiaro perché, per parlare dei Neandertal, cominciamo dal clima, pensateci quando vi sedete a tavola. Fino a 10 mila anni fa non solo i Neandertal, ma anche i nostri antenati non neandertaliani e tutte le forme umane apparse in precedenza sulla Terra non riuscivano letteralmente a mettere insieme il pranzo con la cena. Tutto era incerto perché vivevano di caccia e di raccolta: mangiavano gli animali che riuscivano a uccidere e i frutti o i semi che trovavano sulle piante: altrimenti saltavano il pasto, il che di sicuro avveniva spesso. Un'economia di questo tipo è sufficiente appena a sopravvivere, e spesso non basta: sappiamo di molti gruppi umani che non ce l'hanno fatta e si sono estinti. La produzione del cibo, e con essa la capacità di accumulare risorse per i periodi difficili, cambia tutto. Diminuisce la mortalità infantile, la gente comincia a vivere più a lungo; diventiamo miliardi. L'allevamento degli animali e l'agricoltura nascono con il riscaldamento climatico e grazie al riscaldamento climatico, nel neolitico, e ne parleremo a lungo nel capitolo 5. In un intervallo di tempo molto ridotto, intorno a 10 mila anni fa, diverse popolazioni umane, prima nel Vicino Oriente e in Cina, un po' più tardi nelle Americhe e nel Sud-Est asiatico, inventano in modo indipendente l'agricoltura, o meglio, riescono finalmente a farla funzionare. Il fatto che ci siano arrivate quasi insieme – i mediorientali con il grano, i cinesi con il riso e gli americani con il mais e i fagioli – indica chiaramente che il passaggio a un clima più mite è stato decisivo. Chissà quante altre volte qualcuno aveva capito che piantando il seme nel terreno con il tempo si sviluppa la pianta, e che essa con il tempo produce frutti e nuovi semi. Chissà quanta altra gente ci aveva provato, prima, senza riuscirci perché gli inverni erano troppo freddi o non pioveva abbastanza.)

Ma dicevamo che i Neandertal hanno attraversato due grandi ere glaciali, Riss e Würm. Nell'intervallo fra le glaciazioni, i ghiacciai si sono ristretti, molte terre sono state coperte dal mare e il clima è diventato più mite. In quel periodo interglaciale, la steppa e la tundra che caratterizzavano buona parte dell'Europa centrale, rendendola simile all'attuale Siberia, sono state sostituite da foreste di alberi ad alto fusto. Ma in generale, e soprattutto da 70 mila anni in qua, il clima è stato più freddo del nostro, ed è stato soprattutto con questo clima che le popolazioni di Neandertal hanno dovuto fare i conti, per centinaia di generazioni. Non bisogna però pensare che il freddo rendesse la loro vita solo più difficile. Certo, quando c'è freddo bisogna coprirsi, non conviene passare la notte all'addiaccio e sul ghiaccio si scivola. Ma avvistare, inseguire e abbattere un daino o una capra in una foresta è senz'altro più complicato che cacciare cavalli o bisonti in uno spazio aperto, senza contare che quando si è ammazzato un bisonte c'è più da mangiare. Per le piante è vero il contrario: se il suolo è costantemente gelato non crescono, e quando non lo è i raccolti riescono comunque meglio se c'è tanto sole. Però ai Neandertal importava poco: a loro piaceva la carne. Dunque, se vogliamo cominciare a immaginarci i neandertaliani, va bene pensarli in mezzo alla neve, ma non solo. Una specie che ce l'ha fatta attraverso tanti cambiamenti climatici doveva sì essere abituata a stare al freddo, ma doveva soprattutto avere la capacità di cavarsela in situazioni differenti.

I neandertaliani non erano come noi

I neandertaliani non stavano dove stiamo noi e non erano come noi. Prima di tutto, stiamo parlando di gente che ha occupato l'Europa e parte dell'Asia per migliaia di secoli. Non è possibile che fossero tutti identici, e infatti i paleontologi distinguono i neandertaliani "classici", quelli vissuti in Europa centrale da 130 mila a 45 mila anni fa, da quelli che sono vissuti in tempi più antichi o più recenti, e da quelli del Vicino Oriente. E sia fra i neandertaliani classici che fra gli altri, come pure fra noi, c'erano stature e pesi differenti, facce più larghe nei Neandertal del sud che in quelli del nord, e di sicuro anche temperamenti e caratteri diversi (ma questo le ossa non possono documentarlo). Tutti però avevano alcune caratteristiche in comune, che oggi permettono ai paleontologi di riconoscere i loro resti.

Se osserviamo un loro cranio (Figura 2), la prima cosa che colpisce è la grande apertura nasale. Secondo due dei massimi studiosi di paleontologia umana, Ian Tattersall e Jeffrey Schwartz, dentro quell'apertura la cavità si allarga in due espansioni verticali oblunghe che non troviamo in alcun'altra forma umana, e anzi, nemmeno in alcun altro mammifero. Questa osservazione non è stata confermata da tutti quelli che sono andati a controllare. Si tratta, peraltro, di un lavoro difficile. Il naso è costituito all'esterno di cartilagine, e all'interno ospita membrane ossee sottili come fogli di carta, i turbinati. Ma la cartilagine non fossilizza, i

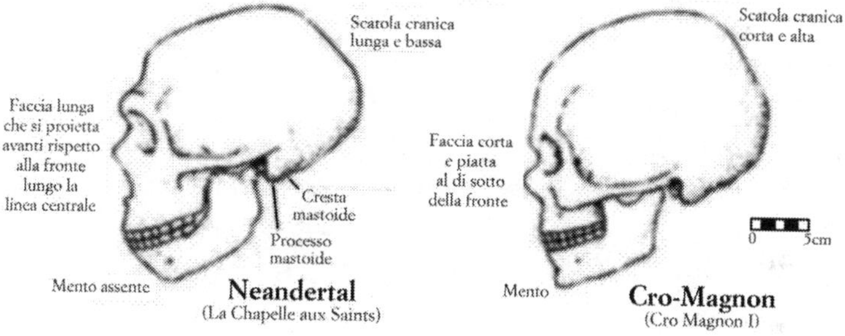

Figura 2. Confronto fra un cranio neandertaliano (a sinistra) e un cranio di sapiens anatomicamente moderno (a destra).

turbinati dei Neandertal non si sono conservati, e quindi si discute più sulla base di illazioni che di dati solidi. Sia come sia, i Neandertal avevano senza dubbio un nasone, e forse non erano solo le sue dimensioni, ma anche la sua struttura interna, a renderlo particolare.

La seconda cosa che balza agli occhi in tutti i crani neandertaliani è un'arcata sporgente nella parte bassa della fronte, all'altezza delle sopracciglia, che forma una specie di M abbassandosi al centro verso la radice del naso. Attenzione: questa arcata è presente anche in altre specie umane più arcaiche, in Africa, Asia ed Europa; quindi, per quanto spessa e accompagnata da una fronte singolarmente bassa e sfuggente, da sola non basta per poter dire con sicurezza che un cranio è proprio neandertaliano. Contrariamente a molti pregiudizi, però, fronte bassa non significa per forza cervello piccolo. Visti di lato, infatti, i crani neandertaliani sono molto allungati, e lo spazio che manca sul davanti viene compensato dallo sviluppo della parte posteriore, occipitale: molto maggiore che in tutti noi. È molto difficile studiare cervelli fossili, anche se sarebbe davvero interessante, perché il tessuto nervoso non fossilizza (Emiliano Bruner e Giorgio Manzi ci stanno provando e qualche risultato lo stanno ottenendo). Ma possiamo almeno misurare la scatola cranica, al cui interno si trova il cervello. Quella dei Neandertal non era più piccola della nostra, anzi, a volte era più grande: anche oltre 1500 centimetri cubi, mentre in media noi siamo sui 1300 o 1400. Dunque, in questa scatola cranica i neandertaliani avevano un cervello di forma diversa dal nostro, ma di dimensioni almeno equivalenti. Non possiamo dire con precisione come funzionasse. Soprattutto non sappiamo se la sua estensione posteriore gli consentisse operazioni che il nostro non è in grado di fare, o viceversa se gli mancassero, sul davanti, i circuiti nervosi che sono così importanti per le nostre facoltà cognitive. Sta di fatto che, nel profilo dei crani dei Neandertal, o meglio dei Neandertal adulti, si nota che naso, mascella e denti si protendono in avanti rispetto a una scatola cranica bassa e lunga; gli occhi sono infossati, e lo sembrano ancora di più per via dell'arcata sopraccigliare sporgente. La nostra faccia, invece, si trova al di sotto di una scatola cranica alta e relativamente corta. Giorgio Manzi, uno dei migliori paleontologi in circolazione, dice che, visti di lato, il cranio dei Neandertal e il nostro assomigliano, rispettivamente, a un pallone da rugby e a uno da calcio.

Al di sotto del cranio c'è la mandibola, e lì i Neandertal hanno qualcosa in meno di noi e qualcosa in più: a loro manca il mento che a noi sporge in avanti, ma presentano uno spazio vuoto dietro l'ultimo molare. Dunque, nei momenti di riflessione, i neandertaliani non potevano stringere il mento che non avevano fra pollice e indice, come capita a molti di noi, ma in compenso potevano sempre infilarsi un dito fra l'ultimo molare e la parte verticale della mandibola. Se nel cambio ci perdessero o ci guadagnassero non saprei dire.

Continuando a procedere dall'alto al basso, sotto la mandibola c'è il resto dello scheletro, e anche lì i neandertaliani sono molto particolari. Nel complesso sono più bassi di noi, i maschi in media intorno ai 162 centimetri. Però le loro ossa sono più spesse delle nostre, e attaccata a queste ossa bisogna immaginarsi una muscolatura molto potente. La gente di Neandertal era robusta e tarchiata, o brevilinea come dicono gli antropologi. Gambe e avambracci erano più corti, il busto era massiccio. Rispetto al nostro, un corpo di questo tipo, a parità di volume, ha una superficie minore, e una superficie piccola riduce la dispersione di calore. Dunque nei neandertaliani, come in misura minore negli eschimesi e in altre popolazioni moderne dei climi freddi, si era evoluta una forma del corpo compatta, che aiutava a conservare il calore; e anche il naso grande aiutava, costituiva una camera in cui l'aria si scaldava un po' prima di scendere ai polmoni (è lo stesso principio per cui, quando fa molto freddo, ci tiriamo la sciarpa sul naso). Altri aspetti del loro scheletro permettono ai paleontologi di distinguerlo con facilità da quello di creature più simili a noi: punte delle dita molto larghe; clavicole eccezionalmente lunghe; grosse giunture ai gomiti e alle ginocchia; bacino espanso.

La mortalità infantile era molto alta. In quasi tutti i siti neandertaliani sono state ritrovate ossa di bambini: a Gibilterra, a Engis in Belgio, a Le Moustier, Pech-de-l'Azé e Roc de Marsal in Francia, nella grotta di Dederiyeh in Siria, a Subalyuk in Ungheria. Grazie a questi fossili sappiamo che i bambini neandertaliani assomigliavano ai nostri molto più di quanto non si assomiglino gli adulti. È un'osservazione interessante, ma più banale di quanto sembri, perché succede lo stesso se ci confrontiamo con gli altri nostri parenti: i primati, cioè le grandi scimmie, e in generale tutti i mammiferi. A uno stadio precoce di sviluppo, e ancora più nel feto, le caratteristiche che fanno di uno scimpanzé uno scimpanzé, e di noi stessi degli esseri umani, sono meno marcate, e si accentuano nel corso della crescita. Nei Neandertal, con la crescita si accentuava l'arcata al di sopra delle orbite. All'età di tre anni il bambino di Pech-de-l'Azé non ce l'aveva, mentre ne troviamo traccia nel cranio di un'adolescente, francese anche lei (o lui: i resti sono incompleti e non è stato possibile determinarne il sesso), proveniente dal sito di Le Moustier. Sembra che i bambini neandertaliani crescessero più in fretta dei nostri. Secondo Christoph Zollikofer, dell'Università di Zurigo, un neandertaliano di otto anni aveva l'aspetto fisico di un nostro dodicenne.

Una conferma ci viene da una particolarità dello sviluppo dei denti, comune a tutte le specie umane. Lo smalto si forma deponendosi a partire dalla punta della corona verso il basso, e si accumula a ritmo costante. Succede però una cosa strana: più o meno ogni settimana la deposizione si interrompe. Quando riprende, dopo una pausa, resta una piccola ondulazione o stria, un paio di millesimi di millimetro, ma abbastanza per riconoscerla al microscopio. Così la crescita discontinua dello smalto lascia nei denti una traccia analoga ai cerchi di accrescimento nei tronchi delle piante; studiando queste tracce si può ricostruire la velocità con cui si è formato il dente. Nella nostra specie lo sviluppo del dente rallenta bruscamente dopo che si è formata la prima metà, come dimostrano le strie, che diventano man mano più strette e più vicine fra loro. Fernando Ramirez Rozzi, un antropologo argentino che lavora a Parigi, e José Bermúdez de Castro di Madrid hanno riscontrato che non c'è lo stesso rallentamento nei bambini neandertaliani: quindi i loro denti si formavano più rapidamente dei nostri. L'osservazione è interessante perché sembra che forme umane precedenti avessero anch'esse uno sviluppo dentale più rapido del nostro, ma non tanto quanto i Neandertal. In altre parole, l'accelerazione nello sviluppo dei denti sarebbe tipica dei Neandertal, e li differenzierebbe sia da noi, sia dagli altri umani fossili.

Ma la questione non si ferma qui. Infatti lo sviluppo di tutto l'organismo procede in maniera coordinata: in media, chi diventa alto presto smette presto di crescere e raggiunge presto la maturità sessuale. Ramirez Rozzi e Bermúdez de Castro stimano che i Neandertal completassero la crescita non fra i 18 e i 20 anni, come noi, ma già intorno ai 15. E soprattutto pensano che, in questo modo, si sviluppasse più rapidamente del nostro anche il loro cervello. Era un vantaggio o uno svantaggio? A prima vista, maturare in fretta può sembrare un'ottima cosa: ci si mette di meno a diventare grandi, si possono assumere in età precoce responsabilità che, altrimenti, resterebbero limitate a un gruppo di adulti più ristretto. Soprattutto, maturare prima significa potersi riprodurre prima, e per qualunque specie, ma in particolare per una specie che vive in un ambiente difficile, fare figli precocemente è una sorta di polizza contro l'estinzione. Ma la specie umana è particolare, e molti pensano che proprio la nostra lenta maturazione ci abbia garantito un vantaggio fondamentale nel corso dell'evoluzione. I puledri e i vitelli sono praticamente autonomi fin dal momento della nascita, i piccoli umani no. Ma in questo modo i piccoli dell'uomo restano legati ai genitori a lungo, e grazie a questo legame, nella loro prolungata fase di forzata dipendenza, i piccoli uomini osservano, giocano e apprendono. Insomma, la dipendenza dai genitori è la condizione indispensabile per l'intensa trasmissione culturale, tipica della nostra specie. Non è pensabile che nei Neandertal le cose fossero poi troppo diverse. Ma se è vero che i loro denti crescevano in fretta, e soprattutto se lo sviluppo delle facoltà cognitive procedeva in parallelo, può darsi che, durante un'infanzia così compressa, il cervello dei neandertaliani avesse minore disponibilità rispetto al nostro di assorbire l'insegnamento degli adulti. Una differenza biologica potrebbe aver determinato una sostanziale differenza culturale fra noi e loro.

Qui il condizionale ci vuole. Più potente dell'osservazione al microscopio è la TC, la tomografia computerizzata, spesso chiamata TAC quando ci viene fatta a scopo diagnostico. Con la TC si manda un fascio di raggi X attraverso i tessuti biologici e si studia come tale fascio viene attenuato. Si costruiscono così immagini che corrispondono a tante fette dell'organo studiato, che poi vengono ricomposte dal computer in un'immagine a tre dimensioni. Un gruppo di inglesi, francesi e italiani è riuscito a procurarsi (e subito "affettare" virtualmente con la TC) due molari neandertaliani, un dente da latte e uno permanente, di 130 mila anni fa. Il loro studio non ha confermato le conclusioni di Ramirez Rozzi e Bermúdez de Castro, e ha rimesso tutto in discussione. A quanto pare, a guardare bene, la crescita dei denti neandertaliani, o almeno di *quei* denti, non era poi più veloce della nostra; il molare da latte, che in media fra noi smette di crescere all'età di 9 anni, nel bambino neandertaliano si è sviluppato fino a 8 anni e 7 mesi. Non saprei dire chi abbia ragione perché, alla fine, con la TC sono stati studiati a fondo due soli denti, mentre Ramirez Rozzi e Bermúdez de Castro, sia pure con strumenti meno sofisticati, hanno considerato 146 denti neandertaliani, 100 moderni, e oltre un centinaio di denti di forme umane europee preneandertaliane. Meglio, per ora, sospendere il giudizio.

Può sembrare deludente che studi seri e accurati arrivino a conclusioni tanto contrastanti, ma sarà meglio abituarvisi. La scienza procede così: ci sono eccezioni, ma di solito, prima di comprendere a fondo qualunque fenomeno, si attraversa una fase di incertezza anche prolungata, specie quando si ragiona su eventi di un passato molto lontano che possiamo ricostruire solo per frammenti. Ma almeno i lavori di cui abbiamo parlato ci fanno capire come, studiando con attenzione i soli documenti che i Neandertal hanno lasciato dietro di sé, cioè le ossa, i denti, e insieme a loro gli attrezzi musteriani e le grotte dove trovavano rifugio, si possa cominciare a immaginarsi anche il loro stile di vita, il loro comportamento e le loro relazioni familiari: tutte cose di cui non resta alcuna traccia diretta.

Scene di vita neandertaliana

Stile di vita, comportamento, relazioni familiari: qui le somiglianze fra noi e i neandertaliani diventano tante. Non siamo la prima specie intelligente sul pianeta, né i primi a parlare o a dipingersi il corpo. Forse non siamo neanche stati i primi a far musica e a chiedersi cosa succede dopo la morte.

Prima della morte, i neandertaliani non avevano tanto tempo. Abbiamo detto che dalle età degli scheletri ritrovati si capisce come la mortalità infantile fosse elevata. Si pensa che i passaggi difficili fossero due: lo svezzamento, quando il bambino smette di ricevere anticorpi con il latte materno e deve cominciare a produrre i propri; e poi il momento, per loro intorno ai dodici anni, in cui si cominciava a partecipare alla caccia: armati di una lancia, di nessuna esperienza e, immagino, di eccessivo entusiasmo. Di fatto, metà dei nati non sopravviveva appunto oltre i dodici anni. Passata questa età, per chi ce la faceva, la prospettiva era comunque di andarsene giovani. Solo il 20% dei neandertaliani di cui ci è giunto lo scheletro ha superato la quarantina.

Dannunziani ante litteram, i neandertaliani vivevano pericolosamente. Le più antiche armi da lancio dell'umanità sono otto giavellotti di legno, ritrovati a Schöningen, in Germania. Sono antichissimi, risalgono a 400 mila anni fa (cioè a prima dei Neandertal) e rappresentano un ritrovamento eccezionale. Può darsi che anche le comunità neandertaliane avessero giavellotti che non si sono conservati, ma sembrerebbe di no.

Di regola, quindi, per cacciare le loro grosse prede i neandertaliani non usavano armi da lancio. Per cacciare senza armi da lancio bisogna arrivare molto vicini alla preda, e i rischi aumentano. Qualcuno ha provato a confrontare le fratture degli scheletri neandertaliani con quelle dei professionisti dei rodei e ha scoperto che sono molto simili. Quindi ha concluso che i neandertaliani dovevano essersele procurate allo stesso modo, magari non cercando di cavalcare, ma lottando da molto vicino con gli animali, addirittura corpo a corpo. Le ossa delle donne non erano meno robuste di quelle degli uomini, e altrettanto soggette a traumi e fratture. Questo ci fa pensare che non ci fossero distinzioni fra ruoli maschili e femminili, e tutti partecipassero allo stesso modo alla caccia e alle altre attività pericolose.

Il repertorio delle lesioni sugli scheletri neandertaliani è impressionante: fratture e traumi dappertutto, specie alle costole, al femore, all'omero, e naturalmente al cranio. Molte si possono interpretare come conseguenze di incidenti di caccia o di infortuni domestici, ma alcune no. Un neandertaliano di 50 mila anni fa proveniente dalla grotta di Shanidar in Iraq (noto come Shanidar 3) è stato pugnalato al petto, e ne restano i segni fra due costole. Non c'è dubbio che la pugnalata abbia leso il polmone; potrebbe essere il primo omicidio documentato nella storia dell'umanità. La ferita sull'osso ha iniziato a rimarginarsi, per cui sappiamo che Shanidar 3 è sopravvissuto per qualche tempo. Poi, quando uno è scalognato è scalognato, gli è cascata addosso una roccia, ma chissà se a quel punto era ancora vivo. Invece l'uccisione deliberata di bambini, rappresentata in un documentario della rete inglese Channel 4 con conseguente strascico di polemiche, è un'ipotesi plausibile, ma non dimostrata. È plausibile perché diverse comunità umane praticano l'infanticidio quando il cibo scarseggia, e per i Neandertal le carestie erano la regola, non l'eccezione. Ma non abbiamo nessuna evidenza diretta, nessuno scheletro di bambino con segni inequivocabili, a provarci che fra i Neandertal l'infanticidio fosse effettivamente praticato.

La cronica mancanza di cibo, insieme alle tecniche di caccia avventurose, rendeva dura la vita dei Neandertal. Nello smalto dei denti, oltre a tutto quello che abbiamo già visto, resta anche un segno dell'abbondanza di nutrimento disponibile. Quando c'è poco da mangiare, e durante malattie prolungate, l'organismo risparmia le risorse e viene deposto meno smalto, una condizione che si chiama ipoplasia. Uno studio molto ampio, di centinaia di denti, dimostra che qualcosa come tre neandertaliani su quattro hanno sofferto di ipoplasia dello smalto, a partire dallo svezzamento e fino alla completa formazione dei denti, nell'adolescenza: una frequenza ben più alta che nelle popolazioni del paleolitico superiore. In più, i neandertaliani soffrivano di artrite e non c'è da stupirsene, con tutto quel freddo. Uno è morto di cancro.

Rompersi la testa o una gamba non è uno scherzo neanche oggi, e verrebbe da pensare che nel paleolitico medio con disavventure di questo tipo ci si lasciasse invariabilmente la pelle. Non è così. In un numero sorprendente di casi le ossa fratturate si sono saldate e non ci sono segni di infezioni, il che dimostra che le comunità neandertaliane si prendevano cura dei più deboli durante la malattia e la convalescenza.

Lo scheletro rinvenuto nel 1979 vicino a St. Césaire, nella Francia del sud, è stato oggetto di uno studio molto dettagliato da parte di Christoph Zollikofer e del suo gruppo. Si tratta di un individuo vissuto intorno a 36 mila anni fa. Oltre ad alcune ossa lunghe, ci resta solo la metà destra del suo cranio, ma con algoritmi basati sull'idea che la parte sinistra dev'essere speculare a quella destra si è riusciti a ottenerne un'eccellente ricostruzione al computer. Nella parte che ci è arrivata c'è comunque un frammento di formidabile interesse. Confrontandolo con crani moderni che hanno subito lesioni si capisce che il cranio di St. Césaire è stato colpito con forza e si è fratturato. In teoria potrebbe trattarsi anche di una frattura avvenuta dopo la morte, per esempio per via di una frana nelle migliaia di anni in cui il corpo è rimasto sepolto. Oppure potrebbe essersi prodotta durante lo scavo, se qualche archeologo disattento avesse inavvertitamente colpito il cranio con un attrezzo. Ma in questo caso si può escludere che sia così. Quando si spezza un osso i margini della lesione sono acuminati. Se la frattura non è mortale, dopo un po' il tessuto osseo comincia a rigenerarsi, si forma il callo, e i bordi dei frammenti si arrotondano. I bordi della lesione nel cranio dell'uomo di St. Césaire sono arrotondati: dunque la frattura è avvenuta durante la sua vita, e non è stata mortale, almeno non subito.

Un trauma di questo genere, ed è ancora l'esame dei bordi dell'osso a dircelo, può essere causato solo da un oggetto aguzzo. La punta di una lancia, un sasso? Non possiamo stabilirlo, ma di sicuro una punta di legno non sarebbe bastata a procurarlo. Attraverso un'analisi molto accurata, condotta secondo i criteri oggi usati dalla polizia scientifica, Zollikofer e i suoi concludono che il colpo non è stato accidentale: al contrario, è stato inferto intenzionalmente, da qualcuno che si trovava o davanti all'uomo di St. Césaire o alle sue spalle. Determinare il contesto in cui questa aggressione è avvenuta è molto difficile o addirittura impossibile. Ma ci soccorrono alcune considerazioni generali. Intanto i traumi, intenzionali o meno, sono più comuni nei neandertaliani che nelle forme umane del paleolitico superiore. Come abbiamo visto, possiamo riconoscere questi traumi solo se non sono stati mortali: se lo sono stati, i margini della frattura sono netti, e quindi non si riesce a distinguerli da quelli avvenuti dopo la morte.

Perciò è chiaro che sottostimiamo la loro frequenza. Poi c'è da dire che conosciamo abbastanza bene come e perché si fanno male le grandi scimmie. Negli scimpanzé, per esempio, più di metà delle ferite vengono inferte da altri membri della stessa comunità. In definitiva, Zollikofer e collaboratori pensano che il cranio di St. Césaire documenti un caso di violenza interpersonale, deliberata, e dovuta a un conflitto interno più che a un attacco esterno. La ferita, molto grave, non si è infettata e anzi la vittima è sopravvissuta per un tempo sufficiente a che l'osso iniziasse a riformarsi: in questo come in altri casi, qualcuno si deve esser preso cura di lui.

Insomma, c'è ragione di credere che nella vita dei Neandertal, dura in generale e come si è visto resa ancor più dura da conflitti interni, ci fosse anche spazio per qualcosa che andava oltre la quotidiana lotta per la sopravvivenza. Per capirlo bene, conviene tornare al sito di Shanidar di cui abbiamo parlato poco fa: una caverna nel nord dell'Iraq vicino a un affluente del Tigri, in cui Ralph e Rose Solecki, negli anni cinquanta, hanno identificato vari strati, corrispondenti a vari periodi di occupazione umana. Dallo strato più profondo, datato intorno a 50 mila anni fa, i Solecki hanno disseppellito nove scheletri neandertaliani. Uno di questi, molto completo, Shanidar 1, apparteneva a un uomo morto a quasi 50 anni, quindi molto vecchio per i suoi tempi. Un colpo violento ricevuto sulla faccia gli aveva deformato l'orbita sinistra, in un modo che non può non aver danneggiato seriamente l'occhio: Shanidar 1 era almeno parzialmente cieco. Come se non bastasse, aveva il braccio destro fratturato in più punti nella parte superiore, e amputato in basso, non è chiaro se dalla nascita o per un altro trauma; la gamba destra deformata e una frattura rimarginata del metatarso gli impedivano di camminare normalmente. Shanidar 1 ha convissuto con tutti questi guai per anni, con alcuni forse per tutta la vita, eppure è arrivato a un'età molto avanzata. Non sarebbe stato possibile se la comunità non si fosse presa cura di lui. Dunque, anche se non saremo mai in grado di vedere quanto affettuosi o violenti sapessero essere i neandertaliani, abbiamo le prove che erano capaci di comportamenti altruistici, naturalmente quando la comunità aveva le risorse (abbastanza cibo, abbastanza tempo) per poterselo permettere.

Ma il motivo per cui il sito di Shanidar è diventato famoso è il ritrovamento di polline di fiori nelle fosse da cui provengono alcuni scheletri. Non è chiaro come ci sia finito, e diversi esperti dubitano che i Neandertal seppellissero i loro morti. Stabilirlo con sicurezza è difficile perché è difficile stabilire con sicurezza se un corpo che emerge da uno strato di detriti ci sia stato sepolto apposta. Ma, almeno fra i Neandertal del Vicino Oriente come Shanidar, e anche in qualche sito europeo come a La Ferrassie in Francia, sembra di trovarsi di fronte a vere sepolture, cioè a un rito: i corpi sono disposti in modo ordinato, in fosse che sembrano scavate e poi ricoperte dall'uomo, e dunque non si direbbe che gli scheletri siano lì per caso. Quindi, non è certo ma sembra possibile che alcuni gruppi di Neandertal, nel Vicino Oriente ma anche in Europa, seppellissero i loro morti. Detto questo, la presenza di polline nella tomba di Shanidar è un caso unico. Potrebbe essere una coincidenza: polline di otto piante diverse, portato dal vento. Ma se non è una coincidenza, vorrebbe dire che qualcuno aveva deposto fiori nella tomba al momento della sepoltura. Forse la sensibilità dei neandertaliani era sorprendentemente simile alla nostra in una fase fondamentale dell'esistenza, quella del commiato dai propri cari, e le domande che sorgevano in quei frangenti sorprendentemente simili a quelle che ci poniamo noi.

C'è chi ha sostenuto che le caverne neandertaliane si distinguono per la confusione. Mentre i nostri antenati del paleolitico superiore le tenevano in ordine, separando il focolare dal posto dove si buttavano gli avanzi, e in sostanza attribuendo diverse funzioni ai diversi spazi, con la zona cucina da una parte e la zona notte dall'altra, nelle caverne neandertaliane non c'era nessuna organizzazione. I rifiuti finivano dappertutto, tanto che è capitato di leggere di casi di cannibalismo perché ossa umane erano state ritrovate insieme agli avanzi dei pasti. È molto difficile prendere una posizione. Negli ultimi tempi gli antropologi hanno stabilito, mi pare saggiamente, che per poter parlare di cannibalismo è necessario non solo che le ossa umane siano finite nella pattumiera (che, per i Neandertal, poteva benissimo essere rappresentata da tutta la caverna), ma anche che presentino le stesse tracce di scarnificazione ritrovate sulle ossa degli animali macellati. In questo modo, i casi di possibile cannibalismo sono diminuiti, ma ne restano, come vedremo nel capitolo 3, sempre parecchi.

A tavola con Neandertal

Sul cannibalismo ritorneremo fra qualche pagina. Per ora, proviamo a ricostruire come fosse un menù neandertaliano. Dato che le ossa e i rifiuti restavano ad accumularsi nelle caverne, oggi di questi menù abbiamo un'idea precisa. È presto detto: carne, carne e ancora carne. A Salzgitter Lebenstedt, in Germania, è stato trovato un deposito così ricco di ossa, migliaia, da poter fare della statistica. Quasi tre quarti di queste ossa appartenevano a renne. Le altre, in ordine decrescente di popolarità nella gastronomia neandertaliana, sono ossa di mammut, bisonte, cavallo, rinoceronte e, in piccole quantità, lupo e coniglio. Nella Germania di 50 mila anni fa ci si poteva imbattere anche in un rinoceronte: e, con un po' di fortuna, mangiarselo. Se lo mangiavano cotto, naturalmente. L'umanità fa uso del fuoco da qualche centinaio di migliaia di anni; ai tempi dei Neandertal, accenderlo non doveva più essere un problema.

Non restano ossa quando mangiamo frutta e verdura. Come possiamo escludere che le piante rappresentassero una componente importante della dieta nel paleolitico medio? Ancora una volta, i denti sono una risorsa formidabile. Mentre mastichiamo, i cibi si frammentano in maniera diversa e con il tempo lasciano tracce particolari sulla dentatura. Perciò analizzando queste tracce, cioè studiando l'usura dei denti, non a occhio nudo ma con l'aiuto del microscopio, possiamo capire cosa mangiassero i Neandertal. La prima cosa che si nota non c'entra con la masticazione, ma va detta lo stesso: gli incisivi sono profondamente consumati sul davanti. Sul perché ci sono solo ipotesi, ma è ragionevole pensare che li usassero più di noi per funzioni che oggi svolgiamo in modo diverso. Può darsi che se ne servissero per reggere oggetti in modo da avere le mani libere. Può darsi soprattutto che avessero l'abitudine di ammorbidire le pelli a furia di morsi, finché non diventavano adatte all'uso come vestiti: un lavoro lungo e, come si dice oggi, usurante: nel senso letterale del termine. Quello che ci interessa di più per capire cosa mangiassero sono però le piccole lesioni, i piccoli segni dovuti semplicemente alla masticazione. Si scopre, e non dovrebbe sorprenderci, che in realtà avevano gusti diversi. Soprattutto le popolazioni orientali si nutrivano anche di piante, non in maniera occasionale, e se ce n'era in giro, anche qualche mollusco andava bene. Ma queste erano eccezioni; di regola sui denti si trova la prova che andavano matti per la carne, tanto che viene da domandarsi se questa vera fissazione non abbia costituito, alla fine, uno svantaggio rispetto ai nostri progenitori, tanto più flessibili quando si trattava di organizzare uno spuntino.

La spiccata preferenza per menù a base di carne è confermata dall'analisi del collagene dell'osso. Il principio è semplice: i diversi elementi chimici, come il carbonio, l'azoto e lo stronzio, sono presenti in natura sotto forma di atomi di diverso peso, che si chiamano isotopi. La percentuale dei diversi isotopi di ciascun elemento nelle ossa dipende dalla dieta e può essere misurata anche a distanza di millenni. Attenzione però: gli isotopi non ci raccontano il contenuto dell'ultimo pasto, ma l'effetto medio di quello che si è mangiato nel corso di una vita. Nel collagene dei neandertaliani di Vindija, in Croazia, e di altri francesi e belgi, il rapporto percentuale fra gli isotopi di azoto e carbonio è lo stesso che si trova in animali carnivori come i lupi e le iene. La conclusione è che si cibavano soprattutto di cervi, bisonti e di altri erbivori, fra cui forse i mammut, poco o niente di orsi e piante. In altre parole, i neandertaliani erano, insieme agli orsi, i principali carnivori dell'epoca; secondo le stime più attendibili, almeno il 90% della loro dieta era costituita da carne. Non è detto che ammazzassero loro tutte le prede. Anche se dati significativi sono difficili da raccogliere, ci sono molte buone ragioni per credere che sfruttassero spesso le carcasse di animali uccisi da una malattia, da un incidente, o magari da altri predatori che i Neandertal riuscivano, con le buone o con le cattive, a mandar via.

Quanto al resto della dieta, a lungo si è pensato che i vegetali avessero qualche importanza solo nei climi caldi del Vicino Oriente (dove sono stati trovati, in siti neandertaliani, resti di pistacchi). Ma negli ultimi anni questa idea è stata ridimensionata dallo studio del tartaro dei denti: il deposito di sali minerali lasciato, al confine fra dente e gengiva, dall'azione della placca batterica. Oggi lo consideriamo una seccatura e provvediamo a eliminarlo con l'igiene dentale, ma per chi si occupa di ricostruire lo stile di vita della preistoria è un aiuto prezioso perché, nel suo formarsi, il tartaro imprigiona piccoli residui di cibo che si possono poi analizzare, anche a distanza di millenni. È così che siamo riusciti a capire che, in regioni e periodi diversi, ci sono stati neandertaliani che hanno mangiato cereali, piante acquatiche, e anche datteri.

Tecnologie neandertaliane

Nelle grotte dove vivevano i neandertaliani sono stati trovati, come dicevamo, molti oggetti e strumenti che gli archeologi chiamano musteriani. Sono fatti di selce o di altri materiali che non sempre erano disponibili nelle vicinanze. Questo fa pensare che le comunità non si stabilissero in modo permanente in un territorio ma si spostassero, probabilmente seguendo cicli stagionali legati alla caccia. Giorgio Manzi mi dice, per esempio, che al Circeo (dove c'è un famoso sito archeologico, la grotta Guattari) i neandertaliani passavano i mesi dall'autunno alla primavera, e in estate se ne andavano da qualche altra parte. Una popolazione per lo più mobile, dunque, i cui spostamenti non erano però continui.

Avevano punte per le lance, con cui potevano anche lavorare il legno. Se ne servivano per cacciare: abbiamo ritrovato punte musteriane fra le costole di uno scheletro di elefante a Lehringen, in Germania, e in una vertebra cervicale di asino a Umm el Tlel in Siria. Una volta abbattuta la loro preda, avevano coltelli, di pietra naturalmente, per tagliare la carne; come si è visto con Shanidar 3, potevano tornare utili anche in altre circostanze. Avevano *choppers* (cioè ciottoli di selce scheggiati da una parte) per rompere le ossa ed estrarne il midollo, e raschiatoi per ripulire le pelli e farne vestiti. Invece in nessun sito neandertaliano sono mai stati trovati gli aghi d'osso con i quali cucivano, a partire da 35 mila anni fa, le donne anatomicamente moderne del paleolitico superiore. Dunque i vestiti e le calzature dei neandertaliani, che non ci sono arrivati, dovevano essere ben poco sofisticati, e le loro difese dal freddo davvero rudimentali e inefficienti (per convincervene, il prossimo gennaio provate a far due passi dalle parti di Düsseldorf, nudi a parte una pelliccia avvolta in qualche modo intorno al busto).

E a proposito: ci immaginiamo i neandertaliani come tipici uomini delle caverne, ma anche questa è una semplificazione eccessiva. L'umanità viveva inizialmente all'aria aperta, su questo non ci sono dubbi. Nei siti neandertaliani più antichi le abitazioni sono delimitate da un ovale di pietre, hanno fori per pali che dovevano sostenere il tetto e un piccolo pozzo per il fuoco: accampamenti più che dimore stabili. Nel corso del tempo, e in particolare durante il raffreddamento che ha portato all'ultima glaciazione, in effetti i neandertaliani si spostano verso le caverne, e lo si nota perché diventano più rari gli accampamenti con oggetti musteriani. Ma si tratta di un processo graduale, e parallelo a quello che porta anche i nostri antenati europei a trovare rifugio sempre più di frequente in ripari o aperture rocciose appoggiate alle montagne. Insomma, la fase cavernicola è una caratteristica complessiva di tutta l'umanità, non dei soli neandertaliani, tanto che in molti casi la stessa grotta è stata occupata prima dai Neandertal, e poi da gente del paleolitico superiore (o anche, come vedremo nel capitolo 4, viceversa).

Parole e musica neandertaliane

Nel 1995, dalla grotta di Divje Babe, in Slovenia, è emerso un frammento di femore d'orso lungo una dozzina di centimetri, con due perforazioni circolari e forse (forse) altre due perforazioni allineate ai lati, nei punti in cui l'osso è spezzato. Nello stesso livello sono stati ritrovati attrezzi musteriani, e c'è voluto poco perché il frammento venisse battezzato flauto neandertaliano. Con un'età di 43 mila anni, questo sarebbe il più antico strumento musicale mai rinvenuto, e soprattutto testimonierebbe che l'arte non compare con l'arrivo in Europa dei nostri antenati del paleolitico superiore, ma era già presente almeno in alcune comunità neandertaliane.

L'annuncio della scoperta ha provocato, prevedibilmente, reazioni di segno opposto. C'è stato chi ha costruito un flauto con fori della stessa dimensione e alla stessa distanza. L'ha suonato in pubblico ed è stato in grado di produrre quattro note: do, re, mi e fa. Ma era davvero un flauto quello ritrovato a Divje Babe, o era invece qualcosa che per caso gli assomiglia? Francesco D'Errico, un archeologo italiano che lavora a Bordeaux, e i suoi collaboratori ci sono andati cauti. Non tutti gli oggetti che sembrano artificiali lo sono veramente: l'abrasione chimica, il morso di un carnivoro o l'attività dei roditori, tutti fenomeni naturali, possono lasciare dei segni abbastanza simili a quelli lasciati dalle attività umane. Simili, ma non identici, e perciò bisogna dare un'occhiata molto approfondita ai reperti prima di avanzarne un'interpretazione. Per quanto riguarda il flauto di Divje Babe, fori delle stesse forma e dimensioni, e distanziati allo stesso modo, si trovano anche in molte altre ossa d'orso, fra cui quelle ritrovate nel vicino sito di Križna Jama, che non è mai stato occupato dall'uomo. Un altro femore ha fori simili, ma nessuno può averlo suonato, visto che le sue estremità sono intatte, e dunque non c'è il canale aperto attraverso cui possa passare l'aria. Alla fine dei conti, secondo Francesco D'Errico il cosiddetto flauto è in realtà un osso che un carnivoro, con tutta probabilità un altro orso, ha spezzato e perforato con i denti. Non abbiamo buoni motivi per credere che sia uno strumento musicale prodotto da un antico musicista.

È seguita, e continua, una lunga polemica in cui non entreremo, basata sul calcolo della probabilità che il morso di un carnivoro possa produrre una fila di quattro fori di quelle dimensioni e a quelle distanze. Nel fare i conti, meglio tener presente che i buchi veri sono due, mentre sui due più esterni si può discutere, ma non abbiamo le prove che ci fossero davvero. Certo, rinunciare all'idea di aver trovato il più vecchio strumento musicale del mondo può dispiacere, specie in un paese senza grandi ricchezze archeologiche e desideroso di visibilità internazionale dopo una recente indipendenza (a quanto pare, non si riesce a parlare di biologia umana senza buttarla, in qualche modo, in politica). Ma c'è poco da fare: i primi, inequivocabili strumenti musicali europei provengono dal paleolitico superiore, cioè da gente come noi, e vengono dalla Germania (Hohle Fels) e dai Pirenei francesi (Isturitz). Sono flauti di 35-33 mila anni fa, abbastanza sofisticati, e quindi si può ragionevolmente sostenere che altri strumenti più rudimentali li abbiano preceduti. Se è così, questi strumenti primitivi non sono arrivati fino a noi, ma in definitiva vuol dire che la musica ha una storia ancora più lunga. Può darsi, così come può darsi che anche i neandertaliani sapessero costruire strumenti musicali: ma l'osso di Divje Babe non lo dimostra e altre prove, per il momento, non ce ne sono.

Forse non suonavano il flauto, ma non è detto che per questo i neandertaliani fossero tanto diversi da noi. L'articolo di D'Errico solleva un problema generale di grande importanza. Intorno a 45 mila anni fa arrivano in Europa i nostri antenati del paleolitico superiore. I primi europei con un cranio come il nostro erano più alti e meno robusti dei neandertaliani, con una complessione fisica vicina a quella degli africani. Se hanno avuto un così rapido successo in Europa, non è stato per via della loro anatomia, evidentemente meno adatta di quella neandertaliana ai climi rigidi del nostro continente, ma piuttosto grazie a una superiorità culturale, documentata dagli artefatti rinvenuti nei loro siti archeologici. Abbiamo visto, e ne parleremo a lungo nel capitolo 3, che noi discendiamo da loro, non dai Neandertal, e da loro abbiamo ereditato, insieme a infinite altre cose, la capacità di parlare e una cultura molto complessa. Verrebbe da pensare che il linguaggio, almeno come lo intendiamo noi, e il suo risultato, una cultura basata sulla trasmissione di simboli, siano un'invenzione dei nostri antenati sapiens. Ma è proprio così? Negli ultimi anni abbiamo perso qualche certezza sul posto esatto dell'uomo nella natura. La primatologia ha dimostrato che le grandi scimmie sono capaci di comunicare messaggi complessi, anche se non è vero che gli scimpanzé pigmei, i bonobo, sappiano parlare, come qualcuno ha pure sostenuto. Dunque c'è sì un salto netto fra le loro capacità e le nostre, ma lingua e cultura umane non sono novità assolute, quanto piuttosto affinamenti di facoltà che, in forme diverse, sono presenti anche nei nostri parenti più prossimi. Se è vero per scimpanzé e bonobo, a maggior ragione dev'essere vero anche per i neandertaliani, tanto più vicini a noi. E allora, si chiede D'Errico, siamo proprio sicuri che gli umani anatomicamente moderni siano gli inventori di *tutto* ciò che consideriamo moderno nella nostra cultura? Forse alcune moderne capacità tecnologiche, alcuni comportamenti tipici dei sapiens, erano già presenti nei Neandertal, che non erano esattamente come noi, ma certo non erano totalmente diversi.

Le lingue non lasciano fossili, e quindi non c'è risposta alla domanda più importante di tutte: come parlavano i Neandertal? Ma possiamo almeno scommettere che parlassero. Per qualche anno si era pensato di no. Sembrava che nei neandertaliani la forma del collo e la posizione di un osso piccolo ma cruciale per la parola, l'osso ioide, non fossero adatte a ospitare una laringe come la nostra, cioè una laringe capace di produrre un linguaggio articolato come il nostro. Gli uomini, infatti, sono l'unica specie di primati in cui l'osso ioide è spostato in alto. In questo modo siamo in grado di produrre un vasto repertorio di suoni, ma corriamo anche il rischio che il cibo ci vada di traverso e ci soffochi, perché con lo ioide così in alto la trachea e l'esofago possono restare aperti nello stesso momento. Se una caratteristica così pericolosa si è affermata nel corso dell'evoluzione della nostra specie, è solo perché il vantaggio conferitoci dal poter parlare è stato enorme. Bene, tutto questo vale anche per i Neandertal. Ricostruzioni più accurate, frutto del ritrovamento di scheletri più completi, hanno cambiato il quadro, e oggi la laringe neandertaliana, che come tutti i tessuti molli non fossilizza, ce l'immaginiamo simile alla nostra, con lo ioide in alto. Alla fine dei conti, non ci sono seri motivi di dubitare che i neandertaliani avessero capacità linguistiche potenzialmente vicine alle nostre, anche se, con il loro nasone, probabilmente producevano suoni che al nostro orecchio suonerebbero bizzarri. Per chi volesse togliersi la curiosità, Robert McCarthy della Florida Atlantic University di Boca Raton ha ricostruito il tratto vocale dei Neandertal e l'ha attaccato a una macchina che secondo lui dovrebbe riprodurre la loro voce. Basta andare sul suo sito internet per sentirla; a mio parere, non si tratta di un'esperienza memorabile.

Ma per parlare non basta avere una laringe adatta, ci vogliono anche un cervello e un sistema nervoso adatti. La principale regione del nostro cervello che controlla il linguaggio è l'area di Broca; si trova sulla sinistra, e solo sulla sinistra, della corteccia cerebrale. L'area di Broca è tanto sviluppata, a conferma di quanto abbia pesato il linguaggio nella nostra evoluzione, che i nostri cervelli (e i crani che li contengono) sono asimmetrici, con un rigonfiamento a sinistra. In parecchi crani di Neandertal si è osservata la stessa asimmetria, ma da questa osservazione non siamo in grado di trarre conclusioni decisive, perché anche il fatto di essere o non essere mancini provoca asimmetrie simili. Allo stesso modo, il nervo principale che controlla molti movimenti della lingua è chiamato ipoglosso, e nei crani neandertaliani il solco su cui appoggia questo nervo non è più piccolo che nei nostri. Potrebbe voler dire che i Neandertal avevano la facoltà di muovere la lingua in tanti modi, come noi, ma potrebbe anche non voler dire granché, visto che solchi di quelle dimensioni si ritrovano anche nei crani di alcune scimmie.

Insomma, sul cervello neandertaliano abbiamo pochi dati e molte illazioni: siamo costretti ad aiutarci ragionando sul poco che sappiamo. Per esempio, sappiamo che il linguaggio richiede simboli: suoni o segni che rappresentano oggetti e concetti. Senza simboli, ogni leone è un leone diverso, ma quando si inventa un suono che significa "leone" e la comunità impara a decifrarlo, si può avvisare i compagni che un leone è in arrivo e scappare da un'altra parte. Con lo sviluppo della comunicazione simbolica, l'umanità ha cominciato a ricordare molto di più, e a trasmettere con efficienza molto maggiore queste informazioni. È abbastanza chiaro che da allora in poi si sono sviluppate più in fretta le caratteristiche che oggi attribuiamo alle persone intelligenti: capacità di astrazione, immaginazione, senso estetico.

La scienza si occupa di problemi a cui è possibile dare una risposta sperimentale, almeno in linea di principio. Posso cercare di ricostruire scientificamente le circostanze in cui una punta è stata conficcata fra le costole di un uomo a Shanidar, anche se è molto difficile, ma non posso scoprire se quell'uomo si sia mai entusiasmato per un tramonto, quante delusioni amorose abbia avuto, e se mai abbia scelto un'azione fra tante possibili per rispettare un suo codice morale. Cercare di rispondere ci condurrebbe rapidamente fuori dal terreno della scienza, e non mi va. Quindi mi fermo qui, scansando argomenti appassionanti ma scivolosi come l'origine dell'etica e dell'estetica. Invece aggiungo che secondo la maggioranza degli antropologi, se qualcuno ha lasciato traccia di attività simboliche in qualche oggetto che gli apparteneva, potenzialmente quel qualcuno era anche in grado di parlare.

I fiori di Shanidar sarebbero chiaramente simboli e dimostrerebbero che nelle menti neandertaliane si affacciavano emozioni e dubbi ben noti anche a noi. Non tutti però sono convinti che siano stati deposti nel corso di un rituale funerario. Tuttavia, non c'è bisogno di questi fiori per poter dire che da molto tempo l'umanità ha sviluppato linguaggi simbolici. Quando la memoria non basta più, l'essere umano ricorre a forme di scrittura. Qui non bisogna pensare a un alfabeto, a cui si arriverà solo di recente. Ma fin dal paleolitico inferiore, cioè da prima di Neandertal, ci sono pervenute ossa di animali su cui qualcuno ha tracciato delle linee diagonali, parallele o perpendicolari fra loro, e non per caso. Cosa registrassero in questo modo i nostri lontani parenti preneandertaliani non lo sappiamo: forse le prede cacciate, forse i giorni trascorsi da un certo evento. Fatto sta che gli antropologi e gli archeologi considerano queste ossa come la prova che già in tempi remoti l'umanità aveva inventato sistemi per fissare la memoria di certi episodi. Ci dicono anche che c'è una continuità fra questi sistemi rudimentali e altri via via più astratti e complicati che attraversano tutta la preistoria, fino a sfociare, ma solo 5 mila anni fa, negli alfabeti.

Bigiotteria e cosmesi

Sembra un gioco di parole, ma non lo è: gli oggetti inutili sono più utili di quelli utili per capire cosa passi per la testa di qualcuno che non conosciamo, per esempio che capacità di astrazione o che immagine di sé avesse un neandertaliano. Con lo sviluppo del pensiero astratto emergono nuove esigenze, che non sono più solo quelle di procurarsi cibo e riparo per la notte, e ci portano a circondarci di oggetti non strettamente indispensabili. Anche gli scimpanzé sanno fabbricarsi oggetti utili, semplici attrezzi per spaccare i gusci delle noci o raggiungere una banana che si trova in alto. Possedere oggetti inutili, semplicemente perché sono belli, sembra una caratteristica profondamente umana (anche se non esclusivamente; doni nuziali sono comuni in varie specie animali, soprattutto fra gli uccelli). Così, scoprire in una casa sconosciuta dell'ottimo vino sulla tavola e bei libri sugli scaffali ci fa pensare a un inquilino intellettualmente sofisticato, cosa che non ci viene in mente se troviamo la libreria semivuota e vino in Tetrapak.

Gli oggetti di cui si circondavano i Neandertal non cambiano di molto durante gran parte della loro storia. Non c'è progresso, non ci sono prove che quelli di 50 mila anni fa disponessero di tecnologie più avanzate rispetto ai loro progenitori di 200 o 100 mila anni prima. Come scrive Paul Pettitt, per loro ogni giorno era il primo giorno della vita. Poi, intorno all'epoca in cui i primi sapiens come noi si affacciano in Europa, a partire da 45 mila anni fa, abbiamo le prove archeologiche di un cambiamento culturale senza precedenti. A quanto pare alcune comunità neandertaliane iniziano a seppellire i loro morti, e compaiono oggetti più raffinati, attrezzi di pietra denticolati e coltelli con una sola lama tagliente che prendono il nome di industria castelperroniana. E non sono solo nuovi utensili: insieme, negli stessi siti archeologici, emergono oggetti inutili, ornamenti e pigmenti per decorarsi il corpo.

Vuol dire che è arrivato qualcuno di nuovo con nuovi articoli di bigiotteria, o che gli uomini di prima hanno acquisito maggiori competenze tecniche? Non lo sappiamo. Gli oggetti castelperroniani sono più sofisticati di quelli musteriani, ma basta questo per attribuirli a nuovi immigrati, ai sapiens? In realtà non ci sono buoni motivi per escludere un progresso nell'artigianato neandertaliano, magari stimolato dall'osservazione di comunità culturalmente più sofisticate che si erano stabilite nei paraggi. Resta il fatto che nei siti castelperroniani, per esempio ad Arcy-sur-Cure in Francia, si sono trovati ornamenti: conchiglie e denti di cervo traforati, in modo da farne pendenti per collane o bracciali. Quando nel 1996 Jean-Jacques Hublin ha dimostrato che i resti umani trovati ad Arcy-sur-Cure erano neandertaliani, abbiamo avuto la prova che i Neandertal, ormai vicini alla fine della loro storia, si decoravano il corpo.

E insieme sono emerse prove che se lo dipingessero pure, altra attività che tradizionalmente si pensava fosse caratteristica solo dei sapiens e, prima, dei loro (e nostri) antenati africani. In una quarantina di siti musteriani sparsi un po' per tutta Europa abbiamo trovato pigmenti, derivati del manganese. Sono come dei gessetti, con le punte arrotondate per essere state strofinate contro una superficie soffice, con tutta probabilità la pelle. Verso la fine delle loro vicende i neandertaliani si dipingevano di nero, chissà se regolarmente o in occasione di cerimonie particolari.

Insomma, più ci si pensa e più ci si rende conto che i neandertaliani, con il loro corpo diverso dal nostro, e con la loro cultura diversa da quella dei nostri antenati che hanno invaso il loro mondo mettendolo sottosopra (in confronto, le invasioni barbariche sono state uno scherzetto), per tanti versi ci sono vicini in maniera sorprendente. In mezzo a tante e inevitabili incertezze, emerge l'immagine commovente di un'umanità che nella lotta per sopravvivere in tempi durissimi ha imparato dall'esperienza, ha faticosamente raggiunto un progresso tecnologico e si è affacciata ai bordi di un mondo in rapida evoluzione: un mondo da cui sarebbero stati presto espulsi, che sarebbe diventato il nostro, e di cui hanno avuto un'impressione angosciante, prima di esserne travolti.

Note

L'intervista di Italo Calvino all'uomo di Neandertal, trasmessa dalla Radio Rai nel 1974, è stata ripubblicata di recente in *Le interviste impossibili* (Donzelli, Roma 2007). La pagina web inglese di Wikipedia dedicata all'uomo di Neandertal è molto accurata e ricca di informazioni: http://en.wikipedia.org/wiki/Neanderthal. Una descrizione particolareggiata dell'anatomia neandertaliana, accompagnata da belle illustrazioni, è nel libro di Ian Tattersall e Jeffrey H. Schwartz, *Extinct Humans* (Westview Press, Boulder 2000). L'articolo (piuttosto controverso) in cui gli stessi autori propongono che la struttura nasale dei Neandertal sia particolare è Schwartz J.H., Tattersall I. (1996), "Significance of some previously unrecognized apomorphies in the nasal region of *Homo neanderthalensis*", *Proceedings of the National Academy of Sciences USA*, 93:10852-10854. Per chi fosse interessato alla paleoneurologia, segnalo un articolo recente: Bruner E., Manzi G. (2008), "Paleoneurology of an 'early' Neandertal: Endocranial size, shape, and features of Saccopastore 1", *Journal of Human Evolution*, 54:729-742. Per chi volesse saperne di più sulla passione neandertaliana per qualcosa che se non era un rodeo poco ci mancava, suggerisco pagina 356 di Clark Spencer Larsen, *Our origins* (Norton & Company, New York 2008). I dati sulla capacità cranica dei Neandertal si trovano, insieme a molti altri, nell'articolo di Bruner E. (2003), "Fossil traces of the human thought: Paleoneurology and the evolution of the genus *Homo*", *Journal of Anthropological Sciences*, 81:29-56. Su come parlassero i Neandertal ci sono varie ipotesi. A questi due siti si può constatare quanto siano differenti: https://www.youtube.com/watch?v=o589CAu73UM (sembra un po' uno sketch dei Monty Python, e non saprei dire se sia una cosa intenzionale) e https://www.sapiens.org/column/field-trips/did-neanderthals-speak/. Non aspettatevi granché.

Molte informazioni su Shanidar e sugli scheletri che vi sono stati trovati provengono dal sito dello Smithsonian Institute: https://www.smithsonianmag.com/arts-culture/the-skeletons-of-shanidar-cave-7028477/. Si possono trovare informazioni sul nostro contributo all'estinzione dei Neandertal al sito di Channel 4: https://www.channel4.com/news/how-a-human-invasion-wiped-out-neanderthal-man.

L'idea che lo svezzamento costituisse una fase molto pericolosa nella vita dei Neandertal viene da Pettitt P. (2000), "Odd man out: Neanderthals and modern humans", sul numero 51 di *British Archaeology*. Lo studio dell'ipoplasia dentaria è in Ogilvie M.D., Curran B.K., Trinkaus E. (1989), "Incidence and patterning of dental enamel hypoplasia among the Neandertals", *American Journal of Physical Anthropology*, 79:25-41. Lo studio del cranio di St. Césaire è in Zollikofer C.P.E. *et al.* (2002), "Evidence for interpersonal violence in the St. Césaire Neanderthal", *Proceedings of the National Academy of Sciences* USA, 99:6444-6448.

Il confronto fra le facce dei Neandertal nel Sud e Nord Europa è in Rosas A. *et al.* (2006), "Paleobiology and comparative morphology of a late Neandertal sample from El Sidrón, Asturias, Spain", *Proceedings of the National Academy of Sciences* USA, 103(51):19266-19271. Gli articoli che descrivono lo sviluppo dei denti nei neandertaliani, arrivando a conclusioni opposte, sono: Ramirez Rozzi F.V., Bermúdez de Castro J.M. (2004), "Surprisingly rapid growth in Neanderthals", *Nature*, 428:936-939 e Macchiarelli R. *et al.* (2006), "How Neanderthal molar teeth grew", *Nature*, 444:748-751. Sull'usura dei denti cfr. Lalueza Fox C., Pérez-Pérez A., Turbón D. (1996), "Dietary inferences through buccal microwear analysis of Middle and Upper Pleistocene human fossils", *American Journal of Physical Anthropology*, 100:367-387.

Per una descrizione della dieta neandertaliana, compreso il loro stupefacente fabbisogno di calorie, conviene leggere i capitoli 5 e 6 del vasto e piacevole libro di Silvana Condemi e François Savatier, *Mio caro Neandertal* (Bollati Boringhieri, Torino 2018); oppure, ma sono testi più tecnici, Gaudzinski S. (1999), "Middle Palaeolithic bone tools from the open-air site Salzgitter-Lebenstedt (Germany)", *Journal of Archaeological Science*, 26:125-141 e Jean-Jacques Hublin, Michael P. Richards, *The evolution of hominin diets. Integrating approaches to the study of Palaeolithic subsistence* (Springer, Dördrecht 2009). Lo studio degli isotopi nel collagene neandertaliano è in Richards M.P. *et al.* (2000), "Neanderthal diet at Vindija and Neanderthal predation: The evidence from stable isotopes", *Proceedings of the National Academy of Sciences USA*, 97:7663-7666, e quello del tartaro in Henry A.G. *et al.* (2011), "Microfossils in calculus demonstrate consumption of plants and cooked food in Neanderthal diets (Shanidar III, Iraq; Spy I and II, Belgium)", *Proceedings of the National Academy of Sciences USA*, 108:486-491.

Sul flauto di Divje Babe si possono consutare la relativa pagina di Wikipedia: http://en.wikipedia.org/wiki/Divje_Babe, e due articoli di Francesco D'Errico e collaboratori, uno del 1998, "A Middle Palaeolithic origin of music? Using cave-bear bone accumulations to assess the Divje Babe I bone 'flute'", *Antiquity*, 72:65-79, e l'altro del 2003, "Archaeological evidence for the emergence of language, symbolism, and music: An alternative multidisciplinary perspective", *Journal of World Prehistory*, 17:1-70. Il secondo, molto vasto e completo, analizza diffusamente i rapporti fra cultura neandertaliana e cultura moderna. A chi si chiedesse come e quando ha avuto origine la musica posso dire che ne sappiamo poco, e rimandare al bel libro di Silvia Bencivelli, *Perché ci piace la musica* (Sironi, Milano 2007).

Sui rapporti fra capacità cognitive umane e dei nostri parenti più prossimi, e su molte altre cose legate all'evoluzione dell'uomo, suggerisco di David W. Cameron e Colin P. Groves *Bones, stones and molecules. "Out of Africa" and human origins*, pubblicato da Elsevier-Academic Press nel 2004. Molto interessante e sontuosamente illustrato è il catalogo della mostra *La scimmia nuda*, a cura di Claudia Lauro, Giuseppe Muscio e Paola Visentini, edito nel 2007 dal Museo Tridentino di Scienze Naturali, Trento.

3.
I NEANDERTAL E NOI

Dove ci si rende conto di quant'è difficile studiare qualcuno così diverso da noi eppure così simile eppure così diverso

> Una pietra, una figura, un segno, una parola che ci arrivano isolati dal loro contesto sono solo quella pietra, quella figura, quel segno o parola: possiamo tentare di definirli, di descriverli in quanto tali, e basta; se oltre la faccia che presentano a noi essi anche hanno una faccia nascosta non è dato di saperlo. Il rifiuto di comprendere più di quello che queste pietre ci mostrano è forse il solo modo possibile per dimostrare rispetto del loro segreto; tentare d'indovinare è presunzione, tradimento di quel vero significato perduto.
>
> Italo Calvino, *Palomar*, 1983

È un brano magnifico. Ma Calvino ha ragione o torto? Per gli evoluzionisti, ma anche per gli antropologi, è una domanda imbarazzante perché il loro mestiere è proprio andare a scovare la faccia nascosta delle ossa o del DNA: i segni che, se ben interpretati, ci racconteranno una storia di cui altrimenti non sapremmo niente. Ma Calvino, almeno in un certo senso, ha ragione: sforzarsi di andare oltre le apparenze significa interpretare, cioè scegliere un punto di vista da cui guardare l'oggetto che cerchiamo di studiare, e così mancargli di rispetto. In senso scientifico, però, non ci sono alternative. Si fa così, e può valerne la pena.

Lo studio della "faccia nascosta" del DNA, per insistere su questa metafora, ci sta fornendo un quadro molto coerente della vita sulla Terra. Abbiamo le prove che noi, gli insetti, le piante, e addirittura i batteri (forse non i virus che ci fanno venire l'influenza o peggio), deriviamo tutti dagli stessi antenati, da creature vissute più di 4 miliardi di anni fa. Sappiamo che sulla Terra sono passate diverse specie umane, solo una delle quali, la nostra, è sopravvissuta. E abbiamo capito meglio i rapporti fra noi e gli uomini di Neandertal: rapporti di parentela, non di discendenza diretta.

I pionieri

Allora, da dove venivano i Neandertal e dove sono finiti? La prima domanda è più facile, o almeno, è facile rispondere cavandosela con un trucchetto. Da dove venivano dipende da come li definiamo, da che cosa decidiamo di battezzare Neandertal.

Prima di loro, qualcuno è arrivato in Europa davvero presto, molto prima di quanto non si pensasse. I primissimi europei hanno lasciato di sé solo tracce. Letteralmente: quasi un milione di anni fa, a Happisburgh, sulla costa orientale dell'Inghilterra, un gruppo composto da almeno due maschi adulti di grandi dimensioni, due o tre femmine più piccole (o forse qualcuno di loro era un teenager) e tre bambini ha fatto una passeggiata sulla spiaggia. Nel corso dei millenni, il limo calpestato da questi pionieri si è consolidato, e al di sopra si sono aggiunti molti strati geologici, ma nel 2014 l'erosione ha riportato alla luce le loro impronte, insieme a fossili della flora e della fauna che hanno permesso la datazione. Sono le più antiche tracce umane trovate fuori dall'Africa; quelle di Roccamonfina, in provincia di Caserta, risalgono a circa 350 mila anni fa.

È stata una scoperta sorprendente: nessuno pensava che i primissimi europei si fossero spinti così a nord. Le loro ossa non le abbiamo trovate. I resti fossili più antichi in nostro possesso risalgono forse a 800 mila anni fa: *Homo antecessor* nella Gran Dolina di Atapuerca, in Spagna; *Homo heidelbergensis* a Mauer (vicino a Heidelberg, da cui il nome) e Schöningen, in Germania, e poi forse a Petralona in Grecia, e in altri posti, anche fuori dall'Europa; *Homo cepranensis* a Ceprano, in provincia di Frosinone. Sempre ad Atapuerca, ma in località Sima del Elefante, è emerso un dente molare che potrebbe avere più di un milione di anni. I limiti fra l'una e l'altra forma non sono chiarissimi: c'è, per esempio, chi pensa che il cranio di Petralona faccia storia a sé, e chi mette *antecessor* insieme a *heidelbergensis*; ma non c'è dubbio che si tratti di discendenti delle prime forme africane di *Homo*. Il loro cranio era già grande, sui 1000 o 1200 cetimetri cubi, e quindi conteneva un cervello grande. Riconosciamo gli oggetti di pietra che sapevano produrre, e che chiamiamo tecnologia acheulana (si pronuncia "asceulana"). Siamo convinti che venissero dall'Africa, perché è lì che, in periodi più antichi, troviamo sia fossili sia attrezzi simili. Oggi molti tendono a raggruppare sotto la definizione di *Homo heidelbergensis* vari reperti fossili provenienti dall'Africa (Kabwe in Zambia e Bodo D'ar in Etiopia), dall'Asia (Jinniushan, in Cina) e, appunto, dall'Europa. Potrebbero essere loro l'antenato comune nostro, dei Neandertal e anche di altre forme umane asiatiche. Sapevano già servirsi del fuoco, e cacciavano con lance, a cui avevano imparato ad applicare punte di pietra.

Non sappiamo bene come si sia evoluto *Homo heidelbergensis*, e in che modo si sia trasformato in Neandertal in Europa, in sapiens in Africa, e in altre forme umane in Asia. Fatto sta che in Europa cominciano a comparire forme dal cranio sempre più grande e allungato. Da che momento in poi, se da 400 mila o da 300 mila anni fa in poi, sia lecito attribuirle all'uomo di Neandertal è un altro tema controverso, su cui non ho la competenza per esprimermi. Molti paleontologi ritengono che si possa parlare di Neandertal quando compaiono le tecnologie musteriane, cioè a partire da 300 mila anni fa. Ma anche questa data è discussa; c'è chi pensa che solo i Neandertal classici, diciamo da 150 mila anni fa in poi o anche meno, siano Neandertal senza se e senza ma (quest'opinione era più diffusa in passato), e c'è chi ne anticipa la comparsa. In tutti i modi, i Neandertal derivano da forme umane preesistenti che abitavano l'Europa e, prima ancora, l'Africa. Si affermano come la forma umana tipica dell'Europa per quasi 300 mila anni, finché arriva sapiens e vengono soppiantati.

Dove sono andati a finire è una delle domande su cui più si sono affannate, e continuano a litigare, generazioni di scienziati. C'è chi pensa si siano estinti, c'è chi pensa che costituiscano una parte, piccola ma significativa, della nostra galleria di antenati. Ci vorrà un intero capitolo, il 4, per provare a rispondere.

La disparità di opinioni dipende in buona parte dalla frammentarietà delle informazioni disponibili. Peccato, ma bisogna rassegnarsi. Non ne sapremo mai molto di più, anche se la tecnologia continuerà a fare progressi. Quasi tutto è andato perso; disponiamo di qualche centinaio di scheletri che non diventeranno mai decine di migliaia, e sono scheletri di cui spesso non è rimasto granché. Ma d'altra parte queste ossa, le somiglianze e le differenze che continuano a emergere fra noi e questi nostri parenti ci pongono domande troppo interessanti per non cercare di rispondere. Per cominciare, è importante avere le idee chiare su quello che i dati disponibili provano (poco), quello che indicano come plausibile (già di più) e le molte ipotesi che possono venirci in mente. Le ipotesi sono molto importanti nella scienza. I dati da soli non parlano, sono le ipotesi che ci permettono di interpretarli, e inoltre ci suggeriscono gli esperimenti o gli scavi utili a capirci di più. Ma dobbiamo tener presente che le ipotesi, finché non vengono verificate sperimentalmente, rimangono appunto ipotesi: schemi generati dalla nostra mente, approssimazioni utili, ma tutte da dimostrare. E a volte non sono dimostrabili: non è detto che esista una risposta scientifica a tutte le domande che ci passano per la testa.

Nomenclatura

Per cominciare a vederci chiaro, partiremo da un dettaglio: dall'acca che può esserci (Neanderthal) o meno (Neandertal). Oggi in tedesco, valle si scrive "tal", ma nell'Ottocento si scriveva "thal". Dunque Neandertal è semplicemente la grafia moderna e vanno bene tutte e due. "Tal" o "thal" che sia, in latino l'acca ci vuole: *Homo neanderthalensis*, oppure *Homo sapiens neanderthalensis*. La differenza fra le due denominazioni passa per una questione che è meglio affrontare subito. Tecnicamente, dopo il genere (in maiuscolo) e la specie (in minuscolo) viene la sottospecie. Dunque, se diciamo *Homo neanderthalensis* stiamo attribuendo i Neandertal a una specie diversa dalla nostra, se diciamo *Homo sapiens neanderthalensis* a una sottospecie all'interno della nostra specie. Ecco: cosa sono i Neandertal, una specie diversa o dei membri eccentrici della nostra stessa specie? Direi che è una domanda sbagliata, in un certo senso fuorviante.

Temo che per capire meglio le nostre relazioni con questi parenti, le definizioni rigide che abbiamo imparato alle elementari (cavallo e asino sono di due specie diverse perché il loro incrocio produce un mulo, che è sterile, mentre due cavalli o due asini, se incrociati...) non aiutino. E ce l'hanno spiegato, addirittura, Darwin e Lamarck. Nell'*Origine delle specie*, Charles Darwin afferma, d'accordo in questo con Jean-Baptiste Lamarck, che specie diverse discendono, con modifica, da antenati comuni, e che questa loro evoluzione (in realtà Darwin usava l'espressione "discendenza con modifiche") si accompagna a un adattamento delle forme viventi all'ambiente. Ma se è così, ed è così, allora la specie non è immutabile come la pensava Linneo (e come ci insegnavano le nostre maestre alle elementari); è, invece, un'entità transitoria, che in un certo momento c'è, ma prima non c'era ancora, e dopo non ci sarà più. Nella lunga fase di transizione, quando i due gruppi si avviano a formare specie diverse, ma non ci sono ancora arrivati, i membri di tali gruppi possono avere aspetto diverso (e quindi meritare anche nomi diversi) ma non sono necessariamente incapaci di procreare prole fertile, se si ibridano (come, e lo vedremo fra poco, noi e i Neandertal). Insomma, almeno per la durata di questo libro, propongo di lasciar perdere le polemiche sullo status dei Neandertal. Visto che i loro scheletri hanno caratteristiche diverse dalle nostre, chiamiamoli Neandertal, e chiamiamo sapiens quelli che invece, a partire da 190 mila anni fa, presentano caratteristiche simili alle nostre. Non sono convenzioni accettate da tutti, ma ci semplificano la vita: se non altro, ci permettono di cavarcela con una parola (sapiens) anziché tre (umani anatomicamente moderni, o *sapiens* anatomicamente moderni).

Un po' di storia

Come però si chiamassero nelle loro lingue (probabile che ne avessero tante, non una sola) gli uomini di Neandertal non lo sappiamo e non lo sapremo mai. Noi li abbiamo battezzati con il nome del posto dove sono stati scoperti, vicino a Düsseldorf, in Germania: la valle di Neander. La valle, a sua volta, prende il nome da un musicista, teologo e poeta del Seicento, Joachim Neumann. Neumann significa "uomo nuovo" e, grecizzandolo secondo il costume del tempo, diventa (più o meno) Neander. Quindi Neandertal vuol dire "valle dell'uomo nuovo", ma da lì sono venute alla luce le prime ossa fossili di "uomo vecchio", cioè di forme umane diverse dalle attuali: quando si dice le coincidenze.

Un momento, le cose non sono andate proprio così. In realtà, le prime ossa neandertaliane non sono state scoperte in Germania, ma in Belgio nella grotta di Engis, nel 1830, e poi a Gibilterra nella cava di Forbes, nel 1848. Erano passate più o meno inosservate: la paleontologia era agli albori, e il dibattito sull'esistenza di uomini fossili era ancora aperto. Fino alla metà del Settecento, l'idea che la Bibbia racconti in modo accurato la storia naturale del pianeta era incontrastata. La maggior parte degli scienziati era fissista, cioè pensava che tutte le specie fossero state create esattamente come ci appaiono oggi e non potessero cambiare. La grande impresa iniziata da Carlo Linneo, la classificazione di tutti i viventi in specie, generi e via via salendo per la scala tassonomica, riposa sull'idea che le specie siano da sempre come ci appaiono oggi, e che quindi il lavoro del naturalista consista nell'assegnare a ogni organismo l'etichetta giusta. Ma nell'Ottocento si accumulano le scoperte dei paleontologi. Le ossa fossili rinvenute dai fondatori dell'anatomia comparata, gente come Georges Cuvier e George-Louis Leclerc de Buffon, mettono in crisi l'idea che tutti gli animali e le piante siano sempre stati come li conosciamo noi, ciascuno creato indipendentemente da tutti gli altri. Gli scheletri fossili sono abbastanza simili a quelli attuali da rivelare chiare parentele, e abbastanza diversi da dimostrare che l'anatomia degli animali è cambiata (e vale anche per le piante). Appoggiandosi a questi dati sperimentali sempre più chiari e abbondanti, si diffonde l'idea che, attraverso i millenni, le specie viventi si siano trasformate: che si siano, diremmo oggi, evolute.

Certo, i dati sono ancora scarsi, e fa sorridere lo scandalo suscitato da Buffon, quando propone che la Terra abbia almeno 100 mila anni (cioè 94 mila più di quanto dica la Bibbia). E poi non si capisce ancora quale fenomeno naturale possa introdurre cambiamenti nelle forme viventi: Buffon, sempre lui, pensava al diluvio universale, anzi a più diluvi, ognuno accompagnato da grandi estinzioni e comparsa di nuove faune. Ma un po' alla volta, sotto l'effetto di scoperte che spesso non vengono subito ben comprese, entra in crisi la convinzione che tutto sia immobile nel mondo naturale. Nel 1859 Darwin pubblica l'*Origine delle specie.* Nel suo testo fondamentale, evita il più possibile di occuparsi dell'uomo, presentendo le polemiche che ne deriveranno, e che lui giudica inutili quando non controproducenti. Perciò se la cava con una frase molto generica: "E si getterà luce sull'origine dell'uomo e sulla sua storia." Un suo libro sull'evoluzione umana comparirà solo dodici anni più tardi. E a lungo, anche fra chi è convinto che animali e piante si siano evoluti da forme precedenti, rimangono dubbi se lo stesso destino, all'uomo, possa essere stato risparmiato.

Tre anni prima dell'uscita dell'*Origine delle specie*, nel 1856, gli operai al lavoro nella cava di Feldhofer, nella "valle dell'uomo nuovo", rinvengono delle ossa; non sanno bene cosa farne e perciò, finito di disseppellirle, le affidano al maestro di scuola del luogo, Johann Carl Fuhlrott. Si tratta di due femori, cinque ossa del braccio, una clavicola, una scapola, alcune costole, e soprattutto una calotta cranica molto schiacciata, con la fronte sfuggente e due massicci archi prominenti al di sopra delle orbite. Il maestro non ne ha mai viste, di calotte craniche così, e ne parla con l'anatomista dell'Università di Bonn, Hermann Schaaffhausen. Ricevute le ossa da Fuhlrott ed esaminatele a fondo, Schaaffhausen, convinto evoluzionista, ne constata l'antichità, e propone che ci si trovi di fronte a una "selvaggia e barbara razza umana" o, come diremmo oggi, a una forma umana arcaica, residuo dell'ultima era glaciale: l'uomo delle caverne. A questo punto, scendono in campo i grossi calibri: come Rudolf Virchow, uno dei più importanti patologi di tutti i tempi, con oltre duemila articoli scientifici nel curriculum. Virchow è una figura interessante. Ha partecipato ai moti rivoluzionari del 1848, e ne ha ricavato la profonda convinzione che scienza e medicina debbano operare per combattere la povertà. Si sforzerà per tutta la vita di riformare il sistema sanitario, in modo che si occupi non di curare, ma di prevenire le malattie. Un suo allievo, Max Westenhöfer, fonderà una scuola di patologia in Cile, da cui uscirà, nel 1933, Salvador Allende, il presidente cileno morto nel colpo di stato fascista dell'11 settembre 1973. Da queste nobili idee, Virchow ha però tratto anche conclusioni ingenuamente radicali. A metà Ottocento infuria il dibattito sull'origine delle epidemie, se dovute all'azione di microorganismi patogeni, oppure ad attività anormali delle cellule. Gli studi di Robert Koch e Louis Pasteur dimostreranno in seguito che tubercolosi, colera e altre malattie sono causate da batteri, ma Virchow prende la posizione opposta, perché un rapporto di causa-effetto fra agenti patogeni e malattia gli sembra troppo meccanico, troppo deterministico. (Questa sua posizione, riassunta nell'aforisma "Un'epidemia è un fenomeno sociale, con qualche risvolto medico" è stata citata a vanvera dal filosofo Bernard-Henri Lévy, in polemica con le misure prese dai governi europei durante la pandemia da SARS-CoV-2.) Per motivi simili, Virchow è contrario all'evoluzione. O meglio: forse c'è stata, ma se c'è stata Virchow non crede che abbia riguardato l'uomo perché, a suo parere, crederlo ci vincolerebbe troppo alla nostra natura biologica, sottovalutando l'importanza del contesto sociale. "Forme intermedie sono inconcepibili, se non in sogno. Non possiamo insegnare, o accettare, che l'uomo sia disceso dalle scimmie, o da altri animali." E se l'uomo fossile non esiste, quello rinvenuto nella cava di Feldhofer deve essere appartenuto a un uomo moderno. Certo, non un uomo come noi: forse un vecchio malato, un rachitico; oppure (qualcuno lo proporrà in seguito) un polacco, o anche un ritardato mentale. A sostegno di Virchow, il professor August Franz Josef Karl Mayer di Bonn propone per l'appunto che si tratti di un "cosacco mongolo rachitico", morto nella campagna napoleonica del 1814; l'enorme arcata a forma di M al di sopra delle orbite si sarebbe sviluppata perché il poveruomo, tormentato dal mal di testa, si massaggiava continuamente la fronte.

Come farà notare con l'abituale sarcasmo Thomas Huxley, si sarebbe dovuto chiedere a Mayer che bisogno avesse il cosacco rachitico di spogliarsi nudo prima di morire, visto che nello scavo non c'era traccia di vestiti o stivali. Fino ad allora non si conoscevano resti fossili che documentassero gli stadi intermedi dell'evoluzione dell'uomo, i famosi anelli mancanti. Huxley, grande evoluzionista e appassionato collaboratore di Darwin, era sicuro che prima o poi sarebbero venuti alla luce. Appena ne riceve il disegno si rende conto che il cranio di Feldhofer è quello che da tempo aspettava. È troppo diverso dagli altri crani conosciuti, e non si tratta di una malattia, della deformazione patologica di un cranio come il nostro: è proprio un cranio diverso, la dimostrazione di come dell'umanità abbiano fatto parte creature diverse da noi, come il mammut lo è rispetto all'elefante. Nel giro di qualche anno l'anatomista William King propone non solo che l'uomo di Neandertal appartenga a una specie distinta dalla nostra di cui conia il nome, *Homo neanderthalensis*, ma mette in dubbio addirittura che si possa attribuirla al genere

Homo. Neandertal sarebbe distante da noi più o meno quanto gli scimpanzé.

Chi, come Virchow e Mayer, nega si possa trattare di resti umani fossili si sbaglia: è condizionato da una nobile ma fuorviante ideologia, oppure legato al racconto biblico, e vede le specie viventi, la nostra in particolare, come immutabili; per loro, semplicemente, forme umane diverse dalla nostra non possono esistere. Però si sbaglia anche chi, come Schaaffhausen e Huxley, individua nell'uomo di Neandertal l'anello mancante fra l'uomo e la scimmia. Ma questo secondo errore, oltre che probabilmente inevitabile nel momento in cui si è prodotto, è anche un errore fertile, perché mette in moto una catena di ipotesi scientifiche e di esperimenti che non solo lo correggeranno, ma permetteranno di dimostrare che sulla Terra sono comparse (e poi scomparse) molte forme umane diverse.

Ma torniamo a Huxley e a Mayer, alle loro opinioni così contrastanti. Nel giro di mezzo secolo altri resti del genere emergono in Europa, si capisce che sono neandertaliani anche i fossili ritrovati a Gibilterra e a Engis, e si mette in chiaro che su un punto fondamentale Huxley ha visto giusto. Crani così non sono frutto di deformazioni patologiche, bensì appartengono alla popolazione di una vasta regione europea: una popolazione estinta, di cui non restano rappresentanti viventi. Così i neandertaliani diventano la prima forma umana arcaica a essere riconosciuta: sul loro status, dentro o fuori dalla nostra specie, nostro antenato, o cugino, o addirittura radiato dal genere *Homo*, si discuterà a lungo (e non è ancora finita). Nel frattempo gli archeologi hanno imparato a riconoscere gli attrezzi preistorici di selce che vengono prodotti staccando piccole schegge da un nucleo iniziale: punte, raschiatoi. Ne hanno trovati parecchi a Le Moustier, in Francia, e perciò li chiamano musteriani. La loro età può essere stimata con una certa precisione: risalgono a un periodo compreso fra 300 mila e 30 mila anni fa. Quando, al principio del XX secolo, si nota che gli attrezzi musteriani si trovano negli stessi siti in cui abbondano ossa neandertaliane, gli archeologi concludono che quella musteriana è la tecnica con cui i neandertaliani forgiavano i loro attrezzi. Paleolitico medio significa tecnologie musteriane e significa uomo di Neandertal; quando appaiono tecnologie più sofisticate (aurignaziane, gravettiane, maddaleniane; in mezzo c'è il castelperroniano il cui status è incerto) si passa al paleolitico superiore, il tempo di uomini come noi. Come abbiamo visto, queste equivalenze si sono rivelate un po' troppo schematiche, ma servono a orientarsi.

A proposito di semplificazioni: una specie umana arcaica dovrebbe avere, pensano tutti, un cervello meno sviluppato del nostro. Qui Neandertal tradisce le attese. Schaaffhausen ne misura la capacità cranica, e la stima intorno a 1300 centimetri cubici. È un cranio grande, e ospitava un cervello più grande di quello di molti contemporanei. Schaaffhausen non si lascia impressionare, e conclude nonostante tutto che ogni forma umana arcaica deve per forza essere più primitiva della più primitiva forma oggi esistente.

Un commento incoerente, ma Schaaffhausen lo scrive perché ha concepito un'ipotesi, e la sua ipotesi gli piace così tanto che finisce per trascurare il dato che pure lui stesso ha appena ottenuto. Non ha un concetto chiaro di evoluzione, non ha contatti con il mondo scientifico inglese dove queste idee vengono dibattute da anni. Pensa che l'evoluzione segua un tragitto semplice, un'ascesa lineare: da forme primitive a forme superiori, e poi ancora superiori; quindi, da crani piccoli a crani sempre più grandi. È lo spirito del suo tempo, ci sono gerarchie dappertutto. Ci sono individui normali e ritardati mentali, e questi ultimi sono divisi in varie categorie: imbecilli, cretini, idioti. Oggi queste parole sono insulti equivalenti, ma per gli psicologi dell'Ottocento un imbecille è più intelligente di un idiota. Allo stesso modo, nell'Ottocento ci sono gerarchie fra le razze umane, con i bianchi al vertice e le altre razze più in basso. Schaaffhausen è convinto che un'analoga gerarchia debba esistere fra le forme umane che si sono succedute nel tempo (tutte sconosciute, in quel momento, tranne due). Si comincia da una fase selvaggia, si passa a una barbarica, fino allo stadio della civilizzazione. Dunque i neandertaliani, gli uomini delle caverne, trovano il loro posto insieme agli Idioti e ai Negri (le maiuscole sono di Schaaffhausen), cioè alle forme umane che non hanno raggiunto lo stadio delle razze superiori. (Per inciso, va anche detto che Virchow si è battuto con intelligenza e competenza contro queste categorizzazioni razziali.)

Dunque, o umani come noi, anche se subnormali, o altrimenti espulsi dal genere umano, come le grandi scimmie. Entrambe queste posizioni oggi ci appaiono per quello che sono: eccessive, forzate. Lo sappiamo, certi tedeschi non hanno una buona opinione degli stranieri, ma anche così è singolare che Mayer non si sia preso la briga di controllare se fra i cosacchi ce n'era qualcuno con la fronte come quella dell'uomo di Neandertal. D'altro lato, mettere i neandertaliani con i gorilla e gli scimpanzé fuori dal genere *Homo* non ha senso, qualunque cosa si pensi del flauto di Divje Babe e del polline di Shanidar.

È Huxley che comincia a rimettere a posto le cose. I neandertaliani hanno un aspetto arcaico, e perciò devono essere vissuti in un passato remoto, scrive. Qualcuno non crede alla possibilità di forme umane arcaiche, diverse dalle nostre? Dovrà rassegnarsi, non c'è altra spiegazione: anche l'umanità è passata attraverso l'evoluzione. Ma i Neandertal hanno appunto crani anche più grandi dei nostri. Se fossero nostri antenati, bisognerebbe concludere che l'evoluzione ha premiato prima cervelli sempre più grandi, fino a Neandertal, e poi ha cambiato idea e la tendenza si è invertita: non funziona. Huxley dispone solo di una piccola parte delle nostre conoscenze, ma intuisce, con l'aiuto di Darwin, la soluzione del dilemma. L'evoluzione non è un processo lineare. Procede per ramificazioni, da un singolo gruppo di antenati possono derivare più specie di discendenti, imparentate fra loro; alcuni rami si prolungano nel tempo, ma molti terminano nel nulla, cioè nell'estinzione. Il grande cranio del Neandertal, scrive, non è uno stadio intermedio nel passaggio a un'umanità con i crani più piccoli, la nostra, ma il punto d'arrivo di un processo evolutivo indipendente che con loro si è arrestato e non è andato oltre. In altre parole, i neandertaliani sono una specie imparentata con la nostra e oggi estinta. Noi non discendiamo da loro, siamo un gruppo che si è evoluto separatamente, da antenati con cranio più piccolo.

Buoni e cattivi

Insomma, i Neandertal sono un po' come noi, ma sono diversi, ma sono anche come noi... Se gli antropologi non riescono a mettersi d'accordo, figurarsi gli artisti. In un film del 1953, *The Neanderthal man*, Ewald André Dupont racconta di un professore californiano secondo cui i neandertaliani erano più intelligenti di noi per via del loro cervello più grande. Deriso dai colleghi, mette a punto e si inietta un siero che lo trasforma nell'uomo di Neandertal, ma invece che più intelligente diventa un brutale, scimmiesco assassino (di uomini e di cani). Finisce sbranato da una tigre dai denti a sciabola, che sarebbe poi il suo gatto che ha leccato da terra qualche goccia dello stesso siero caduta dalla siringa. Nessuno vorrebbe discendere dalla creatura pelosa "mezzo uomo e mezza bestia" che ci minaccia dalla locandina del film; invece i neandertaliani sorridenti realizzati in silicone da Alfons e Adrie Kennis sono presenze amichevoli, e li accetteremmo di buon grado nell'album di famiglia. Con un interessante capovolgimento di prospettiva, poi, nel romanzo di Björn Kurtén, *La danza della tigre*, i nostri antenati, provenienti dalle steppe africane, hanno la pelle nera, mentre i Neandertal sono bianchi, ingenui e amichevoli, al punto che per loro andrà a finire male.

Chi aveva ragione, i gemelli Kennis o il film hollywoodiano degli anni cinquanta? Erano buoni o cattivi i Neandertal? Confesso che mi riesce difficile immaginare un'intera popolazione tutta buona o tutta cattiva; ci saranno stati quelli prevalentemente buoni e quelli prevalentemente cattivi, con ampie fluttuazioni giornaliere e annuali. Ma la domanda è stata posta, e non solo a proposito dei neandertaliani. Allora prendiamola sul serio: c'è stato, nella storia dell'umanità, un popolo buono? Qualcuno che non faceva la guerra, non praticava nessuna forma di violenza, viveva in armonia con l'ambiente, rispettava gli anziani e non discriminava le donne? Per un certo periodo sono andati di moda i maya dello Yucatán: ecologisti e pacifici, si pensava, tutto il contrario dei loro vicini aztechi, con i loro truci rituali. Oggi sappiamo che i maya combattevano di continuo fra loro per il controllo delle risorse e delle vie commerciali; se facevano prigionieri li trattavano come bestie e alla fine li immolavano sugli altari; stabilire se i sacrifici umani se li fossero inventati da soli o li avessero copiati dagli aztechi non mi sembra particolarmente importante. Non è andata meglio con i nativi americani pueblo, un tempo chiamati anasazi: una popolazione che intorno al 1200, in Colorado e Utah, aveva costruito spettacolari abitazioni di pietra in anfratti inaccessibili della roccia, per poi abbandonarle nel giro di qualche decennio e spostarsi più a sud. Negli anni trenta Ruth Benedict scriveva, non si capisce bene su quali basi, che fra loro non c'era posto per l'imposizione, né alcuna tendenza a prendere le armi pur confrontandosi con un mare di problemi: erano "incorreggibilmente miti". Saranno stati mediamente miti, ma erano correggibili. Nelle *Laguna Tales*, una collezione di storie tradizionali pueblo raccolte da Elsie Clews Parsons, leggiamo che quando ammazzavano un navajo gli toglievano lo scalpo, se lo portavano a casa e lo esibivano in cima a un palo; l'impresa doveva sembrar loro nobile, se se ne vantavano nelle loro storie. Efferatezze analoghe raccontano i primi esploratori spagnoli, impressionati dalle loro capacità belliche e dal loro armamentario di caschi, mazze e armi da lancio.

Insomma, non vorrei generalizzare troppo, ma mi pare che con il conflitto, subìto malvolentieri o volentieri suscitato, l'umanità abbia sempre avuto una certa, sicuramente sgradevole, dimestichezza. Vale anche per i Neandertal, sui cui scheletri, come abbiamo visto, abbondano i traumi, alcuni verosimilmente riportati in combattimento. Ma si vede che il nostro desiderio di immaginarci una civiltà pacifica è molto forte, perché sui Neandertal per anni ha prevalso l'opinione opposta. È stata soprattutto la scoperta del polline nelle tombe di Shanidar a dar forza all'idea che fossero gente amichevole, nonviolenta e amante del bello: i primi figli dei fiori, secondo l'immaginifica definizione dello scopritore del sito di Shanidar, Ralph Solecki.

Ne abbiamo parlato nel capitolo 2. Il corpo di Shanidar 4, un uomo maturo morto fra i 30 e i 40 anni, è stato ritrovato sdraiato sul fianco, in posizione fetale, coperto da pietre di piccole dimensioni. Nei campioni di suolo prelevati intorno alla sepoltura la concentrazione di polline era molto più alta che altrove nella stessa grotta. Il polline proveniva, fra l'altro, da margherite del genere *Senecio*, da liliacee del genere

Muscari e da rosacee del genere *Althea*: tutte piante indigene che oggi definiremmo decorative, con fiori colorati gialli, blu o bianchi. Non si tratta di un caso isolato. Si è parlato di tumuli funerari in Francia, nei siti neandertaliani di La Ferrassie e La-Chapelle-aux-Saints, e addirittura della sepoltura rituale di un orso a Le Regourdou. Per Solecki non c'è dubbio: a Shanidar si praticava un culto dei morti e questo culto, con la scelta dei fiori, rivela un senso estetico vicino al nostro. Dunque, dal punto di vista psicologico, i Neandertal erano come noi, anzi: come i migliori di noi.

Bisogna stare attenti. Viene naturale pensare che i resti umani ritrovati in uno scavo archeologico siano stati messi lì di proposito. In molti casi è vero, ma non lo è necessariamente in tutti. Le frane; l'azione dell'acqua; la deposizione di strati di materiale friabile durante i secoli, specie all'interno di caverne la cui volta è erosa dagli agenti atmosferici; anche l'attività degli animali: tutti questi processi spostano detriti e possono trasformare l'ambiente producendo qualcosa che sembra una sepoltura anche se non lo è. A Shanidar, ma anche a Krapina, in Croazia, il soffitto della grotta è crollato, ricoprendo tutto ciò che stava sotto; gli scheletri di Shanidar erano coperti da 14 metri di materiale, tanto che lo stesso Solecki aveva inizialmente scritto che Shanidar 4 era stato ucciso dalla caduta delle rocce. In un contesto del genere diventa difficile capire se sono state scavate delle fosse per calarvi i corpi, cosa che indicherebbe una sepoltura intenzionale. Secondo Robert Gargett le fosse non ci sono, e non c'è motivo per credere che ci fossero. Gargett pensa che sia stato il vento a spingere il polline nella grotta, anche se non spiega perché la sua densità si accentui nei pressi di Shanidar 4. Ma forse ce lo spiega Solecki quando nel suo libro racconta che durante lo scavo due operai iracheni portavano fiori infilati negli occhiali. Come si vede, la materia è piuttosto sfuggente. Non sono in grado di esprimere un parere, ma non mi sembra che ci siano prove convincenti che i neandertaliani seppellissero i loro morti, né del contrario (mentre che curassero i feriti, come abbiamo visto, è dimostrato).

Be', se buoni non erano, vuol dire allora che i Neandertal erano cattivi? Viste le polemiche sull'intenzionalità delle loro presunte sepolture, si può facilmente immaginare quante ce ne siano state sul loro cannibalismo. L'antropofagia è certo un tema delicatissimo; interessi morbosi e reazioni moralistiche interferiscono con una pacata valutazione dei dati: dati che, in questo caso, sono rappresentati dalle ossa, dalle posizioni in cui sono state ritrovate, e dai segni lasciati su di esse. In varie culture, moderne come a Sulawesi in Indonesia e antiche come quella ebraica del tempo di Cristo, si praticano rituali di sepoltura secondaria. Vuol dire che qualche tempo dopo la morte i corpi semidecomposti vengono riesumati, ripuliti dalla carne e definitivamente sepolti in ossari. In questi casi sulle ossa rimangono segni di raschiatura, ma la disposizione ordinata dei resti nella fossa rivela che appunto di un rituale si è trattato, non di altro. Se però si trovano insieme ossa umane e ossa di animali, ed entrambe presentano gli stessi segni di scarnificazione, è logico concludere che abbiamo trovato una discarica, non un cimitero, cioè che umani e animali sono stati soggetti allo stesso trattamento per lo stesso scopo, l'alimentazione. In un sito francese datato circa 100 mila anni fa, la grotta di Moula-Guercy, mescolati disordinatamente a ossa di cervo, sono stati ritrovati i resti di sei persone, due adulti, due adolescenti e due bambini. Tutti i crani, sia umani sia di cervo, erano stati spaccati, così come le ossa lunghe, per estrarne il midollo; al microscopio, la superficie delle ossa, sia umane sia di cervo, rivela solchi uguali, prodotti con ogni probabilità da lame di selce che sono state anch'esse rinvenute nella caverna; da questi solchi si deduce che i corpi sono stati disarticolati e fatti a pezzi per ottenerne carne. Centomila anni fa in Europa c'erano solo i neandertaliani, e dunque non ci sono dubbi su chi sia responsabile di tutto questo.

Gli scheletri di Moula-Guercy non sono i primi a suggerire che alcuni Neandertal fossero cannibali, ma sono stati i primi a dimostrarlo davvero. In precedenza, altri ritrovamenti, fra cui quelli nella grotta Guattari in Italia, avevano fatto parlare di cannibalismo, ma non si era potuto escludere che i segni sulle ossa derivassero da morsi di animali (come probabilmente nel flauto di Divje Babe). Invece a Moula-Guercy, e anche a Vindija in Croazia e a El Sidrón nella Spagna del nord, non sono stati né gli animali né gli archeologi a lasciare sulle ossa i solchi di scarnificazione tipici degli strumenti musteriani di selce. Queste ossa sono state trovate insieme a ossa di animali sicuramente macellati a scopo alimentare, cosa che fa pensare che i loro proprietari abbiano subito lo stesso destino, anche se non si può esserne del tutto sicuri. Infatti nelle caverne neandertaliane non c'è una chiara separazione fra soggiorno e pattumiera, cioè fra le aree dove si viveva e quelle dove si lasciavano i rifiuti. Nel complesso, comunque, l'impressione è che il cannibalismo non fosse poi così raro, tanto che, nel corso di una chiacchierata con un ricercatore svedese di cui torneremo a parlare, Svante Pääbo, ci è venuta in mente una nuova ipotesi sul destino dei Neandertal: si sono estinti quando l'ultimo si è mangiato il penultimo, e poi si è accorto che era sua moglie (attenzione, ingenuo lettore! È uno scherzo! È uno scherzo!).

Se oggi possiamo dire che il cannibalismo era praticato dai Neandertal, non sappiamo però dire con precisione quanto fosse diffuso. Era una forma normale di alimentazione, e, se sì, in che area geografica e per quanto tempo? O si trattava di una pratica rituale? O invece era l'ultima risorsa di una popolazione allo stremo, nei duri inverni glaciali? Secondo

Alban Defleur e Tim White che hanno studiato a fondo il sito, nei dintorni di Moula-Guercy le risorse erano abbondanti. Ne concludono che la dieta neandertaliana poteva comprendere carne dei propri simili, anche in condizioni normali.

A questa osservazione si contrappongono considerazioni di carattere generale, ma non per questo meno importanti. Piccola digressione: l'accusa di cannibalismo è una delle più infamanti, e nella storia spesso è servita a giustificare moralmente lo sterminio o la riduzione in schiavitù di intere popolazioni. Sono soprattutto i primi esploratori europei delle Americhe a raccontare storie (generalmente poco documentate) di cannibalismo, tanto che la parola stessa deriva da una deformazione di caribe, il popolo dei Caraibi. Nel XVI secolo papa Innocenzo IV stabilisce che il cannibalismo va represso con la forza; tanto basta a Isabella di Castiglia per decretare che il rifiuto cristiano della schiavitù non si applica agli antropofagi, perché perfino la schiavitù rappresenterà un innalzamento della loro condizione. In seguito questa idea piacerà molto agli inglesi, che vi aderiranno volentieri. Non c'è da stupirsi che da quel momento in poi le accuse di cibarsi di carne umana si moltiplichino, visto che tanto bastava per poter legittimamente privare della libertà la necessaria manodopera indigena. L'enorme quantità di voci e speculazioni, molte delle quali risibili, ha portato, a un certo punto, alla reazione opposta, tanto che William Arens, in un libro dal titolo eloquente (*The man-eating myth*, "Il mito dei mangiatori di uomini"), ha sostenuto che non c'è stato in realtà nella storia alcun caso dimostrato di cannibalismo.

Adesso che il dibattito si è un po' calmato, si può dire che Arens ha messo il dito nella piaga, e che molte storie a cui si è creduto sono solo leggende o propaganda. Questo però non deve far dimenticare che in alcuni momenti storici il consumo di carne umana è attestato e comprovato.

Non entrerò nel complesso dibattito sul valore rituale di queste pratiche; mi sembra importante solo sottolineare come mangiare carne umana non sia comunque una buona strategia di sopravvivenza. L'uomo è quello che gli zoologi chiamano un *top predator*, un predatore che sta in cima alla catena alimentare. Mangia animali (per esempio, le trote) che hanno mangiato altri animali (piccoli crostacei) che a loro volta si sono cibati di piante. Perciò ci vogliono tante trote per mantenere in vita un uomo, tanti crostacei per mantenere in vita una trota, e così via. Dunque, soprattutto quando le cose si mettono male, non è una buona idea quella di nutrirsi di altri carnivori, perché ce ne sono comunque pochi. Insomma: alcuni Neandertal (e probabilmente anche alcuni dei primi europei come noi) hanno mangiato carne umana, ma è improbabile che la loro dieta comprendesse *regolarmente* carne umana.

Tutto cambia in fretta

Chi vede una forte differenza intellettuale fra umani anatomicamente moderni e neandertaliani sottolinea soprattutto un dato di fatto. Gli oggetti musteriani, quelli prodotti dai neandertaliani, restano praticamente identici da 300 mila anni fa fino alla loro scomparsa; non c'è traccia di progresso, se non quando, fra 40 mila e 35 mila anni fa, i neandertaliani entrano in contatto con i nuovi immigranti sapiens. A quel punto compaiono le nuove tecnologie del paleolitico superiore, e si può discutere se le abbiano sviluppate o meno da soli i sapiens, magari stimolati dalla competizione con i Neandertal come sostiene Stephen Kuhn. È difficilissimo dirlo, ma salta agli occhi che nel paleolitico superiore il progresso è rapido e la cultura più dinamica.

Ancora una volta, anziché prendere posizione, preferisco insistere su quanto sia difficile venirne a capo. Come sottolinea Calvino nel brano all'inizio di questo capitolo, gli oggetti ci parlano solo se sappiamo inserirli nel loro contesto; ma quale fosse esattamente questo contesto e quali elementi pesassero di più è molto complicato stabilirlo. Di certo, sappiamo che intorno a 45 mila anni fa il mondo dei Neandertal cambia bruscamente. Dall'est è arrivata gente diversa: abbiamo due gruppi, forse due specie umane, nello stesso territorio. Non coabitano a lungo, tutto si svolge rapidamente. Gli africani avanzano, i neandertaliani si ritirano e da 38 mila anni fa in poi non ne resta traccia. Ci sono voluti 70 secoli, ma in ogni zona geografica la convivenza è durata di meno. In passato si pensava all'avanzata degli africani come un'onda davanti alla quale i neandertaliani si ritirano sempre più a ovest; oggi è chiaro che le cose non sono state così semplici, ma alla fine siamo rimasti noi e loro non ci sono più.

Dal Vicino Oriente al Portogallo ci sono 5 mila chilometri, e dunque i neandertaliani hanno perso l'Europa al ritmo di 700 metri all'anno. Durante questa transizione non sembra che si siano formate popolazioni ibride: ogni sito archeologico, in un dato periodo, è musteriano o non lo è, e ogni singolo scheletro ritrovato è riconoscibile come neandertaliano o come moderno. C'è una sola possibile eccezione: lo scheletro di un bambino di 4 anni, sepolto (sepolto, qui non ci sono dubbi) 25 mila anni fa a Lagar Velho, nel nord del Portogallo. La sepoltura è decorata con rami di pino bruciati, ocra e conchiglie, e gli oggetti rinvenuti sono tipicamente del paleolitico superiore. In più, il bambino ha mento, dentatura e pollici moderni, ma le sue tibie sono corte rispetto ai femori: un bambino anatomicamente moderno, secondo João Zilhão che l'ha scoperto, però con tibie molto neandertaliane. Attenzione: stiamo parlando di 25 mila anni fa. A quei tempi i neandertaliani, per quanto ne sappiamo noi, erano scomparsi da un bel po'. Secondo Zilhão, questo dimostra che non si sono estinti, ma che in Portogallo si sono fusi con la popolazione immigrante. Il loro contributo può essere stato limitato, ma nel bambino di Lagar Velho è riemerso, a migliaia di anni di distanza.

Un neandertaliano, o come in questo caso un mezzo neandertaliano, di 25 mila anni fa pone parecchi problemi. In Spagna e Portogallo gli artefatti sono musteriani fino a una data che un tempo era fissata a 27 mila anni fa, ma che adesso potrebbe essere anticipata alla luce dei nuovi metodi di datazione. Resta comunque un divario di millenni fra la scomparsa di tecnologie tipiche del paleolitico medio e il bambino di Lagar Velho. È possibile che due popolazioni si stessero amalgamando nello stesso momento in cui i reperti archeologici stavano cambiando così bruscamente? Zilhão, e con lui uno dei più grandi esperti di Neandertal, Erik Trinkaus, risponde di sì, e in questo sono d'accordo anch'io. L'idea che a una popolazione si accompagni una e una sola tecnologia (e una lingua, e un territorio, e un insieme di individui fisicamente simili perché imparentati) non regge alla prova dei fatti. È utile in certi momenti, quando se ne sa poco, ma non possiamo farne una regola. Per esempio, Darwin pensava che la capacità di fabbricare attrezzi e quella di camminare su due piedi si fossero sviluppate nel momento in cui il cranio, e quindi anche il cervello, sono diventati più grandi. Era una semplificazione inevitabile ai suoi tempi, ma oggi è chiaro che prima ci siamo alzati su due piedi (6 milioni di anni fa), poi abbiamo iniziato a fabbricare utensili (un po' più di 2 milioni di anni fa) e infine il nostro cranio si è ingrandito (meno di 2 milioni di anni fa).

Le obiezioni più serie all'interpretazione di Zilhão sono altre. Tutto ruota intorno alla tibia, ma siamo proprio sicuri che sia una tibia neandertaliana? È vero, scrive Ian Tattersall, non meno esperto in materia di Trinkaus: se c'è un posto in Europa dove è immaginabile che si sia conservata più a lungo una popolazione neandertaliana mentre le altre si andavano estinguendo, è proprio la penisola iberica, e proprio la sua parte più occidentale, cioè il Portogallo. Ma questo bambino è vissuto molto più tardi dell'ultimo Neandertal e ha una sola caratteristica neandertaliana, la tibia, difficile peraltro da interpretare perché le manca un pezzo. E poi, come abbiamo visto nel capitolo precedente, i piccoli sono più simili fra loro degli adulti anche fra uomo e scimpanzé, e quindi a maggior ragione fra neandertaliani e gente anatomicamente moderna. In definitiva, sembra più semplice considerare il bambino di Lagar Velho come un piccolo umano moderno, solo con le tibie un po' più corte della media.

Due teorie, anzi tante

E così siamo entrati nel cuore del dibattito: ci hanno lasciato qualcosa i Neandertal, sono i nostri antenati? In altre parole, se potessimo risalire lungo il nostro albero genealogico, indietro per millenni e millenni, incontreremmo a un certo punto qualche antenato neandertaliano, o magari tanti? O, al contrario, tutti gli antenati degli europei erano anatomicamente moderni, e quindi i Neandertal si sono estinti senza lasciare discendenti? Gli antropologi hanno coniato due nomi per queste teorie alternative: quella secondo cui discendiamo da immigrati africani si chiama teoria dell'origine africana recente, o in inglese, Out-of-Africa (dal titolo di un romanzo di Karen Blixen); quella secondo cui discendiamo dai Neandertal si chiama teoria multiregionale. Per decenni, migliaia di studenti di antropologia, in tutto il mondo, a domanda hanno risposto: “Ci sono due teorie, multiregionale e dell’origine africana recente.” Giusto, anche se ormai ce ne sono di più, differenti per l’entità del contributo neandertaliano alle nostre genealogie. Ma, per chiarezza, cominciamo appunto dalle due teorie principali.

Immaginiamo di viaggiare indietro nel tempo, fermandoci di tanto in tanto a fare una fotografia all’umanità. Oggi c’è sulla Terra una sola specie umana. I suoi membri hanno aspetto differente, pelli e capelli di colori diversi, diverse stature, ma sono tantissime, molte di più, le caratteristiche che hanno in comune rispetto a quelle che li differenziano, e più si studia il nostro genoma, il complesso del nostro DNA, più ce ne rendiamo conto. Fra i 45 e i 38 mila anni fa le cose, come abbiamo visto, non stavano così: in Europa c’erano due gruppi dalle strutture anatomiche ben differenziate, gente fatta come noi e i Neandertal, ed è proprio per stabilire che rapporti biologici ci fossero fra loro che stiamo ripercorrendo la storia dell’umanità.

A questo punto sarebbe bello se potessimo marcare ogni umano sulla Terra con un puntino luminoso. Potremmo poi far scorrere a ritroso il film della vita, molto velocemente, e far trasmettere il puntino dai figli ai padri e alle madri ogni volta che si passa alla generazione precedente. Vedremmo che nel loro frenetico agitarsi (siamo una specie che non sta mai ferma) i puntini tenderebbero, a lungo andare, a tornare sui loro passi. Senza dubbio questo tragitto li riporterebbe tutti in Africa. Sarebbe un esperimento interessantissimo, perché di questa fase, e stiamo parlando di un paio di milioni di anni, sappiamo poco. I dati paleontologici sono scarsi, e più ne scopriamo, più il quadro si complica. Si pensava che gli antenati di tutta l’umanità fossero usciti per la prima volta dall’Africa un milione di anni fa, ma nuove scoperte, nel Caucaso e altrove, ci costringono a spostare tale evento molto più indietro, a 1,8 milioni di anni fa. Gli africani di allora prendono il nome di *Homo ergaster*, ed è ragionevole pensare che da loro (o da un'altra specie africana un po' più antica, *Homo habilis*) discendano tutte le altre forme che hanno in seguito popolato il pianeta. Su questo sono d'accordo tutti, sia i sostenitori dell'origine multiregionale sia quelli dell'origine africana recente: siamo tutti africani, nel senso che 2 milioni di anni fa i nostri antenati stavano tutti lì.

Ma i sostenitori dell'origine africana recente pensano che siamo tutti africani in senso più stretto: i nostri antenati stavano tutti lì 100 mila anni fa, e non erano gli antenati dei Neandertal europei né delle altre forme umane documentate in Asia, come *Homo erectus* e il misterioso uomo di Denisova. In altre parole, le due teorie di cui stiamo parlando differiscono per l'importanza data a un'altra uscita dall'Africa, quella, molto più recente, di persone simili a noi al punto che li chiamiamo umani anatomicamente moderni. Secondo il modello alternativo, la teoria multiregionale, dai Neandertal hanno avuto origine gli europei, dagli *Homo erectus* hanno avuto origine gli asiatici, e gli africani del paleolitico medio sono gli antenati degli africani di oggi. Nell'esperimento dei puntini luminosi, la teoria dell'origine africana recente prevede che si raggruppino tutti in Africa 100 mila anni fa e anche meno; la multiregionale, invece, che restino in giro per l'Asia e l'Europa per 1,8 milioni di anni.

In questa forma estrema, che è quella però formulata in origine, la teoria multiregionale non ha più sostenitori. Anche i più convinti, primo fra tutti Milford Wolpoff dell'Università del Michigan che della teoria multiregionale è il padre (e la madre è sua moglie, Rachel Caspari), hanno riconosciuto, magari a mezza bocca, che creature anatomicamente simili a noi si sono certamente espanse dall'Africa e si sono stabilite in Europa e Asia, per poi dall'Asia raggiungere le Americhe e l'Oceania. Le opinioni differiscono però su quanto importante sia stata questa espansione. Nelle nuove versioni della teoria multiregionale, in Europa è rimasto molto, o qualcosa, dei Neandertal; e secondo la teoria dell'origine africana recente, no. Dire che per respingere la teoria multiregionale bisogna dimostrare che neanche un neandertaliano ha contribuito alla genealogia degli europei moderni è come dire che la teoria non potrà mai essere respinta. Quale esperimento potrebbe mai provare che nessuno dei 20 mila geni in nessuno dei 700 milioni e passa di europei proviene da un Neandertal? In tutti i casi, mi sentirei di riassumere la discussione in questi termini: c'era chi pensava che i neandertaliani e gli *erectus* costituissero una parte importante della genealogia rispettivamente degli europei moderni e degli asiatici moderni (multiregionale), c'era chi pensava di no (Out-of-Africa). Oggi la teoria multiregionale è tramontata. La discussione, piuttosto, tutta all'interno della teoria Out-of-Africa, verte su se e quanto le forme umane arcaiche possano aver fatto parte degli antenati dell'uomo moderno. Si va da chi dice che un contributo dei neandertaliani e dei denisovani, piccolo ma significativo, c'è stato, e chi pensa di no. Per capire chi ha ragione, bisogna analizzare le ossa, i crani e il DNA. Soprattutto, e qui non credo di parlare spinto dal pregiudizio dei genetisti, è importante studiare quest'ultimo, perché i nostri antenati sono tutti quelli che ci hanno trasmesso, attraverso le generazioni, una parte del loro DNA. Ma di questo parleremo nel capitolo 4.

Lo strabismo necessario

Torniamo al brano di Calvino da cui eravamo partiti. Si tratta di un breve racconto del suo viaggio in Messico. Un amico lo conduce a visitare le piramidi azteche di Teotihuacán e gli dà un sacco di informazioni. Gli spiega ogni ghirigoro delle pietre, in ognuno vede un simbolo, un significato e una storia. Insieme a loro c'è una scolaresca e il maestro, di fronte agli stessi ghirigori, conclude invariabilmente: "Non si sa cosa significhino." L'amico se ne accorge e raddoppia gli sforzi interpretativi, ma il maestro, implacabile, ormai in aperta polemica, non molla: "Non si sa cosa significhino," continua a ripetere.

La breve citazione riportata in epigrafe potrebbe far pensare che Calvino stia dalla parte del maestro, ma leggendo tutto il brano si capisce che non è esattamente così. Come fa spesso in questi casi, Calvino si colloca a metà strada. Non sceglie, ma guarda un po' di qua e un po' di là. Non è possibile, soprattutto per una mente inquieta come la sua, sottrarsi alle domande che il passato ci pone attraverso gli oggetti arrivati fino a noi, ma non è possibile neanche giurare sulla nostra capacità di rispondere a tutti i quesiti che ci saltano in mente. Dalle ipotesi è facile scivolare, quasi senza accorgersene, alle congetture, e da queste alle congetture spericolate il passo è breve. Dunque bisogna tenersi in equilibrio su una linea sottile, guardando allo stesso tempo di qua e di là, a rischio di restare strabici: fare ogni sforzo per comprendere, ma anche avere il senso del limite, essere capaci di arrestarsi prima che il carico di illazioni diventi così gravoso da schiantare, sotto il suo peso, la storia esile che l'oggetto potrebbe raccontarci.

Vale anche per i Neandertal. Se oggi siamo in grado di raccontare a grandi linee il loro destino, se la loro scomparsa e le forze che l'hanno provocata (fra cui l'arrivo dei nostri antenati africani) non rappresentano più un garbuglio insolubile, molto ci resta ignoto e non può che essere così. La frase di Calvino ci ricorda una cosa fondamentale: che rispettarli significa accettarli per quello che erano, anzi, per quel poco che gli scarni dati disponibili ci permettono di capire che fossero. Non erano come noi, e se fra loro c'era qualche nostro antenato, si tratterebbe di pochi antenati neandertaliani in un mare di antenati africani. Ma vederli per quello che erano, un po' come noi, un po' diversi, non vuol dire disprezzarli: al contrario, vuol dire apprezzare la loro unicità. Non siamo i loro discendenti, ma erano esseri umani, e non tutto è cominciato nel momento in cui ci siamo staccati da loro. La parola umanità, declinata in tanti modi diversi, vale per noi, per loro, e per altre forme umane che si sono avvicendate sulla Terra.

Note

Le tracce lasciate dal passaggio di antichissime forme umane a Happisburgh sono descritte in Ashton N. *et al.* (2014), "Hominin footprints from early Pleistocene deposits at Happisburgh, UK", *PLOS ONE*, 9:e88329. Una bella sintesi delle nostre conoscenze su *Homo heidelbergensis* è in un articolo di Stringer C. (2012), "The status of *Homo heidelbergensis* (Schoetensack 1908)", *Evolutionary Anthropology*, 21:101-107. Un'interessante ricostruzione del primo popolamento dell'Europa da parte di forme umane arcaiche è in Mosquera M., Ollé A., Rodríguez X.P. (2013), "From Atapuerca to Europe: Tracing the earliest peopling of Europe", *Quaternary International*, 295:130-137. Sull'uomo di Ceprano c'è un articolo molto ben fatto di Manzi G. (2004), "Argil, antenato d'Europa", *Le Scienze*, 428:46-53.

Ho trovato l'etimologia di Neander nel bel libro di Giorgio Manzi, *Homo sapiens* (il Mulino, Bologna 2006); sempre di Manzi segnalo l'articolo "L'enigma della fine dei Neandertal" sul numero 17 della rivista *Darwin*, uscito nel gennaio-febbraio 2007. Vale la pena di riportare testualmente quanto scrive Thomas Huxley nel suo "Further remarks upon the human remains from the Neanderthal", pubblicato nel 1864 sulla *Natural History Review*, a proposito del professor Mayer e della sua idea che lo scheletro della grotta di Feldhofer appartenga a un cosacco mongolo rachitico: "Il suo lavoro è carico di spiritosaggini di piccola taglia ma di grande peso, dirette contro il sig. Darwin e le sue dottrine. Queste resistenze non daranno gran fastidio al leone malato [Darwin], ma si deve confessare che non inducono nemmeno a provare molta simpatia per il suo assalitore. Come procederò a dimostrare, l'illustre Professore non può permettersi di lanciar sassi con così tanta veemenza e così poco discernimento." Julia R.R. Drell racconta in un saggio sull'*Oxford Journal of Archaeology* ("Neanderthals: A history of interpretation", 19:1-24, 2000) le fasi attraverso cui i neandertaliani sono stati prima espulsi e poi richiamati a far parte dell'umanità. *Il virus che rende folli*, dove Bernard-Henri Lévy cita Virchow, è uscito in italiano nel 2020 per La nave di Teseo. Ho trovato la frase di Virchow sull'impossibilità di stadi intermedi nell'evoluzione a pagina 101 di Ronald L. Numbers, *Antievolutionism Before World War I. Volume 1* (Garland Publishing Inc., New York & London 1995).

Alfons e Adrie Kennis sono due artisti olandesi specializzati in ricostruzioni tridimensionali di uomini e animali preistorici. Sul loro sito www.kenniskennis.com si possono ammirare alcune delle loro fenomenali e rigorose realizzazioni. Altrettanto belle quelle di un'artista francese, Élisabeth Daynès, che ha una pagina Instagram e una Facebook. *La danza della tigre*, il romanzo del paleontologo e scrittore finlandese Björn Kurtén, è stato pubblicato in Italia da Muzzio (Roma 2002). Il libro di Ralph Solecki, *Shanidar: The first flower people*, è stato pubblicato nel 1971 da Alfred Knopf e non mi risulta sia stato tradotto in italiano; si tratta di un libro "deplorevolmente sentimentale", secondo la recensione di M.A. MacConaill. Le *Laguna Tales* sono una collezione di storie dei nativi americani pueblo pubblicate da Elsie Clews Parsons sul *Journal of American Folklore*, 44:137-142 (https://www.jstor.org/stable/i223508).

Una rilettura critica dei dati di Shanidar, con commenti di vari antropologi, è nell'articolo di Robert H. Gargett *et al.*, "Grave shortcomings: The evidence for Neanderthal burials", apparso nel 1989 in *Current Anthropology*, 30:157-190. L'analisi dei resti di Moula-Guercy è in Defleur A. *et al.* (1999), "Neanderthal cannibalism at Moula-Guercy, Ardeche, France", *Science*, 286:128-131. Sul cannibalismo c'è anche un breve, interessante articolo di David Salisbury (2001), "Brief history of cannibal controversies", disponibile a questo sito: https://www.xgc2000.com/xwh/05/3/69372.html. Il libro di William Arens, *The man-eating myth*, è stato pubblicato nel 1979 dalla Oxford University Press ed è tradotto da Bollati Boringhieri con il titolo *Il mito del cannibale. Antropologia e antropofagia* (1980 e poi 2001).

Alcune referenze sul dibattito sul bambino di Lagar Velho: D'Errico F. *et al.* (1998), "Neanderthal acculturation in Western Europe? A critical review of the evidence and its interpretation", *Current Anthropology*, 39:S1-S44; Duarte C. *et al.* (1999), "The Early Upper Paleolithic human skeleton from the abrigo do Lagar Velho (Portugal) and modern human emergence in Iberia", *Proceedings of the National Academy of Sciences USA*, 96:7604-7609; Tattersall I., Schwartz J.H. (1999), "Hominids and hybrids: The place of Neanderthals in human evolution", *Proceedings of the National Academy of Sciences USA*, 96:7117-7119; Zilhão J. (1998), "The extinction of Iberian Neandertals and its implications for the origins of modern humans in Europe", *Mediterranean Prehistory Online*, https://arheo.ffzg.unizg.hr/ska/tekstovi/extinction.pdf; Zilhão J. (2006), "Neanderthals and moderns mixed, and it matters", *Evolutionary Anthropology*, 15:183-195.

Per una descrizione della teoria multiregionale, rimando a Thorne A., Wolpoff M.H. (1992), "The multiregional evolution of humans", *Scientific American*, 266:76-83. Altre versioni, più sfumate e aggiornate, si trovano nei testi di John Relethford, *The human species. An introduction to biological anthropology*, pp. 441-449 (6th ed.,

McGraw-Hill, New York 2005), e di Clark Spencer Larsen, *Our origins* (Norton & Company, New York 2008), insieme naturalmente a descrizioni della teoria alternativa, l'Out-of-Africa. Su quest'ultima, suggerirei *African Exodus* di Chris Stringer e Robin McKie (Henry Holt, New York 1996) e nel libro di Giorgio Manzi *L'evoluzione umana* (il Mulino, Bologna 2007) l'ultimo capitolo, significativamente intitolato "Arrivano i nostri". Ci sono molti testi che discutono criticamente dei due modelli, e delle numerose sfumature possibili fra di loro; mi sentirei di raccomandare di Stringer C. (2001), "Modern human origins-distinguishing the models", *African Archaeological Review*, 18:67-75 e il più recente Wang C.C., Farina S.E., Li H. (2013), "Neanderthal DNA and modern human origins", *Quaternary International*, 295:126-129.

4.
I GENI RACCONTANO LA STORIA

Dove si scoprono nelle nostre cellule tracce leggibili delle genealogie e delle migrazioni

Ricapitoliamo: oggi in Europa ci siamo noi, ieri c'erano i Neandertal; su questo nessuno ha dubbi. I dubbi riguardano i rapporti di parentela fra questi due gruppi umani, e poi cosa sia successo 45 mila anni fa, secolo più secolo meno, nel momento in cui i Neandertal e gli immigrati africani si sono incontrati. Come abbiamo visto nel capitolo 3, oggi si va da chi pensa che i Neandertal abbiano avuto la peggio e si siano estinti, a chi sostiene che non di estinzione si tratti quanto della formazione di comunità miste con gli immigranti, che hanno lasciato tracce, minuscole ma evidenti, nelle popolazioni moderne. Al centro della discussione è stata a lungo la presenza, nei fossili più recenti, di aspetti anatomici che possano suggerire una transizione graduale dalle forme neandertaliane a quelle moderne; l'arrivo sulla scena del DNA ha cambiato le carte in tavola.

Vecchie ossa

Nonostante il dibattito sia tutt'altro che concluso, l'idea di una semplice trasformazione graduale dei Neandertal in forme via via più simili a quelle moderne è tramontata. Un dato molto eloquente, che la teoria multiregionale non sembra in grado di giustificare, ci viene dalla datazione di quattro siti nel nord di Israele. A Skuhl e a Qafzeh sono stati ritrovati scheletri con caratteristiche moderne, a volte sepolti in posizione fetale, mentre a poca distanza da loro, a Tabun e Kebara, sono emersi scheletri chiaramente neandertaliani. Questi ultimi sono più bassi, più robusti, e in generale meglio adattati a climi freddi rispetto a quelli di Skuhl e Qafzeh, i quali però hanno articolazioni delle mani che suggeriscono una maggiore abilità nel maneggiare gli oggetti. Prima che si ottenessero datazioni accurate, si pensava che i quattro siti documentassero il passaggio dalle forme umane arcaiche a quelle moderne, queste ultime culturalmente più avanzate: a Tabun e Kebara gli antenati, a Skuhl e Qafzeh i discendenti, in accordo con le previsioni della teoria multiregionale. La datazione dei reperti ha cambiato le carte in tavola: mentre gli individui anatomicamente moderni hanno un'età compresa fra i 100 e i 90 mila anni, l'occupazione neandertaliana dei siti risale a un periodo compreso fra 60 e 40 mila anni fa. Si possono discutere molti aspetti di questi dati, in particolare l'età precisa di alcuni scheletri di Skuhl, ma su uno non ci piove: i neandertaliani non possono essere stati gli antenati di qualcuno vissuto 50 mila anni prima di loro. Dunque non discendevano dai Neandertal le prime creature molto simili a noi che si sono affacciate sulla costa orientale del Mediterraneo almeno 90 mila anni fa.

Resta aperta la possibilità di una fusione della popolazione arcaica europea con quella anatomicamente moderna proveniente dall'Africa, come previsto dalle versioni più recenti della teoria multiregionale. Come diceva Perry Mason, obiezione Vostro Onore. Se questo fosse avvenuto, avremmo trovato comunità ibride, o almeno individui con caratteristiche fisiche intermedie fra quelle neandertaliane e quelle moderne; invece comunità o individui di questo genere non se ne conoscono. L'unico possibile esempio, tutt'altro che chiaro come abbiamo visto, sarebbe il bambino di Lagar Velho.

Altri capisaldi della teoria multiregionale vacillano. Milford Wolpoff e, prima di lui, il padre fondatore della teoria all'inizio del Novecento, l'antropologo tedesco Franz Weidenreich, hanno insistito sulla presenza di aspetti dell'anatomia a continuità regionale, cioè presenti nella stessa area sia nelle popolazioni arcaiche sia in quelle moderne. Il principale carattere a continuità regionale, quello più spesso citato, è la forma degli incisivi nell'Asia dell'est: incurvati con una concavità all'interno, simili a una pala o a un cucchiaino. Incisivi a pala sono comuni anche in uno dei due gruppi di *Homo erectus* ritrovati in Asia e datati al paleolitico medio: quelli che vengono dalla Cina, in particolare dalla località di Zhoukoudian (inizialmente noti come uomo di Pechino). Questi caratteri sono presenti ancora oggi, e dunque, secondo Wolpoff, l'attuale popolazione asiatica deve discendere da una di tipo *Homo erectus*, ai quali ultimi propone anzi di cambiare nome: visto che fanno parte dei nostri antenati, o almeno degli antenati degli asiatici, consideriamoli una sottospecie o razza di *Homo sapiens* (così come l'uomo di Neandertal) e lasciamo perdere i nomi con cui li abbiamo chiamati fino a ora. C'è stata una sola specie umana; le sue forme arcaiche asiatiche si sono gradualmente trasformate in quelle moderne asiatiche conservandone i denti a pala e altre caratteristiche; quella arcaica europea, il Neandertal, ha dato origine a quella moderna europea; e così via. Questo dice (o meglio, diceva) Wolpoff.

In realtà le cose non sono così chiare. Intanto, incisivi a pala sono sì presenti in Asia, ma più nel Sud-est che in Cina, e sono assenti del tutto in Corea e Giappone. Li ritroviamo poi in varie popolazioni indigene d'America, ma soprattutto o esclusivamente nell'America del nord. Non si tratta di dettagli. Disponiamo di dati molto precisi, archeologici e genetici, che indicano come gli antenati di tutte le popolazioni americane provenissero dalla Mongolia via Siberia, cioè dal centro (e non dal sud) del continente asiatico. Quindi sembra che incisivi a pala siano presenti in modo discontinuo fra popolazioni che genealogicamente dovrebbero essere collegate, e a rigor di logica dovrebbero essere tutte simili: in Cina così così, in Siberia no, nel Nord America sì, nel Sud America ancora no, e sì anche in certe regioni del Sud-Est asiatico, però lontane dal sito di Zhoukoudian. Viene da pensare, insomma, che questa forma dei denti non indichi tanto una comune origine da antenati con gli incisivi a pala, quanto piuttosto una forma di adattamento all'ambiente, comparso in popolazioni che praticavano stili di vita simili anche se non erano strettamente imparentate fra loro.

Tutto questo è opinabile. Si possono immaginare complessi scenari evolutivi nei quali alcune popolazioni delle Americhe possono aver perso nel corso dei millenni certe caratteristiche e altre no. Non è però opinabile uno studio molto dettagliato di reperti ossei a cura di Marta Mirazón Lahr, un'antropologa argentina che oggi vive e lavora a Cambridge. Mirazón Lahr è partita da 20 aspetti del cranio proposti da Wolpoff e dai suoi predecessori come caratteri a continuità regionale fra gli *erectus* cinesi e i cinesi moderni. Si va dagli zigomi sporgenti alla faccia piatta, dalla forma delle orbite a una riduzione dei seni frontali. Allo stesso modo, ha considerato 23 caratteristiche craniche che, secondo elenchi compilati da Weidenreich e da Wolpoff, indicherebbero una continuità regionale fra le forme di *erectus* del Sud-Est asiatico (quelle in origine chiamate uomo di Giava e provenienti soprattutto dal sito di Ngandong) e gli australiani moderni: certe formazioni ossee (esostosi) delle mandibole, un arco al di sopra delle orbite abbastanza marcato, anche se più ridotto di quello dei Neandertal. Un primo risultato dell'analisi di Mirazón Lahr è stato scoprire che Weidenreich e Wolpoff si sono in parte contraddetti, nel senso che quella che per uno era una caratteristica a continuità regionale non lo era per l'altro. Ha anche osservato che alcune di queste caratteristiche si sovrappongono, cioè sono la stessa cosa chiamata in due modi diversi. Si è ritrovata, alla fine, con 12 caratteri asiatici e 7 australiani sui quali, secondo i sostenitori della teoria multiregionale, non c'erano dubbi.

A questo punto, siamo nel 1994, Mirazón Lahr ha raccolto e misurato 150 crani moderni da tutti i continenti, e ha fatto un po' di conti. Nel suo articolo ha dimostrato che di 7 caratteri regionali dell'uomo di Giava solo uno è effettivamente più pronunciato negli australiani che in altre popolazioni della Terra, e di 12 dell'uomo di Pechino solo 2 sono più pronunciati fra gli asiatici moderni, mentre per esempio 5 lo sono di più negli europei. Insomma, i denti a pala sono sì presenti negli *erectus* cinesi e, oggi, nell'Asia dell'est, ma la forma dell'orbita di *erectus* è più vicina a quella degli europei moderni che a quella dei cinesi moderni: i caratteri a continuità regionale, se analizzati accuratamente, non sono affatto a continuità regionale. Qualche anno più tardi, Diane Waddle è arrivata alle stesse conclusioni, analizzando un diverso insieme di crani con una metodologia diversa.

Potrebbe sembrare, e qualcuno l'ha scritto, che questi risultati rappresentino l'ultimo chiodo nella bara della teoria multiregionale. In realtà, come vedremo, altri chiodi hanno continuato a esservi conficcati, senza che mai si sia arrivati a una sepoltura definitiva. Ma il chiodo più profondo di tutti viene dagli studi del DNA. Nel fare questa affermazione non credo che pesi un malcelato senso di superiorità del genetista nei confronti di chi studia le ossa. Senza le analisi scrupolose di chi ha scoperto, datato e descritto i resti neandertaliani non saremmo qui a parlarne, e nessuno si sarebbe sognato di imbarcarsi in un'impresa difficile e faticosissima, quella di estrarre il DNA da resti ossei antichi e caratterizzarne la sequenza. Se siamo dove siamo, è grazie ai paleontologi e agli antropologi. Ma quando si tratta di capire le relazioni genealogiche fra individui o specie diversi, le ossa hanno dei limiti. La forma del cranio dipende da un gran numero di fattori, genetici e non, fra i quali la dieta, e i criteri per quantificare differenze e somiglianze non permettono di distinguere chiaramente fra l'effetto dell'eredità (due crani sono uguali perché appartengono a individui imparentati) e dell'ambiente (due crani sono uguali perché chi li portava è stato sottoposto alle stesse pressioni ambientali). Se vogliamo parlare di genealogie, il meglio che si possa fare è studiare la molecola dell'eredità, cioè il DNA. Oggi lo stiamo facendo.

Il DNA

Il DNA si trova dentro a ogni nostra cellula. Soprattutto nel nucleo e in piccola parte in un organo, il mitocondrio, che funziona da centrale energetica della cellula. Il DNA è una molecola grande e semplice: fino ai primi del Novecento sembrava addirittura troppo semplice, tanto che molti erano convinti che non potesse contenere le informazioni per fare di noi quello che siamo, e cioè che non fosse la molecola dell'eredità. Si sbagliavano: si trovano proprio nel DNA le informazioni genetiche, le istruzioni per produrre le proteine. Attraverso il DNA della cellula uovo e dello spermatozoo trasmettiamo ai figli le nostre caratteristiche ereditarie.

Il DNA si presenta sotto forma di lunghe doppie catene, i cromosomi, e ha una parte variabile e una costante. Quella costante è collocata all'esterno della catena: uno zucchero alternato a un fosfato, uno zucchero e un fosfato, e così via, milioni di volte. Lo zucchero e il fosfato sono identici in tutte le cellule e in tutti gli organismi, dai virus più minuscoli alle piante e agli animali più grandi e complessi. Le differenze, quelle che fanno di noi degli esseri umani e di SARS-CoV-2 un virus, risiedono nella parte variabile. Lì, all'interno della catena, ciascuna legata a uno zucchero della parte esterna, si trovano quattro tipi di sostanze chimiche, che chiamiamo basi e indichiamo per convenzione con le lettere A, C, G e T. Trovate un esempio in Figura 3.

L'informazione genetica, la causa fondamentale delle differenze ereditarie fra specie diverse e fra diversi individui della stessa specie, è proprio nel numero di queste basi (e quindi nella dimensione dei cromosomi, e del loro insieme che chiamiamo genoma) e nella sequenza di queste stesse basi. Le dimensioni del genoma sono le stesse in tutti gli individui della stessa specie, ma sono molto varie fra specie e specie: poche migliaia di basi nel virus dell'epatite, quasi 3,5 miliardi nell'uomo, che peraltro non dispone certo del genoma più vasto: l'ameba *Amoeba dubia*, un organismo costituito da una sola cellula, ha 200 volte più DNA di noi, e fra i Vertebrati il genoma del pesce *Protopterus aethiopicus* è 40 volte più grande

1—GGACT**G**AGAAAGCGCTCTAGGTCCCACACACAA**C**CG**C**GGAT—

2—GGACT**G**AGAAAGCGCTCTAGGTCCCACACACAA**T**CG**C**GGAT—

3—GGACT**A**AGAAAGCGCTCTAGGTCCCACACACAA**T**CG**C**GGAT—

4—GGACT**A**AGAAAGCGCTCTAGGTCCCACACACAA**T**CG**A**GGAT—

5—GGACT**G**AGAAAGCGCTCTAGGTCCCACACACAA**T**CG**A**GGAT—

Figura 3. Esempio di cinque sequenze allineate di DNA. In grassetto sono indicate le posizioni, o siti, variabili, cioè occupate da basi diverse in individui diversi.
In realtà, se si confrontano sequenze umane, le posizioni variabili sono circa una su mille. La differenza fra la sequenza 1 e la 2 è di una sostituzione (C → T nel secondo sito variabile), fra la 1 e la 3 è di due sostituzioni (G → A e C → T nei primi due siti variabili) e così via.

di quello umano. Negli animali e nelle piante non c'è nessuna relazione fra le dimensioni del genoma e quelle dell'organismo.

Per molto tempo gli scienziati si sono dovuti accontentare di pesarlo, il DNA, e attraverso il peso stimarne, molto grossolanamente, le dimensioni. Si poteva al massimo studiare qualche proteina, e da lì trarre qualche informazione indiretta sul DNA che l'aveva prodotta. Dagli anni ottanta tutto è cambiato; i metodi per lo studio del DNA sono diventati rapidi, efficienti ed economici; oggi un buon laboratorio di medie dimensioni può leggere in un anno le sequenze di tante basi quante quelle lette da tutti gli scienziati dell'umanità fino al 2000. Una sequenza completa dei 3 miliardi di basi dell'uomo, di tutte le A, le C, le G e le T dei nostri 46 cromosomi, è stata presentata in pompa magna, alla presenza di Bill Clinton e Tony Blair, un po' prematuramente (c'erano molti errori) nel febbraio del 2001. Da allora si è continuato a lavorare, e a capire sempre meglio cos'hanno in comune e in che cosa differiscono le creature della Terra, e quelle della nostra specie in particolare.

Il genoma umano è identico al 98% a quello del nostro parente più prossimo, lo scimpanzé. In altre parole, se si prendono le sequenze delle due specie e le si allinea, cioè le si confronta base dopo base, 98 su 100 sono identiche. Non c'è da sorprendersene: noi e gli scimpanzé siamo molto simili, e per convincersene basta pensare a quanto diversi siamo dalle acciughe o dai ciclamini. La vita sulla Terra ha circa 4,5 miliardi di anni; i fossili ci dicono che l'uomo e lo scimpanzé discendono da un antenato comune vissuto appena 6,5 milioni di anni fa. Ma il 2% di 3,5 miliardi è pur sempre un numero molto grande, 70 milioni: 70 milioni di differenze fra umani e scimpanzé, cioè di posizioni del DNA in cui tutti gli scimpanzé hanno una certa base, e tutti noi un'altra.

Ma naturalmente noi uomini non siamo tutti uguali. Se si confrontano i DNA di diverse persone si scoprono 88 milioni di posizioni variabili, cioè che in persone diverse possono essere occupate da una base diversa. Nella grande maggioranza, queste varianti del DNA sono però rare; mediamente, due persone prese a caso differiscono per circa l'uno per mille del loro genoma, cioè 3,5 milioni di posizioni. Le differenze medie fra due gorilla o due scimpanzé presi a caso sono due o tre volte maggiori, ma 3,5 milioni di differenze fra due di noi non sono poche.

Conoscere o, come si dice, caratterizzare la sequenza di tutto il genoma di una persona richiedeva fino a pochi anni fa uno sforzo enorme, ma gli sviluppi tecnologici sono stati impressionanti. Il primo genoma interamente sequenziato (si trattava in realtà di un mosaico, proveniente da cinque persone diverse), nel 2001, è costato 2,7 miliardi di dollari e il lavoro di 2800 ricercatori durato 13 anni. Nel 2007 la mappatura del genoma di James Watson, lo scopritore, insieme a Francis Crick e Rosalind Franklin, della struttura a doppia elica del DNA, ha richiesto meno di 5 mesi di lavoro a 27 ricercatori, al costo di 1,5 milioni di dollari. Oggi, grazie a tecniche di cui parleremo fra poco (il sequenziamento di nuova generazione, o NGS, *Next Generation Sequencing*) è possibile leggere tutto un genoma molto rapidamente, con una spesa inferiore ai 1000 dollari e un tecnico a controllare i sofisticati macchinari che fanno tutto in automatico. Al termine del lavoro, le sequenze vengono spesso rese disponibili a tutti in un archivio elettronico, e in questo modo, con il tempo, diventano possibili confronti sempre più vasti. Oggi esiste una branca specifica della biologia, la bioinformatica, che si occupa appunto di ritrovare l'informazione che ci serve nell'enorme e sempre crescente numero di archivi.

Fino a qualche anno fa, però, la nostra capacità di ricostruire l'evoluzione era limitata dal fatto che per studiare il DNA ci voleva sangue fresco, o comunque cellule vive. Quindi non sapevamo nulla sul DNA di chi è vissuto prima di noi. Potevamo fare dei ragionamenti su quanto grandi sono le differenze fra individui viventi, e rappresentarle sulla carta geografica o in forma di alberi genealogici che permettono di capire qualcosa sugli antenati comuni; in questo modo la biologia evoluzionistica ha fatto grandi progressi; ne parleremo nel capitolo 5. Ma non era possibile una verifica diretta, un'osservazione sul DNA di qualcuno che non è più vivo. Ora le cose sono cambiate.

Vecchio DNA

Il laboratorio di Allan Wilson, a Berkeley, negli anni ottanta non così favolosi a pensarci bene, era uno di quei posti dove tutti i biologi vorrebbero aver trascorso almeno qualche mese. Nel giro di poche stagioni, stimolati dalle poderose energie intellettuali di questo biochimico neozelandese che sarebbe scomparso nel 1991 a meno di sessant'anni, si sono poste le basi per una comprensione più profonda dell'evoluzione umana. Si è trattato soprattutto dello sviluppo di metodi con cui interpretare i nuovi dati prodotti dalla biologia molecolare alla luce della genetica evoluzionistica. Ma nel gruppo di Wilson si sono anche formati alcuni ricercatori che hanno lasciato una traccia profonda nella biologia moderna: Mary-Claire King, Mark Stoneking, Rebecca Cann e soprattutto Svante Pääbo, che ha fondato a Lipsia il Max Planck Institute di antropologia evoluzionistica.

Nel 1984 il gruppo di Wilson mette a punto per la prima volta una procedura sperimentale che consente di estrarre DNA dai tessuti di un esemplare imbalsamato di mammifero estinto, il quagga africano. È, o sembra, una via di mezzo fra un asino e una zebra; gli ultimi esemplari sono scomparsi nell'Ottocento, ma uno è conservato al Museo di storia naturale di Londra. Il DNA estratto da un frammento di cute è in condizioni mediocri, ma pur sempre abbastanza integro da poterne sequenziare una frazione. Confrontando la sequenza di DNA del quagga con quello di altri equini, Wilson e i suoi collaboratori scoprono che questo animale è senza dubbio una zebra, e non c'entra niente con gli asini come il suo aspetto poteva indurre a credere. In seguito a questo successo, nel giro di pochi anni si mettono a punto le tecniche per ottenere DNA anche da altre fonti: ossa, capelli, e tessuti mummificati. In questo modo si cominciano a studiare i geni di molte altre specie estinte, animali e vegetali, dall'orso delle caverne al mammut, fino a magnolie e querce preistoriche.

Agli anni ottanta risalgono anche i primi tentativi di studiare il DNA di resti umani antichi. Qui ci si scontra però con un problema complicato, e risolto solo di recente. Il DNA dei campioni antichi è deteriorato; dopo la morte dell'organismo, le lunghe catene di DNA che formano i cromosomi si alterano e infine si spezzettano. Il fenomeno procede a velocità diverse; è più rapido in climi caldi e umidi, più lento al freddo e in un luogo asciutto. Nel frattempo, nel corso dei secoli, il corpo viene aggredito da muffe e batteri, ciascuno dei quali può lasciare parte del proprio DNA. Infine qualcuno scopre i resti, li disseppellisce se erano sepolti, li porta in un museo, dove addetti, curatori, studiosi e studenti li prendono in mano. Ognuno di questi contatti può lasciare sul reperto un DNA altrui che, nel momento in cui si realizza uno studio genetico, può essere scambiato per DNA endogeno. È un problema da poco quando si lavora su piante o su animali non umani: se la sequenza di DNA di un mammut si rivela sorprendentemente simile a quella dell'uomo, non abbiamo scoperto un'inopinata parentela fra primati e proboscidati; semplicemente, su quel reperto c'è più DNA umano che di mammut, e nel corso dell'esperimento si è sequenziato il DNA prevalente, cioè quello sbagliato. Ma quando il DNA del reperto studiato e di colui che lo sta studiando (o magari di qualcuno che l'ha studiato cinquant'anni fa) sono potenzialmente simili, discriminare la sequenza autentica da quella contaminante può essere impossibile. Se n'è accorto lo scienziato che più di chiunque altro ha contribuito allo studio del DNA antico, Svante Pääbo. Pääbo è stato il primo a pubblicare una sequenza umana antica, proveniente da una mummia egiziana risalente al 400 a.C., ed è stato il primo a dover ammettere, due anni dopo, che nella sequenza pubblicata c'erano almeno due errori.

Niente di male, chi compie esperimenti compie anche errori; l'importante è accorgersene, e naturalmente fare il possibile perché non si ripetano. C'è chi ne ha combinate di peggio in questo campo. Per esempio Scott Woodward, che nel 1994 ha annunciato di essere riuscito a sequenziare un tratto di DNA da un frammento osseo di dinosauro del cretaceo: un'impresa fenomenale, se si pensa che stiamo parlando di un reperto risalente non a 2 secoli fa come il quagga, o a 24 come la mummia egiziana di Pääbo, ma a più di 65 milioni di anni fa. Che da un osso così antico si potesse ancora ottenere DNA studiabile ha sorpreso molti: poi la sorpresa è passata quando Stephen Blair Hedges e altri hanno dimostrato che la sequenza pubblicata era con ogni probabilità umana, anzi, un mosaico di diverse sequenze umane. Solo persone molto distratte potrebbero prendere un DNA umano per DNA di dinosauro; in effetti Woodward da quel momento ha lasciato perdere il DNA antico. Però può capitare anche nelle migliori famiglie di scambiare un DNA umano per un altro DNA umano, meno antico e perciò meglio conservato.

Novissimo DNA

In questo campo, dagli anni ottanta a oggi ci sono state formidabili novità. Il progresso decisivo coincide con lo sviluppo delle nuove tecniche di studio del DNA: le tecniche di NGS. Abbiamo visto che il nostro DNA è costituito da catene di basi, le famose A, C, G e T. In tutto nel genoma ce ne sono 6 miliardi e passa, in fila sui 46 cromosomi. Metà ci vengono dalla mamma e metà dal papà, con due eccezioni su cui torneremo: il cromosoma Y, che i padri trasmettono solo ai figli maschi, e il piccolo DNA mitocondriale, che le madri trasmettono a figli e figlie. Abbiamo già detto che miliardi delle basi nei cromosomi sono identiche in tutti noi. Abbiamo anche visto che conosciamo 88 milioni di varianti o alleli nei genomi umani, cioè moltissime; resta da precisare che però si tratta soprattutto di varianti rare, spesso presenti solo in una singola famiglia o in qualche centinaio di persone. Le altre, le cosiddette varianti comuni, contribuiscono a determinare, insieme ovviamente a tanti fattori ambientali, le nostre diverse stature e pesi; colori della pelle, occhi e capelli; capacità di percepire odori e sapori, digerire il latte, rispondere positivamente al trattamento con i farmaci; rischio congenito di sviluppare malattie, come diabete, cancro, Parkinson, Alzheimer ecc. Questi alleli comuni sono presenti, a frequenze diverse, un po' in tutti i continenti. Il 40% degli italiani è di gruppo sanguigno 0; altrove questa percentuale è più alta (per esempio, nel Nord Europa e nelle popolazioni indiane d'America) o più bassa (per esempio, in Europa dell'est e in Asia Centrale), ma troviamo persone di gruppo 0 in ogni continente. Vale per la maggioranza delle varianti del nostro DNA.

L'NGS si basa su un'idea a prima vista bizzarra, che però funziona. Il genoma, come abbiamo detto, è molto grande:

6,5 miliardi di basi. Leggerle tutte è già un procedimento impegnativo: ma l'NGS, in realtà, lo moltiplica, *leggendole tutte tante volte*. Il vantaggio è che lo fa molto, ma molto in fretta. Si prelevano le cellule della persona da studiare, se ne estrae il DNA; è tecnicamente semplice, ci sono addirittura dei tutorial su YouTube che spiegano come farlo in cucina, a casa vostra. I passaggi successivi, invece, richiedono attrezzature di rado disponibili anche nelle cucine più chic. Si comincia frammentando questo DNA, generalmente per mezzo di ultrasuoni. A seconda della quantità di ultrasuoni, i pezzetti di DNA saranno più grandi o più piccoli: da qualche migliaio di basi, diciamo, a poche centinaia. E qui entrano in gioco macchinari molto sofisticati, che leggono le basi del DNA di questi frammenti a velocità pazzesca: miliardi di basi in poche ore. Fanno errori, queste macchine rapidissime, e proprio per questo il genoma va letto non una, ma decine di volte. Si ottengono milioni di sequenze (tecnicamente *reads*, cioè letture) che finiscono in un file, e qui comincia la seconda parte del lavoro: programmi informatici molto speciali le prendono e le mettono in fila, fino a coprire tutto il genoma, o quasi (il *quasi* dipende dal fatto che la stessa sequenza di qualche centinaio di basi può presentarsi in più punti del genoma, le cosiddette regioni ripetute, e quindi può essere impossibile capire a quale di queste regioni la si debba attribuire). A questo punto, *quasi* ogni posizione del genoma è stata letta parecchie volte: si possono cercare con altri programmi informatici gli errori, e correggerli. Per esempio, se una certa posizione è stata letta 20 volte, e in 11 *reads* si è trovata una A mentre in altre 9 si è trovata una G, vorrà dire che su un cromosoma di quell'individuo c'è una A, e sull'altro c'è una G. Se in tutte e 20 le *reads* c'è una G, vorrà dire che quell'individuo porta una G sia sul cromosoma di origine materna, sia su quello di origine paterna. E se ci sono 19 *reads* con una G, e 1 con una T, quella

T sarà un errore, e la si elimina. Ho semplificato un po', ma il concetto è questo. Perciò, maggiore è il numero di volte che un genoma viene letto (a costi ovviamente crescenti), più precisa è la ricostruzione della sua sequenza.

Nello studio del DNA antico queste tecniche portano con sé un vantaggio e un problema. Il vantaggio è che, con l'NGS, si riconoscono facilmente basi del DNA chimicamente danneggiate. In qualunque organismo, le grandi molecole biologiche, fra cui il DNA, si deteriorano: un bel problema, come si diceva, fino a qualche anno fa. Ma con l'NGS è diventato *la soluzione* del problema. Oggi negli studi di DNA antico non ci si chiede più se le sequenze che otteniamo siano le sequenze antiche che cerchiamo oppure contaminazioni moderne. Si sequenzia tutto il DNA che si trova. Molto proverrà da batteri, muffe e funghi che hanno attaccato il corpo dopo la morte; ci sono programmi informatici che riconoscono queste *reads* e le escludono dalle analisi. Quello che resta sarà DNA umano; in parte potrà essere moderno, ma verrà riconosciuto perché è chimicamente in buono stato, e verrà rimosso. Quello che resta a questo punto è il DNA del reperto, danneggiato ma privo di contaminanti.

Il problema è che spesso di DNA ne è rimasto poco, e tanto meno quanto più i reperti sono antichi. Capita che non ce ne sia abbastanza da permettere tante letture ripetute, e allora bisognerà accontentarsi di una o due. Tecnicamente si parla di sequenziamento a bassa copertura, o a basso *coverage*. Oddio, molto meglio di niente. Ma se in una certa posizione abbiamo solo due *reads*, una che dice A e una che dice G, con tutta la buona volontà è impossibile affermare con certezza se lì c'erano appunto una A e una G sui due cromosomi; oppure due A e la G è un errore; oppure due G, e la A è un errore; oppure la G e qualcos'altro (e la A è un errore); oppure la A e qualcos'altro (e la G è un errore).

Sono stati proposti parecchi espedienti per ovviare a questo guaio, ma, appunto, finora si è trattato di espedienti. E quindi bisogna mettere in conto che nei genomi di alcuni campioni antichi, quelli peggio conservati, possano esserci errori, a volte anche tanti.

Antenate e antenati neandertaliani

Nonostante questi limiti, oggi studiare i campioni antichi è diventato infinitamene più semplice. E così abbiamo capito diverse cose su Neandertal e sui suoi rapporti con noi. Ma facciamo un passo indietro, cominciamo dagli anni novanta del secolo scorso. Siccome ogni nostra cellula contiene due copie di ogni cromosoma, e siccome nei campioni antichi, specie quelli che hanno parecchie migliaia di anni, il DNA è deteriorato, capita che se ne trovi pochissimo in buono stato. In ogni cellula, però, ci sono decine di copie del DNA mitocondriale, trasmesso solo per via materna. Per questo motivo, a lungo gli studi di DNA antico sono stati studi del DNA mitocondriale. Per l'uomo di Neandertal le cose sono andate lisce, perché a livello mitocondriale è diverso da noi sapiens. La prima sequenza mitocondriale neandertaliana è uscita dal laboratorio di Svante Pääbo nel 1997, e da allora se ne sono accumulate parecchie. In particolare, negli anni novanta si riusciva a studiare bene un tratto di 360 basi del DNA mitocondriale. In questo piccolo ma interessante frammento, se si confronta la sequenza del Neandertal di Feldhofer con quelle di oltre duemila umani moderni, si trovano da un minimo di 22 a un massimo di 36 differenze, con una media di 27. Per avere un'idea di cosa voglia dire: se invece confrontiamo fra loro due persone moderne, troviamo da 0 a 24 differenze, con una media di 8. In un lavoro condotto insieme al gruppo fiorentino di David Caramelli, abbiamo dimostrato che in 13 posizioni mitocondriali i Neandertal (quello di Feldhofer e tutti quelli che sono stati studiati dopo di lui) hanno una base che nessun umano moderno ha, e che quindi consente di classificare con certezza un reperto come neandertaliano anche se non disponiamo dello scheletro intero. In media, quel frammento mitocondriale del Neandertal di Feldhofer differisce dagli europei per 28 basi, dagli africani e dagli asiatici per 27; dunque non c'è nessuna parentela speciale fra europei moderni e neandertaliani. Semplicemente, a livello mitocondriale questi ultimi sono diversi da qualunque essere umano moderno. Attenzione, però: i neandertaliani sono scomparsi da un bel po'; come possiamo escludere che in 38 mila anni il loro DNA si sia evoluto per gradi, fino a diventare quello che è adesso?

Per capirlo, sempre insieme al gruppo di Caramelli, abbiamo studiato il DNA di qualcuno che è vissuto quasi allo stesso tempo dei Neandertal, ma aveva uno scheletro come il nostro. Si tratta di tre reperti provenienti dalla grotta Paglicci, in Puglia, e datati a 28 mila anni fa: dunque, non proprio contemporanei dei Neandertal, purtroppo. Ma i risultati sono stati lo stesso molto chiari: le sequenze mitocondriali degli uomini di Paglicci sono comuni in Europa anche adesso. Insomma, 28 mila anni fa viveva in Puglia qualcuno il cui scheletro e DNA erano come quello degli europei di oggi, mentre i neandertaliani di pochi millenni prima avevano scheletri e DNA diversi. In altre parole, l'ipotesi che gli europei discendano dai Neandertal si rivela in contrasto con i dati disponibili: pessime notizie, quindi, per i sostenitori della teoria multiregionale. A Ginevra, Mathias Currat e Laurent Excoffier hanno simulato al calcolatore l'espansione delle popolazioni umane moderne in Europa, nel corso dei circa 10 mila anni nei quali possono aver avuto contatti con i Neandertal. Hanno dimostrato che se qualche donna neandertaliana fosse entrata a far parte delle comunità sapiens, anche raramente, oggi sequenze mitocondriali neandertaliane sarebbero comuni in Europa, perché da quei pochi progenitori discende l'intera popolazione europea attuale. Siccome così non è, Currat ed Excoffier escludono che il contributo neandertaliano possa essere stato superiore all'uno per mille degli antenati degli europei: praticamente zero.

Tutto chiaro dunque, i Neandertal erano una specie diversa dalla nostra? Come si è visto, la domanda è mal posta. È più interessante chiedersi se fra gli antenati degli europei ci siano dei neandertaliani, magari pochi, magari sfuggiti a queste prime analisi genetiche. Antenate neandertaliane sembrerebbe di no: sono stati ormai studiati migliaia di DNA mitocondriali degli europei moderni, e nessuno di loro mostra sequenze neandertaliane. Ma antenati dal lato maschile?

Il cromosoma Y, quello che viene trasmesso da ogni padre a tutti i figli maschi, è difficile da studiare. Per questo, i primi dati sull'Y neandertaliano sono arrivati tardi, solo nel 2016, grazie al lavoro del gruppo di Carlos Bustamante a Stanford. Sorpresa, o forse no: anche l'Y neandertaliano ha caratteristiche riconoscibili, e queste caratteristiche sono assenti in tutti gli individui moderni studiati, varie migliaia. Allora sorge un dubbio. Se i sessi sono due (e mi pare di sì; il genere è una cosa più complessa, ma ha a che vedere con le nostre scelte sessuali, non con i cromosomi che i nostri genitori ci hanno trasmesso), sono due anche i possibili processi di ibridazione. Potrebbe essere successo tra femmine neandertaliane e maschi anatomicamente moderni: ma allora sarebbe rimasto in giro qualche DNA mitocondriale neandertaliano (che non si è mai trovato). Oppure potrebbero essere stati maschi neandertaliani a ibridarsi con femmine anatomicamente moderne: ma allora troveremmo fra noi qualche superstite cromosoma Y neandertaliano (che non si è mai trovato). Fine della storia? No, tutt'altro.

Tutto su Neandertal

Con l'arrivo delle tecnologie che abbiamo chiamato NGS, le nostre capacità di indagare a fondo i DNA antichi hanno fatto giganteschi passi avanti. La prima descrizione del genoma di Neandertal (in realtà la combinazione dei genomi di tre individui provenienti da Vindija in Croazia) viene pubblicata nel 2010 dal gruppo di Svante Pääbo, e cambia le carte in tavola. Le differenze rispetto ai genomi contemporanei sono molto minori che a livello mitocondriale: i genomi neandertaliani (per essere precisi, quel genoma neandertaliano; ma ne sono seguiti altri) si sovrappongono in buona parte a quelli dei contemporanei, anche se restano distinti e riconoscibili. Ma c'è di più. Confrontando il primo genoma di Neandertal con quello di diversi umani moderni, salta fuori che tutti i non africani assomigliano a Neandertal *un po' di più* degli africani. Si tratta di differenze piccole, fra l'1% e il 3% della parte variabile del genoma, ma si ritrovano regolarmente, ogni volta che si fa un confronto fra un africano e un non africano. Ancora una volta l'Africa si rivela un continente speciale. Ma cosa vuol dire?

Una possibilità è che quelle piccole differenze siano la traccia lasciata dall'incontro fra i primi sapiens usciti dall'Africa e i Neandertal: un incontro che ha prodotto dei figli. Non si sarebbe trattato di una fusione dei due gruppi (come sosteneva la teoria multiregionale), ma di una mescolanza, tecnicamente un'ibridazione, fortemente sbilanciata, come si evince dalle percentuali: un 97% o più del nostro genoma proveniente da antenati sapiens, contro un 3% e probabilmente anche meno dai Neandertal. Ma se questo cocktail è arrivato fino a noi, vuol dire che una parte, piccola ma non insignificante, del genoma di chiunque si trovi fuori dall'Africa deriverebbe da antenati neandertaliani. Molti dei ricercatori, Pääbo in testa, che sembravano convinti che noi e Neandertal avessimo avuto storie diverse, solo una delle quali a lieto fine (finora: la nostra), hanno cambiato idea. Forse hanno ragione. Forse: perché questi dati si possono interpretare anche in un modo diverso.

Prendiamo noi, i gorilla e i canguri. Assomigliamo di più ai gorilla. Questo, non perché ci siamo ibridati con loro, ma perché, rispetto ai canguri, con le grandi scimmie abbiamo in comune una storia evolutiva più lunga: dieci milioni di anni fa gli antenati dei canguri erano già separati dai nostri, mentre gli antenati nostri, dei gorilla e anche degli scimpanzé erano gli stessi. Allo stesso modo, su una scala temporale più ristretta, le popolazioni non africane possono aver condiviso con i Neandertal antenati più recenti che non le popolazioni africane. I calcoli sono complicati, ma l'idea, sviluppata da un gruppo di Cambridge diretto da un genetista italiano, Andrea Manica, è semplice. Gli antenati dei Neandertal, probabilmente una forma di *Homo heidelbergensis*, sono usciti dal Nord Africa, forse intorno a 800 mila anni fa. Anche gli antenati dei sapiens non africani vengono da lì. È logico pensare che assomigliassero ai neandertaliani più della media di tutti gli africani moderni, che comprende, insieme a gente del nord, anche gente dell'ovest, del centro e del sud.

Attenzione: né Manica né chi in seguito ha fatto riferimento ai suoi studi pretende di aver dimostrato che l'ibridazione con Neanderal non è avvenuta. Ci sono le prove che sia avvenuta, e le riporterò fra poche righe. Il punto in discussione è se le somiglianze fra popolazioni moderne e Neandertal sono dovute a questa ibridazione, oppure al fatto che alcuni di noi hanno condiviso con Neandertal qualche antenato in più degli altri. Ne riparleremo fra poche pagine.

Quello con il trisavolo neandertaliano

Ci sono modelli matematici che permettono di prevedere cosa succeda al DNA se c'è un processo di ibridazione, come quello che secondo molti sarebbe avvenuto fra noi e i Neandertal. Nelle cellule di tutti gli organismi viventi, a ogni generazione i cromosomi di origine materna e paterna si scambiano dei pezzi, per un fenomeno ben noto che si chiama ricombinazione. Una conseguenza della ricombinazione è che i cromosomi neandertaliani, entrati in piccolo numero nelle cellule della popolazione sapiens, si saranno frammentati, in pezzi sempre più piccoli man mano che passa il tempo e la ricombinazione fa il suo mestiere. Sulla base della dimensione dei tratti di apparente origine neandertaliana nei genomi odierni, Pääbo e i suoi stimano che l'ibridazione possa essere avvenuta fra 86 mila e 38 mila anni fa.

Nel 2002, in una grotta della Romania chiamata Peștera cu Oase, che vuol poi dire "grotta con ossa", viene ritrovata una mandibola di aspetto moderno, che risale a un periodo fra 42 mila e 38 mila anni fa. È il sapiens antico che tutti cercavano e che noi non avevamo trovato al tempo dello studio di Paglicci, vissuto all'epoca in cui, con ogni probabilità, c'era ancora qualche popolazione neandertaliana in Europa. La prima sorpresa è che questo individuo, che chiameremo Oase 1 perché dalla stessa grotta sono emersi in seguito altri resti, assomiglia più agli attuali asiatici, e addirittura ai nativi americani, che non agli europei di adesso. Qualche somiglianza fra Oase 1 e gli europei in effetti c'è: ma è con quelli vissuti molto tempo fa, nel paleolitico (si veda lo schema in Figura 6,

p. 172), e di cui parleremo a lungo nel capitolo 5. Si fa strada così l'idea che, poco dopo l'uscita di sapiens dall'Africa, si sia formata una prima popolazione europea, ma che questa popolazione di base, come è stata chiamata, abbia lasciato pochi o nessun discendente nell'Europa di adesso, perché è migrata verso est.

Ma le sorprese non sono finite. Secondo le stime del gruppo di Pääbo, nel genoma di Oase 1 c'è una percentuale di DNA di origine neandertaliana molto superiore a quell'1% o 3% che si trova in media negli europei di oggi: fra il 6% e il 9%. Una volta tanto, i calcoli sono semplici. Se avesse avuto un genitore neandertaliano, Oase 1 avrebbe avuto esattamente il 50% di DNA neandertaliano; se l'antenato neandertaliano fosse stato un nonno, circa il 25% (il *circa* è dovuto appunto al fenomeno della ricombinazione, che rimescola le carte a ogni generazione); un bisnonno, circa il 12,5%; un trisavolo, circa il 6%. Insomma, fatti un po' di conti, Oase 1 aveva probabilmente un trisavolo neandertaliano.

Il DNA di Oase 1 dimostra che l'ibridazione fra sapiens e Neandertal è avvenuta: almeno una volta, nell'attuale Romania, e presumibilmente anche in altri posti. Di Oase 1 ci manca quasi tutto il cranio, e quindi non sappiamo che aspetto fisico avessero i discendenti (un trisnipote in questo caso) di questi matrimoni transetnici e transculturali. La questione principale rimane però aperta: il genoma di Oase 1 ci fa anche capire che gli europei attuali non discendono (o discendono solo in piccolissima parte) dalla popolazione di cui faceva parte lui. Insomma, è molto diverso dimostrare che ci sono state delle relazioni sessuali, ci si augura affettuose, fra sapiens e Neandertal in Romania, e dimostrare che tutti quanti gli europei (per non dire gli asiatici, australiani e americani) portano nel genoma le conseguenze di queste relazioni sessuali sperabilmente affettuose.

Un ultimo particolare: forse il titolo di questo paragrafo andrà modificato. La tecnica usata per studiare il genoma non ha permesso di caratterizzare i cromosomi sessuali e quindi di dire se Oase 1 era un lui o una lei: *quello* oppure *quella* con il trisavolo neandertaliano. Peccato, sarebbe stato interessante saperlo. C'è infatti, sempre aperto, un problema a cui abbiamo già accennato: se c'è stata ibridazione fra sapiens e Neandertal, che fine hanno fatto i cromosomi Y e i DNA mitocondriali neandertaliani? Nel 2011, Paul Mason e Robert Short hanno proposto che l'ibridazione sia stata asimmetrica: non c'è mitocondriale neandertaliano nei contemporanei perché sono stati maschi neandertaliani a riprodursi con femmine sapiens. Adesso che conosciamo anche l'Y di Neandertal, questa spiegazione non regge più. Oggi si ipotizza che, dopo l'ibridazione, qualche meccanismo selettivo abbia eliminato dai genomi ibridi il mitocondriale e l'Y neandertaliano. Per qualche motivo, avere un Y o un mitocondriale neandertaliano sarebbe stato svantaggioso (fra gli ibridi, ma non fra i neandertaliani). Secondo il classico ragionamento darwiniano, i portatori di queste caratteristiche avrebbero lasciato meno discendenti, finché Y e mitocondriale neandertaliano si sono estinti. Tutto è possibile, perché no? Ma anche: perché sì? Questa spiegazione ha un difetto: non è scientifica. Infatti, la scienza ha a che vedere con ipotesi che si possono verificare con esperimenti, almeno in teoria. Non si può provare scientificamente né l'esistenza dell'anima né la sua inesistenza, perché l'anima è un oggetto metafisico, e la scienza si occupa solo di oggetti che esistono nel mondo fisico. Come si potrebbe verificare che individui ibridi portatori di DNA mitocondriale o cromosoma Y neandertaliano sono svantaggiati, e tendono a fare meno figli degli altri individui? L'unica sarebbe convincere un Neandertal (meglio ancora due, un maschio e una femmina) a far figli con qualcuno di noi, e poi vedere come va a finire qualche generazione dopo. Si tratta quindi di quella che i filosofi della scienza chiamano, con giustificata diffidenza, un'ipotesi ad hoc, avanzata per spiegare qualcosa altrimenti difficile da spiegare, ma purtroppo non suscettibile di verifica sperimentale.

Finora abbiamo parlato soprattutto degli studi che ci hanno portato a conoscere aspetti prima sconosciuti del DNA di gente vissuta tanto tempo fa. Ma c'è anche un'altra linea di ricerca che ha prodotto risultati importanti per capire cosa possa essere avvenuto fra Neandertal e noi. Non si svolge in remote caverne o in laboratori sofisticati, ma su uno schermo, a cui sono collegati computer molto potenti, e davanti a cui siedono ricercatori come Currat ed Excoffier, e altri di cui parleremo.

Simulazioni e coalescenza

Benedetto XVI ha scritto che non si può dimostrare sperimentalmente l'evoluzione, ma si sbaglia. Si possono invece fare parecchi tipi di esperimenti, e qualcuno li ha fatti, dimostrando al di là di ogni ragionevole dubbio come tutti i viventi si siano evoluti a partire da antenati comuni, e come organi complessi possano evolversi per gradi a partire da strutture meno complesse ma ugualmente funzionali. Il tipo di esperimento che qui ci interessa consiste nel ricreare al computer i fenomeni che determinano le differenze fra diversi genomi: quello che si chiama un esperimento di simulazione.

Si parte da un modello, cioè da una descrizione sommaria di come sia composta una popolazione, o un complesso di popolazioni. La genetica è lo studio della trasmissione ereditaria delle nostre caratteristiche biologiche, e quindi si cerca di capire come cambia il DNA della popolazione nel corso delle generazioni. Ma già il primo passaggio è difficile. Bisognerebbe sapere parecchie cose: da quanta gente è composta la popolazione, e da quanta nel passato; chi era figlio di chi, e con chi si è maritato, e quanti figli abbiano avuto. Bisogna avere un'idea di quanto spesso qualcuno emigrasse, o immigrasse, e inoltre con che frequenza il DNA degli individui subisca mutazioni, cioè con che frequenza una delle basi nella sequenza diventi un'altra base, e così un figlio si trovi ad avere un DNA leggermente diverso da quello dei genitori. Tutti questi parametri (quanto grande sia la popolazione e come cambino le sue dimensioni nel corso del tempo; quale sia la fertilità media dei suoi membri; quanto sia probabile che immigri o emigri qualcuno, che ci sia una mutazione, e anche che chi l'ha ereditata porti con sé un handicap dovuto al fatto che, dopo la mutazione, qualcosa non funziona più, come è stato ipotizzato per l'Y e il mitocondriale neandertaliano negli ibridi) definiscono un modello. Se riusciamo a rappresentare i parametri con numeri (se per esempio diciamo che la popolazione era di 10 mila persone, ognuna delle quali aveva in media due figli ecc.) il computer calcola le conseguenze genetiche del modello, generazione dopo generazione, e alla fine ci dice come dovrebbero essere i DNA in quella popolazione se si fossero evoluti secondo quel modello. A questo punto si confrontano i dati simulati con quelli che abbiamo osservato, per esempio le sequenze di Neandertal che effettivamente conosciamo, e i casi sono due: o i dati simulati e quelli osservati sono diversi e, fatte le debite verifiche statistiche, si conclude che il modello non va bene; oppure i dati simulati e quelli osservati si assomigliano, e allora si conclude che quel modello può spiegare come mai la popolazione abbia finito per essere fatta geneticamente in quel modo lì. A volte più modelli funzionano abbastanza bene e allora rimangono ambiguità. In genere, però, si vede almeno che certi modelli non funzionano proprio, perché producono risultati molto distanti da quelli osservati. Allora si può concludere che sono modelli sbagliati, e scartarli. Un vantaggio di questo modo di procedere è che, se non si ha idea di qualcuno dei parametri, per esempio non si sa quanti individui comprendesse la popolazione, si può provare a partire da un valore arbitrario e poi riprovare con numeri più grandi o più piccoli, finché si trova un valore soddisfacente (o magari non lo si trova affatto perché altre parti del modello non vanno bene).

Dicevo che non ci sono grandi difficoltà concettuali a procedere in questo modo e prova ne è che sono riuscito (spero) a spiegarlo in poche righe. Le difficoltà maggiori sono di ordine pratico. Prima di tutto, molti parametri non li conosciamo proprio; quanti erano i Neandertal? Boh. E poi, gli esperimenti di simulazione vanno ripetuti migliaia o milioni di volte, in modo da non essere fuorviati da risultati eccentrici o casuali. Ancora una volta, per essere ragionevolmente sicuri di qualunque risultato bisogna confermarlo molte volte. Anche se i computer moderni sono velocissimi, ripetere milioni di volte lo stesso esperimento può richiedere tempi molto lunghi, addirittura proibitivi. Basta pensare che la popolazione neandertaliana comprendeva comunque molte migliaia di individui, che si sono riprodotti in Europa per migliaia di generazioni. Dunque, per ripetere migliaia di volte l'esperimento, bisogna simulare molti miliardi di sequenze di DNA, ciascuna lunga migliaia di basi, per capire le differenze fra sette sequenze in tutto, quelle disponibili. E poi, da quando partire? Da 300 mila anni fa, da 500 mila anni fa, un milione?

Negli anni novanta, grazie soprattutto al lavoro di eccellenti statistici come Peter Donnelly in Inghilterra, Monty Slatkin e Richard Hudson negli Stati Uniti, si è capito che per semplificare il problema bisognava girarlo a testa in giù. Sappiamo qualcosa solo delle persone di cui abbiamo determinato la sequenza (che sono poche); dunque, conviene partire da loro, dal presente, e risalire al passato: concentrarsi su come possano essersi evolute le sequenze che conosciamo e lasciar perdere tutti gli individui di cui non conosciamo il DNA (che sono tanti). Come farlo, come ricostruire una genealogia dal presente al passato, l'aveva capito dieci anni prima un matematico inglese, John Kingman, e l'aveva chiamato processo coalescente. Lì per lì la sua proposta non aveva suscitato una grande eccitazione. Ma con la disponibilità di nuovi dati sul DNA si è risvegliato l'interesse per i metodi di Kingman, perché essi permettono indagini approfondite sulla trasmissione ereditaria attraverso le generazioni. In particolare, il DNA mitocondriale e l'Y vengono trasmessi solo da madre e padre, rispettivamente; le cose si semplificano ancora di più perché si può rappresentare una genealogia come un insieme di individui ognuno dei quali discende da un solo genitore, evitando le complicazioni legate al sesso, non banali come tutti sappiamo.

L'idea di base di Kingman è semplice. Se studiamo le sequenze di DNA mitocondriale in un campione, diciamo, di dieci individui contemporanei e procediamo a ritroso verso il passato, ci sono solo due possibilità: o ciascuno dei dieci individui ha una madre differente, o due (o anche più) di loro hanno la stessa madre; quando la seconda cosa si verifica si parla di coalescenza. Risalendo dal presente al passato, quindi, gli individui del campione e i loro antenati resteranno 10 per un certo numero di generazioni, per diventare 9 al primo evento di coalescenza. Noi non sappiamo quando questo sia avvenuto, ma non può che essere andata così. Siccome nessuno può avere due mamme, queste antenate resteranno 9 fino all'evento di coalescenza successivo, quando diventeranno 8;

e così via. Alla fine, è intuitivo, diventeranno una sola: l'antenato comune più recente di tutta la genealogia. Su questa serie di coalescenze non abbiamo certezze, ma possiamo stimarne le probabilità. Kingman dimostra che la probabilità di coalescenza dipende solo da due quantità: le dimensioni del campione (più sono i DNA di cui disponiamo, maggiore la probabilità che due di loro abbiano la stessa madre) e le dimensioni della popolazione (più grande la popolazione, più è probabile che ogni individuo del campione abbia una madre differente). In questo modo si possono generare le genealogie di qualsiasi campione di individui, senza doversi preoccupare degli altri milioni di genomi di cui non sappiamo niente. Con un po' di sforzo si possono calcolare anche le altre probabilità che ci interessano. Riprodurre efficacemente l'evoluzione diventa un compito molto più agevole.

Attenzione: quello che effettivamente si simula, in questo modo, è l'albero genealogico di un campione di individui. Chi sia la madre di chi non dipende dal gene studiato, fino a qui la genetica non c'entra. Comincia a entrarci quando all'antenato comune di tutti attribuiamo una sequenza arbitraria di DNA. A questo punto, però, se conosciamo il tasso di mutazione di quel tratto di DNA, basta immaginare che le mutazioni si distribuiscano casualmente sull'albero per avere, alla fine, un insieme di sequenze, ottenute simulando secondo un certo modello la genealogia del campione di individui in questione; ogni mutazione crea una differenza fra tutti quelli che l'hanno ricevuta in eredità e quelli che invece non ce l'hanno. Le sequenze restano arbitrarie, ma le loro differenze no, ed è su queste differenze che si lavora. È un modello realistico o no? Basta confrontare i risultati della simulazione, la *variabilità simulata*, con le differenze fra sequenze individuate in laboratorio fra gli stessi individui, la *variabilità osservata*, per saperlo.

Le simulazioni di coalescenza hanno un altro pregio. Una volta raggiunto, procedendo a ritroso nel tempo, l'antenato comune a tutto il campione, non importa andare più indietro, perché tutta la variabilità fra gli individui che stiamo studiando deve essersi accumulata dopo che le loro linee genealogiche si sono separate dall'antenato comune. Con le simulazioni di coalescenza si sa esattamente quando fermarsi.

Tanti alberi genealogici

Con Elise Belle, Silvia Ghirotto e Andrea Benazzo, qualche anno fa abbiamo simulato l'albero genealogico non di una popolazione, ma di tre: gli europei di adesso, i sapiens presenti in Italia fra 28 e 23 mila anni fa, e sette neandertaliani. Per fortuna, nei laboratori di Laurent Excoffier a Berna e di Elizabeth Hadly a Stanford, sono stati messi a punto programmi di simulazione molto buoni. Con parecchio lavoro e un po' di fortuna (che non guasta mai), provando e riprovando come diceva Galileo, siamo riusciti a dimostrare che non c'è modo di mettere nello stesso albero genealogico i DNA mitocondriali dei Neandertal, dei sapiens di Paglicci, e di un gruppo adeguato di europei moderni, cioè quelli provenienti dalle stesse regioni degli individui antichi. L'unico modo per farlo, per poter considerare i Neandertal come antenati dei sapiens di Paglicci, sarebbe scegliere un tasso di mutazione molto alto, cioè immaginarsi che, cambiando molto rapidamente, le sequenze neandertaliane si fossero trasformate in 10 mila anni nelle sequenze di Paglicci. Ma se fosse andata così, a loro volta le sequenze di Paglicci si sarebbero trasformate in fretta e sarebbero diverse da quelle degli europei moderni; invece sono identiche a quelle che troviamo oggi in circolazione. Insomma, nessun modello in cui i tre gruppi umani fanno parte della stessa genealogia genera dati simulati anche vagamente simili a quelli osservati. Invece basta un modello in cui i neandertaliani si trovano in un ramo della genealogia, e sapiens antichi e moderni nell'altro, e tutti i pezzi vanno a posto. Nelle uniche simulazioni che hanno dato risultati vicini a quelli derivanti dallo studio del DNA, i Neandertal si sono estinti senza contribuire alla nostra genealogia mitocondriale. In queste simulazioni la coalescenza finale, il momento in cui troviamo l'antenato comune alle linee genealogiche nostre (compresi i sapiens di Paglicci) e neandertaliane, sta fra mezzo milione e un milione di anni fa, un risultato che già il gruppo di Pääbo aveva ottenuto, partendo da dati diversi e seguendo un ragionamento diverso.

Altri lavori di questo tipo stanno contribuendo a farci capire meglio come si sia evoluta la nostra specie. Il gruppo di François Balloux a Cambridge e quello di Luca Cavalli-Sforza a Stanford hanno analizzato parecchie centinaia di geni in 52 popolazioni moderne, distribuite un po' su tutto il pianeta. Lavorando ognuno per conto proprio hanno ottenuto risultati molto simili. Entrambi sono partiti dall'idea che tutti gli abitanti della Terra discendano da un unico gruppo di antenati africani, e hanno proposto modelli in cui ogni volta che l'umanità ha colonizzato un nuovo territorio è andata persa un po' di variabilità genetica. È una buona idea, basata su concetti noti da tempo. In molte specie, non solo nella nostra, sono spesso piccoli gruppi di individui a costituire una nuova popolazione in un territorio in precedenza disabitato. Se la colonizzazione ha successo, se da quel piccolo gruppo di fondatori si sviluppa una popolazione più vasta, tanti individui discenderanno da pochi fondatori, e saranno quindi mediamente più simili fra loro di quanto non lo fossero i loro remoti antenati nel territorio d'origine.

Quando pochi individui danno vita a una popolazione numerosa si parla di effetto del fondatore. Già negli anni quaranta i lavori teorici di Sewall Wright avevano dimostrato come, dopo una serie di effetti del fondatore, le popolazioni sono tanto più diverse fra loro quanto più sono lontane nello spazio geografico. In altre parole, se l'80% degli abitanti della Mongolia ha gruppo sanguigno 0; se dalla Mongolia parte un piccolo gruppo di persone che si spostano nella Siberia orientale, e da lì in Alaska, e da lì nell'America del nord e poi in quella del sud; e se ciascuno di questi piccoli gruppi fonda una popolazione in Siberia, poi in Alaska e nelle Americhe, ci aspettiamo di trovare il gruppo 0 nell'85%, poi nel 90%, e alla fine nel 100% dei membri di queste popolazioni (oppure nel 75%, 70%, 65% e così via a scendere; dipende dal caso). Questa distribuzione della frequenza del gruppo 0 nello spazio si chiama gradiente, e appunto il gradiente che ho descritto, l'aumento della frequenza del gruppo 0 fino a diventare essenzialmente l'unico nel Sud America, ci fa ritenere (insieme a tanti altri dati) che proprio dalle regioni che oggi costituiscono il nord della Mongolia siano arrivati in America i nativi americani, cioè gli "indiani" che Colombo avrebbe incontrato qualche millennio dopo. In sostanza, dove nel corso della storia c'è stata una catena di effetti del fondatore, ci aspettiamo una distribuzione ordinata delle caratteristiche genetiche, e cioè un declino delle loro somiglianze con la popolazione d'origine man mano che ci si allontana. In parallelo, ci aspettiamo che nella popolazione di origine ci sia molta variabilità, e che questa variabilità si riduca man mano che si studiano popolazioni che hanno subito molti effetti del fondatore.

Questo è esattamente quello che hanno individuato i gruppi di Balloux e Cavalli-Sforza: una diminuzione molto ordinata e parallela della variabilità interna delle popolazioni, e della somiglianza con la popolazione d'origine, all'allontanarsi dal punto di origine. Già, ma quale sarebbe questo punto? Per capirlo, nei due lavori si sono, semplicemente, testate tutte le regioni della Terra, calcolando per ciascuna la probabilità che l'umanità si fosse espansa da lì. Se si considerano le Americhe o l'Oceania come punto di partenza, i conti non tornano: sono popolazioni poco variabili al loro interno, e non è da lì che si irradiano i gradienti che il modello prevede. Va un po' meglio, ma non troppo, se si ipotizza che l'umanità si sia espansa dall'Asia, specie dall'Asia occidentale. Invece i pezzi del puzzle vanno a posto quando si fissa il punto di partenza in Africa, anche se non si riesce ancora a indicare con chiarezza quale regione sia la candidata migliore a rappresentare la culla dell'umanità (ma i dati fossili ci dicono che è con tutta probabilità l'Africa dell'est). Attraverso complesse simulazioni, Balloux e i suoi hanno anche stimato i tempi di coalescenza per le varie popolazioni, trovando che gli indigeni d'America e dell'Oceania hanno antenati comuni più recenti di tutti, seguiti dagli asiatici dell'est, dagli asiatici dell'ovest praticamente a pari merito con gli europei, e infine dagli africani. I tempi di coalescenza massimi sono stati osservati tutti in Africa, ancora una volta a indicare che da lì sono usciti i primi sapiens. I calcoli di Balloux indicano che la data più probabile di uscita dall'Africa sia intorno a 56 mila anni fa, un tempo più recente di quanto si pensasse in precedenza.

Sempre confrontando le differenze osservate fra persone provenienti da varie parti del mondo con quello che le simulazioni permettono di prevedere, Excoffier ha usato una strategia diversa: non più tante popolazioni di cui si conoscono centinaia di geni, ma pochi individui, di cui però si è studiata la sequenza del DNA per centinaia di migliaia di basi. Il pregio principale di questo studio, uscito nel 2007, sta nel fatto che comprende milioni di esperimenti di simulazione.

Attraverso milioni di prove si è potuto contare esattamente in quanti casi i dati osservati sono coerenti con le previsioni del modello multiregionale, e in quanti con quello dell'origine africana recente. I risultati lasciano adito a pochi dubbi: il modello multiregionale funziona peggio del modello alternativo nell'80% dei casi, cioè è quattro volte (80% contro 20%) meno probabile dell'altro. L'antenato comune a tutta l'umanità, secondo le stime di questo articolo, potrebbe essere vissuto intorno a 140 mila anni fa, e l'uscita dall'Africa sarebbe avvenuta circa 51 mila anni fa, in buon accordo con i risultati del gruppo di Balloux che, ricordiamolo, derivano dallo studio di un insieme completamente diverso di individui e di geni.

Uno dei più grandi scienziati di tutti i tempi, il fisico danese Niels Bohr, sosteneva che il compito della fisica non è scoprire com'è la natura, ma cosa possiamo dire della natura. Allo stesso modo, la biologia evoluzionistica non può raccontarci i dettagli di una storia, la storia dell'uomo e delle sue migrazioni, che ha lasciato tracce incerte, scarse e spesso non prive di ambiguità. Ma se un compito della biologia evoluzionistica è scoprire cosa possiamo dire della storia dell'umanità, il quadro generale non è oscuro né ambiguo. I fossili, il DNA, e gli esperimenti in cui si sono confrontati questi dati con le previsioni dei modelli teorici ci mettono in condizioni di dire che la nostra specie viene dall'Africa, e ne è uscita in un passato recente, poco più di 50 mila anni fa. Resta aperto il dibattito su quanto Neandertal abbia trasmesso alle generazioni attuali (e su quanto, in Asia, un'altra forma umana arcaica, l'uomo di Denisova, abbia trasmesso agli asiatici e agli australiani; ma non ne parleremo in questo libro). Nel frattempo, però, stanno uscendo numerosi studi interessanti.

Breaking news sul DNA *neandertaliano*

Per capire come parlassero e che carattere avessero i Neandertal è ancora presto e dubito che ci riusciremo mai. Però intanto il DNA ci ha rivelato molte cose di loro che non si sapevano: avevano la pelle bianca e i capelli rossi, forse non rosso-carota ma comunque chiari.

Le nostre cellule producono due pigmenti: l'eumelanina, più scura, e la feomelanina, più chiara. I colori della pelle, dei capelli e degli occhi dipendono da quanti grani di pigmento ci sono nelle cellule, e dalle percentuali di eumelanina e feomelanina nei grani. A produrre le melanine ci pensano una settantina di geni, senza dimenticare che conta anche quanto sole si prende: insomma, il meccanismo biologico è complicato. Per fortuna, oggi ci sono algoritmi di intelligenza artificiale (tecnicamente: *machine learning*) che permettono di ricostruire la pigmentazione di uno sconosciuto se si conoscono i suoi geni. Il computer si allena, si può dire, a collegare il colore della pelle (noto) ai geni di un certo gruppo di individui. Quando ha raggiunto una buona preparazione comincia a ricostruire il colore (ignoto) della pelle di persone di cui conosciamo solo il DNA. È importante soprattutto un gene che si chiama recettore 1 della melanocortina, o *MC1R*; nella popolazione umana attuale, se questo gene non funziona, la pelle è molto chiara e i capelli poco pigmentati. Un gruppo di ricercatori di vari paesi, fra cui David Caramelli di Firenze e Carles Lalueza Fox di Barcellona, coordinato da Michael Hofreiter di Potsdam, ha studiato *MC1R* in due Neandertal molto ben conservati. In entrambi hanno trovato una mutazione che non è presente in nessuno dei 2800 individui moderni di cui conosciamo lo stesso gene, e che quindi sembra un'esclusiva dei neandertaliani. Questa mutazione altera la proteina prodotta da *MC1R*. Per capire che effetti ne derivino, i ricercatori hanno fatto un esperimento di ingegneria genetica: hanno introdotto l'*MC1R* neandertaliano in cellule umane coltivate in vitro. Così hanno visto che con quella mutazione viene prodotta una proteina tronca, troppo corta, che non funziona; e senza la proteina non si forma la melanina. In altre parole, quei due neandertaliani (e, pensiamo, molti altri, o tutti) avevano, come molti europei di oggi, la pelle chiara. Ma quella pelle era chiara per motivi diversi, non era geneticamente la stessa cosa della nostra pelle chiara: i Neandertal sono arrivati ad averla indipendentemente da noi. Sempre per via di *MC1R*, i capelli neandertaliani dovevano avere una colorazione rossastra.

Quanto a come parlassero i neandertaliani, meglio tener presente che la facoltà del linguaggio è ancora più complessa del colore della pelle. Per parlare c'è bisogno di un cervello molto sviluppato e di un sistema vocale che sappia tradurre in azioni coordinate gli stimoli del cervello. Certi animali hanno alcune delle capacità necessarie: si trasmettono messaggi con la voce, oppure riescono a riprodurre parole umane. Ci sono stati interessanti tentativi di comunicare verbalmente con scimpanzé e cani, anche se sui loro risultati conviene essere un po' scettici. Nonostante tutto questo, c'è una bella differenza fra queste forme elementari di comunicazione e il nostro linguaggio articolato. Abbiamo prerogative che gli altri animali non hanno e non c'è dubbio che c'entrino i geni, parecchi geni. D'altra parte, studi su bambini abbandonati dimostrano che c'è un'età critica entro la quale, se debitamente stimolati, si impara a parlare; dopo, no. Quindi la facoltà del linguaggio dipende in parte dall'avere i geni giusti e in parte da fattori sociali, non genetici. Non sappiamo esattamente quali siano i geni del linguaggio, e definirli non sarà uno scherzo. Per esempio, ci sono geni che causano forme di mutismo ereditario, e li conosciamo. Possiamo chiamarli, se vogliamo, geni del linguaggio, nel senso che per parlare abbiamo bisogno che funzionino. Ma in realtà ognuno di questi geni fa molte cose differenti e i loro difetti hanno una vasta gamma di conseguenze su diverse facoltà cognitive e non solo sulla parola. Insomma, ci stiamo rendendo conto che la capacità di parlare dipende da molti fattori ereditari. Qualcuno ha pensato: noi abbiamo la facoltà del linguaggio, gli scimpanzé no; vediamo quali nostri geni sono assenti negli scimpanzé, e fra loro troveremo i geni del linguaggio. Bello, ma non ha funzionato: quando è stato letto integralmente il genoma degli scimpanzé ci siamo accorti che i geni sono praticamente gli stessi, anche se con varianti differenti. I pochi geni che noi abbiamo e loro no si esprimono per lo più non nel cervello, ma in un organo ritenuto, a torto o a ragione, meno nobile: i testicoli. È chiaro che la facoltà del linguaggio non ci deriva da uno o pochi geni che gli altri primati non hanno, ma dalla nostra capacità di sfruttare tante differenze in tanti geni che condividiamo con altre creature viventi.

Un gene che abbiamo in comune con tutti i mammiferi e che ha un ruolo importante per il linguaggio si chiama *FOXP2*. I primi ricercatori che se ne sono occupati studiavano una famiglia inglese, nota solo attraverso le sue iniziali, KE, in cui diverse persone, pur avendo solo un limitato ritardo mentale, non riuscivano a coordinare le attività muscolari necessarie per parlare: una malattia chiamata disprassia verbale. Studiando il loro cervello con la risonanza magnetica si è notata una particolarità. Quando parliamo, si attiva un'area della corteccia cerebrale, chiamata area di Broca, e nota da tempo come sede di importanti funzioni legate al linguaggio. Se però dobbiamo parlare una lingua che conosciamo poco, si attivano altre regioni cerebrali, un po' dappertutto: è come se l'area di Broca, non riuscendo a svolgere il suo compito, chiedesse aiuto a tutto il cervello, che peraltro non può aiutarla più di tanto.

Quando persone con la disprassia verbale devono parlare, il loro cervello si comporta allo stesso modo: la risonanza magnetica registra attività diffuse su tutta la corteccia. Ogni membro della famiglia KE con questa disabilità linguistica porta nei suoi cromosomi una forma alterata del gene *FOXP2*: un gene che interviene durante lo sviluppo, e che svolge una funzione importante legata alle facoltà linguistiche, ma non solo a quelle.

I mammiferi, comprese le scimmie a noi più vicine, hanno praticamente la stessa forma di *FOXP2*, mentre l'uomo ne possiede una diversa. Nella famiglia KE però, e in altre persone affette da disprassia verbale, *FOXP2* porta una mutazione che gli impedisce di funzionare correttamente. Dunque, *FOXP2* nell'uomo dev'essere composto nel modo giusto, altrimenti non svolge alcune sue funzioni, e di conseguenza non si riesce a parlare. Nell'uomo contemporaneo è così: e anche in Neandertal. Abbiamo già visto nel capitolo 3 come l'idea che la loro laringe non permettesse ai Neandertal di parlare è tramontata quando sono stati ritrovati gli ossicini che hanno dimostrato il contrario. Il gruppo di Pääbo è riuscito a ottenere la sequenza del gene *FOXP2* in un Neandertal e stavolta, a differenza di quanto osservato per *MC1R*, la sequenza era uguale a quella moderna. Non basta per farci capire come parlassero i neandertaliani, ma almeno sappiamo che il loro *FOXP2* era come il nostro, e quindi non c'è motivo di ritenere che fossero meno coordinati di noi nelle azioni che portano a parlare. Da qualunque fattore dipenda la nostra facoltà del linguaggio, questo fattore si è evoluto in qualche antenato comune a noi e ai Neandertal. Se l'uomo, come dice Aristotele, è l'animale parlante, i neandertaliani non erano meno uomini di noi.

Stiamo cominciando ad avere un'idea anche di quanto i neandertaliani fossero diversi gli uni dagli altri. Nel 2018, il gruppo, tanto per cambiare, di Pääbo ha perfezionato le tecniche di estrazione del DNA, arrivando a ottenerne da meno di un centesimo di grammo di osso. Le sequenze così prodotte sono a basso *coverage*, e quindi possono contenere errori, ma bastano a farci capire che fra i Neandertal, sparsi su tre quarti d'Europa e un quarto dell'Asia, c'erano differenze grandi quanto fra noi sapiens, e forse un po' di più. Oggi disponiamo dei genomi completi di otto di loro (due asiatici, dai monti Altai e da Chagyrskaya; due del Caucaso, da Mezmaiskaya; e poi, in Europa, da Vindija in Croazia, Les Cottés in Francia, Spy e Goyet in Belgio), dei cromosomi Y di due (Mezmaiskaya 2 e Spy) e dei mitocondriali di oltre una ventina (fra cui il primo, quello della cava di Feldhofer). In tutti e tre i casi, le differenze fra Neandertal ci sono e si vedono, ma nei tre alberi evolutivi (del genoma, dell'Y e del mitocondriale), tutti i Neandertal stanno da una parte e tutti i sapiens, antichi e moderni, da un'altra.

Con l'eccezione di quello dei monti Altai, che potrebbe avere 170 mila anni, questi Neandertal sono compresi nel periodo che va da 47 mila a 39 mila anni fa: la fine della loro epoca, quando qualche gruppo di sapiens già si aggirava per l'Europa. Nessuno di loro, però, mostra nel genoma tracce di una qualche ibridazione: quel po' che c'è stata (se c'è stata), ha portato fra noi dei geni neandertaliani, e non viceversa. Può voler dire che qualche Neandertal è stato accolto nelle comunità di sapiens, ma non viceversa. Nessuno dei Neandertal recenti assomiglia poi molto a quello o a quelli che potrebbero aver lasciato tracce nei genomi contemporanei. Quindi l'ibridazione (se c'è stata) dev'essere avvenuta con qualcuno che assomigliava maggiormente all'individuo più antico, quello dei monti Altai. La qualità dei dati è troppo bassa per poter dire con sicurezza se qualcuno di questi Neandertal appartiene alla popolazione da cui discende Oase 1, l'unico sapiens finora il cui genoma porta tracce inequivocabili di un'origine mista.

Note

Su Skuhl, Qafzeh e la loro interpretazione si può vedere di Holliday T.W. (2000), "Evolution at the crossroads: Modern human emergence in Western Asia", *American Anthropologist*, 102:54-68, mentre le datazioni più accurate vengono dallo studio di Valladas H. *et al.* (1991), "Thermoluminescence dating of Neanderthal and early modern humans in the Near East", *Endeavour*, 15:115-119. Il confronto fra variabilità dei crani arcaici e moderni che ha dimostrato come nei cosiddetti caratteri a continuità regionale non ci sia in realtà continuità regionale è di Mirazón Lahr M. (1994), "The multiregional model of modern human origins: A reassessment of its morphological basis", *Journal of Human Evolution*, 26:23-56. In Relethford J.H. (2008), "Genetic evidence and the modern human origins debate", *Heredity*, 100:555-563 l'opinione autorevole di un antropologo e genetista, convinto che non si possa ancora abbandonare la teoria multiregionale.

Il primo studio sul DNA antico è Higuchi R. *et al.* (1984), "DNA sequences from the quagga, and extinct member of the horse family", *Nature*, 312:282-284. La prima applicazione di questi metodi a campioni umani è in Pääbo S. (1985), "Molecular cloning of ancient Egyptian mummy DNA", *Nature*, 314:644-645. La sequenza di DNA di dinosauro che poi non era di dinosauro è stata descritta da Woodward S.R., Weyand N.J., Bunnell M. (1994), "DNA sequence from Cretaceous period bone fragments", *Science*, 266:1229-1232, mentre una serie di critiche e commenti a firma di vari autori è apparsa nel 1995, insieme a un'imbarazzata risposta di Woodward, sul numero 268 di *Science* alle pagine 1191-1194. *La struttura delle rivoluzioni scientifiche* di Thomas Kuhn è pubblicato in Italia da Einaudi, ultima ristampa 2009.

I principali studi genetici sul mitocondriale dei Neandertal sono: Krings M. *et al.* (1997), "Neandertal DNA sequences and the origin of modern humans", *Cell*, 90:19-30; Ovchinnikov I.V. *et al.* (2000), "Molecular analysis of Neanderthal DNA from the northern Caucasus", *Nature*, 404:490-493; Krause J. *et al.* (2007), "Neanderthals in central Asia and Siberia", *Nature*, 449:902-904. Per chi volesse approfondire, una rianalisi dei primi dati si trova in Nordborg M. (1998), "On the probability of Neanderthal ancestry", *American Journal of Human Genetics*, 63:1237-1240, e un ampio studio di simulazione in Currat M., Excoffier L. (2004), "Modern humans did not admix with Neanderthals during their range expansion into Europe", *PLoS Biology*, 2:e421.
Il primo genoma completo neandertaliano, quello di Vindija, è stato pubblicato da Green R.E. *et al.* (2010), "A draft sequence of the Neandertal genome", *Science*, 328:710-722. La stima dei nostri tempi di divergenza dai gorilla è in Scally A. *et al.* (2012), "Insights into hominid evolution from the gorilla genome sequence", *Nature*, 483:169-175. La stima precisa della percentuale di DNA neandertaliano nelle moderne popolazioni non africane è in Prüfer K. *et al.* (2014), "The complete genome sequence of a Neanderthal from the Altai Mountains", *Nature*, 505:43-49. Anders Eriksson e Andrea Manica discutono la possibilità che non ci sia stata ibridazione fra Neandertal e sapiens non africani in un articolo del 2012, "Effect of ancient population structure on the degree of polymorphism shared between modern human populations and ancient hominins", *Proceedings of the National Academy of Sciences USA*, 109:13956-13960.
Sul DNA dei sapiens di Paglicci e sul dibattito che ha seguito la pubblicazione delle loro sequenze, si possono leggere: Caramelli D. *et al.* (2003), "Evidence for a genetic discontinuity between Neanderthals and 24,000-year-old anatomically modern Europeans", *Proceedings of the National Academy of Sciences USA*, 100:6593-6597; Serre D. *et al.* (2004), "No evidence of Neanderthal mtDNA contri-

bution to early modern humans", *PLOS Biology*, 2:e57; Caramelli D. *et al.* (2008), "A 28,000 years old Cro-Magnon mtDNA sequence differs from all potentially contaminating modern sequences", *PLOS ONE*, 3:e2700; Belle E.M.S. *et al.* (2009), "Comparing models on the genealogical relationships among Neandertal, Cro-Magnoid and modern Europeans by Serial Coalescent simulations", *Heredity*, 102:218-225. L'ipotesi, oggi tramontata, di una possibile ibridazione asimmetrica fra sapiens e Neandertal è stata avanzata da Mason P.H., Short R.V. (2011), "Neanderthal-human Hybrids", *Hypothesis*, 9:e1.

Non ho notizia di una traduzione italiana dell'infelice e superficiale presa di posizione di Benedetto XVI contro la biologia evoluzionistica. La versione tedesca del testo papale è nel volume a cura di Stephan O. Horn e Siegfried Wiedenhofer, *Schöpfung Und Evolution: Eine Tagung Mit Papst Benedikt XVI, in Castel Gandolfo* (Sankt Ulrich, Augsburg 2007). Se ne trova un'ampia sintesi nell'articolo di Pievani T., Franceschelli O. (2007), "Ecco come la Chiesa di Ratzinger è alla fine approdata al creazionismo", sul numero 5 di *MicroMega*, pp. 111-127.

Descrizioni non troppo complicate della teoria coalescente sono difficili da trovare. Tutto sommato, conviene rifarsi alla pagina di Wikipedia: http://en.wikipedia.org/wiki/Coalescent_theory, e alle pagine 190-196 di quello che resta secondo me il miglior testo specialistico in circolazione: Mark A. Jobling *et al.*, *Human evolutionary genetics* (2nd ed., Garland Science, New York 2014).

I lavori di simulazione dei gruppi di François Balloux, di Luca Cavalli-Sforza e di Laurent Excoffier sono, rispettivamente: Liu H. *et al.* (2006), "A geographically explicit genetic model of worldwide human-settlement history", *American Journal of Human Genetics*, 79:230-237; Ramachandran S. *et al.* (2005), "Support from the relationship of genetic and geographic distance in human populations for a serial founder effect originating in Africa", *Proceedings of the National Academy of Sciences USA*, 102:15942-15947; Fagundes

N.J.R. *et al.* (2007), "Statistical evaluation of alternative models of human evolution", *Proceedings of the National Academy of Sciences* USA, 104:17614-17619.
Abbiamo una ragionevole idea del colore della pelle dei Neandertal e sappiamo che il loro gene *FOXP2* era come il nostro grazie ai lavori, rispettivamente, di Lalueza Fox C. *et al.* (2007), "A melanocortin 1 receptor allele suggests varying pigmentation among Neanderthals", *Science*, 318:1453-1455, e di Krause J. *et al.* (2007), "The derived *FOXP2* variant of modern humans was shared with Neanderthals", *Current Biology*, 17:1908-1912. I risultati (abbastanza controversi, soprattutto il primo) di due tentativi di comunicazione verbale fra uomo e animali sono in Savage-Rumbaugh E.S. *et al.* (1993), "Language comprehension in ape and child", *Monographs of the Society for Research in Child Development*, 58:1-222 e in Kaminski J., Call J., Fischer J. (2004), "Word learning in a domestic dog: Evidence for 'fast mapping'", *Science*, 304:1682-1683. Fra i molti commenti su quest'ultimo studio apparsi in anni recenti segnalo Markman E.M., Abelev M. (2004), "Word learning in dogs?", *Trends in Cognitive Sciences*, 8:479-481.
Sempre dal gruppo di Svante Pääbo vengono quattro studi importanti. Il DNA di Oase 1 è descritto nell'articolo di Fu Q. *et al.* (2015), "An early modern human from Romania with a recent Neanderthal ancestor", *Nature*, 524:216-219. Le più recenti sequenze genomiche di Neandertal si trovano negli articoli di Hajdinjak M. *et al.* (2018), "Reconstructing the genetic history of late Neanderthals", *Nature*, 555:652-656 e di Mafessoni F. *et al.* (2020), "A high-coverage Neandertal genome from Chagyrskaya Cave", *Proceedings of the National Academy of Sciences* USA, 117:15132-15136. La stima della data in cui potrebbe esserci stata ibridazione fra noi e i Neandertal è in Sankararaman S. *et al.* (2012), "The date of interbreeding between Neandertals and modern humans", *PLOS Genetics*, 8:e1002947. Alcuni antropologi non sono però convinti di queste datazioni: Wang C.C., Farina S.E., Li H. (2013), "Neanderthal DNA and modern human origins", *Quaternary International*, 295:126-129.

5.
I GENI RACCONTANO TANTE STORIE

Dove si seguono altre migrazioni e si constata che fino a poco tempo fa in Europa avevamo la pelle nera

Seguendo i nostri antenati nel corso del loro viaggio dall'Africa li abbiamo lasciati alle prese con i Neandertal intorno a 40 mila anni fa. Tornando a dare un'occhiatina al continente 10 mila anni più tardi, qualsiasi cosa sia successa fra loro e i vecchi padroni di casa ormai non conta più. I Neandertal sono scomparsi; nessuno usa più le obsolete tecnologie musteriane, soppiantate dalla *new wave* delle lame e dei manufatti in osso aurignaziani; e intanto è nata l'arte figurativa, con le prime statuette d'avorio e le pitture parietali delle grotte di Chauvet e di Fumane, anche se bisognerà attendere qualche millennio per arrivare, con il gravettiano, ai grandi cicli pittorici di Lascaux e Altamira; in tutta l'Europa è rimasta una sola forma umana, la nostra.

Piano, però. In mezzo a tante innovazioni la fame è quella di sempre, la stessa per i vecchi e i nuovi europei. Procurarsi da mangiare è rimasto un affare complicato, sia nel paleolitico medio sia in quello superiore che, come abbiamo detto, è il tempo della gente fatta come noi. Simili in questo ai loro predecessori neandertaliani, i nostri antenati non erano capaci di produrre il cibo. Se lo procuravano andando a caccia, quando trovavano qualche preda, e raccogliendo frutti e semi dalle piante, quando possibile: erano cacciatori e raccoglitori. Un'attività piena di incognite e soggetta a pericolose fluttuazioni: con la buona stagione la natura è generosa, ma già in autunno la vita si complica, e d'inverno c'è ben poco da mettere sotto i denti. A giudicare dai ritrovamenti archeologici, non erano neanche tanto bravi a conservarlo, il cibo. Vita dura.

Ai nostri tempi ci sono ancora popolazioni che vivono di caccia e raccolta: in Africa i pigmei, gli hadza e i san (un tempo chiamati boscimani, parola che però, nelle intenzioni dei suoi inventori olandesi, designava una specie subumana); qualcun altro nel subcontinente indiano, nelle isole Andamane e nel Sud-Est asiatico; le popolazioni indigene superstiti in Australia; e poi gli inuit o eschimesi e altri piccoli gruppi nelle Americhe. Molti di loro sono venuti in qualche modo a patti con la modernità: gli inuit campano un po' di pesca e un po' di turismo, gli elmolo del Kenya ormai solo dell'elemosina dei turisti. Tutte queste popolazioni sono esigue, composte da poche persone. Non dipende solo dal fatto che i giovani, un po' alla volta, se ne vanno, abbandonando le vecchie tradizioni in cambio di un incerto futuro nelle città. Abbiamo ottimi motivi per credere che anche nella preistoria, quando non c'era alternativa al loro stile di vita, i gruppi di cacciatori e raccoglitori fossero composti da poche persone e non potesse essere altrimenti. Trovare da mangiare per cento non è come trovar da mangiare per venti; un bufalo abbattuto sfama a lungo tre o quattro famiglie, ma per una comunità di venti famiglie ce ne vuole uno al giorno. I cacciatori e raccoglitori vivono, e vivevano nella preistoria, in piccole bande, disperse nel territorio; quando diventavano troppi si dividevano in bande più piccole, e poi ognuno per la sua strada. Frammentarsi è stata ed è la strategia inevitabile per chi va in cerca di qualcosa da mettere sotto i denti. Molte di queste bande non ce l'hanno fatta e si sono estinte, ma qualcuna è sopravvissuta e si è riprodotta, altrimenti non saremmo qui. Dunque dobbiamo immaginarci l'Europa del paleolitico superiore come una terra occupata a bassa densità da piccoli gruppi di gente nomade o seminomade che consumava le risorse disponibili e, quando queste finivano, si spostava sperando di trovarne altre. Come fra i Neandertal, la mortalità infantile era altissima e la vita media breve.

Il clima, almeno per una buona ventina di migliaia di anni, non li ha aiutati. Sì, nel complesso la Terra si stava riscaldando e, se avessero potuto misurare le temperature nell'arco dei millenni, i nostri progenitori avrebbero potuto trarne qualche auspicio confortante. Ma l'aumento delle temperature medie non era percepibile e la vita restava dura: specie durante l'ultima glaciazione, cioè il periodo, culminato 18 mila anni fa, in cui i ghiacci si sono espansi dal nord, arrivando a ricoprire l'Europa fino ai Pirenei, alle Alpi e ai Carpazi. Spinte dall'ondata di freddo, molte specie animali e vegetali si sono spostate nelle regioni più temperate protette dalle grandi catene montuose: i cosiddetti rifugi glaciali. Non sappiamo esattamente cosa abbia fatto l'umanità in quel periodo, in che misura si sia anch'essa ritirata nei rifugi glaciali; ma certo è stata dura. Se la densità di popolazione era bassa nell'Europa preglaciale, in piena glaciazione doveva essere bassissima, e intere regioni a nord delle Alpi, per non parlare dei paesi scandinavi, erano spopolate o quasi.

A partire da 18 mila anni fa, gradualmente e non senza oscillazioni, le temperature medie risalgono. Mentre i ghiacci si ritirano, animali e piante escono dai rifugi glaciali per diffondersi verso nord, nelle regioni il cui clima comincia a diventare tollerabile. I nostri antenati, probabilmente, fanno lo stesso, anche perché dove ci sono animali e piante c'è qualcosa da mangiare. La ricerca paleoclimatologica ha dimostrato che, al di là del riscaldamento generale della Terra, ha contato moltissimo anche la stabilizzazione del clima. Fra 20 mila e 11 mila anni fa non c'era solo più freddo di adesso, ma le temperature e le precipitazioni variavano bruscamente, addirittura nel giro di poche decine di anni. In quelle condizioni, ogni tentativo di coltivare la terra sarebbe stato destinato a fallire.

Un po' alla volta il clima si fa più stabile, con una stagione calda e asciutta e una fredda e piovosa: si mettono in moto le forze che porteranno a uno dei momenti decisivi nella storia dell'umanità. Nel giro di pochi millenni, in punti differenti della Terra, diverse comunità umane si affrancano dalla dipendenza dalla caccia e cominciano a produrre il cibo, in due modi: addomesticando gli animali e mettendosi a coltivare la terra. Le conseguenze non saranno immediate né tutte positive, ma grazie a queste nuove tecnologie la nostra specie, da sempre sull'orlo dell'estinzione, disporrà di risorse alimentari sempre più abbondanti e in pochi millenni passerà da qualche migliaio a sei miliardi di individui. Nello stesso periodo le comunità diventano più stabili: si fa il raccolto dove si ha seminato, spostarsi di continuo non conviene. Cominciano a formarsi i villaggi e poi le città. Francamente mi sembra strano che alcuni antropologi ancora si interroghino sul perché l'umanità si sia convertita in modo così massiccio all'agricoltura. È vero: comunità più grandi sono soggette a epidemie (ne sappiamo qualcosa anche noi) e la maggiore disponibilità di cibo cotto, cioè tenero, ha indebolito le nostre mandibole, con grande profitto dei dentisti. Ma nel complesso non vedo come si possa dar torto agli archeologi che parlano di rivoluzione; un radicale cambiamento dell'economia e dello stile di vita, l'abbandono del nomadismo, la nascita dei villaggi, delle città e del commercio: la rivoluzione neolitica.

Il neolitico

Il neolitico è la nuova età della pietra. Durerà fino a quando compariranno nuovi manufatti: le età del rame, del bronzo e infine del ferro. Il premio Nobel per l'economia Douglass North vede nella rivoluzione neolitica il momento in cui l'umanità ha abbandonato un mondo totalmente incontrollabile e dominato dall'incertezza, passando a uno su cui si può intervenire grazie alle conoscenze. La novità archeologica più evidente è rappresentata dalle case: prima circolari, con un'unica camera, spesso fatte di mattoni. Poco tempo dopo sono già più complesse, e una seconda camera sembra essere destinata a magazzino per il cibo. In una fase ancora successiva troviamo case rettangolari, divise in più stanze; insieme ai mattoni si continua a usare il legno. Dentro o vicino a queste abitazioni emergono oggetti che testimoniano come stia avanzando anche la tecnologia: mortai e soprattutto asce di pietra. Ma non solo. Compare la ceramica, e con essa recipienti molto più elaborati dei precedenti, per i quali è richiesta una lunga e difficile lavorazione. Ci sono contenitori per il cibo, segno che si comincia a conservarlo; ma ci sono anche spille per i vestiti, a indicare gli inizi delle prime attività tessili; e ci sono soprattutto attrezzi agricoli, lame di falce che, insieme ai semi e al polline delle piante che ancora oggi costituiscono la base della nostra alimentazione – cereali, legumi, frutta –, testimoniano un profondo cambiamento nelle tecnologie di sussistenza di gran parte dell'umanità. Forme e decorazioni dei contenitori di ceramica rivelano differenze culturali: c'è chi realizza anfore a campana, chi vasi globulari, chi li decora con un motivo geometrico.

Nello stesso periodo si trovano, associati ai resti delle comunità umane, ossa di animali, come bovini, ovini, gatti (solo più tardi equini): gli animali che in quella fase hanno cominciato a convivere con l'uomo. L'addomesticamento ha modificato geneticamente animali e piante, molti dei quali oggi sono rari, o addirittura scomparsi, allo stato selvatico. Basta confrontare una fragola di bosco con quelle che troviamo dal fruttivendolo per rendercene conto. L'ingegneria genetica è cominciata allora: l'uomo ha incrociato fra loro, e selezionato, varietà di piante più resistenti, più ricche di nutrimento e di gusto più piacevole. In parallelo, si sono selezionate varietà di bovini e ovini dalla resa superiore, o anche (è successo nelle isole britanniche) dalle zampe più corte, in modo da non dover costruire per loro recinti troppo alti. A partire dal neolitico le attività umane cominciano a trasformare significativamente il mondo biologico e il paesaggio.

Se oggi quasi tutta l'umanità vive dei prodotti dell'agricoltura, il passaggio dal paleolitico al neolitico, che alla lunga ha permesso di produrre risorse in quantità prima inimmaginabili, non è stato istantaneo né privo di contraddizioni. Si è andati da un'economia di pura caccia e raccolta a una fase in cui la maggior parte del cibo proveniva ancora da queste due attività, ma si utilizzava il fuoco per liberare dalla vegetazione spontanea gli spazi necessari a piccole coltivazioni e si cominciava a praticare anche la pesca. Con il tempo, le zone coltivate si sono estese, semina e raccolto si sono fatti più sistematici e nella dieta sono entrate sempre più varietà vegetali coltivate. Infine, le attività agricole sono diventate la principale occupazione degli adulti (oggi non più, ma in Italia è stato così fino al secondo dopoguerra), e i loro prodotti la principale fonte di sostentamento (oggi è ancora così in quasi tutto il mondo). Si usa il termine mesolitico per indicare appunto la fase di transizione, in cui cominciano a comparire abitazioni stabili e attrezzi per la pesca, anche se ancora non ci sono indizi di estese attività agricole. Come tutte le altre fasi, il mesolitico comincia e finisce in date diverse nelle diverse regioni: 9 mila anni fa, sulla sponda est del Mediterraneo, il neolitico era già cominciato, ma più a ovest l'economia era ancora mesolitica, e qua e là qualcuno era rimasto al paleolitico, campava solo di caccia e gli pareva del tutto normale.

In realtà, la storia che riguarda più nello specifico l'Europa è cominciata fuori da essa, nel Vicino Oriente, una regione compresa fra la Turchia e la Mesopotamia, oggi Iraq: la cosiddetta mezzaluna fertile. A guardarla bene sulla carta geografica, più che una mezzaluna sembra una pi greca, ma pazienza. In questa regione sono emerse, databili a 11 o 10 mila anni fa, tracce archeologiche inequivocabili del passaggio a un'economia agricola. Le primissime riguardano la segale, in un sito siriano vicino al corso dell'Eufrate, Tell Abu Hureyra, nel quale pare però che le cose non siano andate a finire bene e si sia tornati, dopo un tentativo di coltivazione, a un'economia di caccia e raccolta. Ma era solo questione di tempo: intorno a 9 mila anni fa, nella mezzaluna fertile si coltivavano regolarmente frumento e piselli. Il lavoro più duro, tanto per cambiare, toccava alle donne. Numerosi scheletri femminili portano segni di usura alle ginocchia, agli alluci e alla colonna vertebrale: stavano molto tempo piegate a macinare cereali.

Verso 9 mila anni fa, ritrovamenti simili attestano lo stesso passaggio in Cina, nella regione del Fiume Azzurro e del Fiume Giallo, e negli altipiani della Nuova Guinea. Poi arrivano le Americhe (Messico centrale e nord delle Ande) e infine l'Africa (a nord del golfo di Guinea), dove le prime attività agricole sono documentate a partire da 5 mila anni fa, anche se i dati africani sono incompleti e non molto chiari. Queste regioni della Terra, i cosiddetti centri di diffusione dell'agricoltura, non erano collegate fra loro, e non c'è motivo di pensare che i primi contadini si siano trasmessi le tecniche necessarie da un continente all'altro. Ognuno ci è arrivato per conto proprio, anche perché le piante e gli animali addomesticati erano diversi in ciascuna regione.

I semi ritrovati nei siti archeologici neolitici ci permettono di riconoscere le piante coltivate e di datare l'origine delle coltivazioni, le ossa ci raccontano dove e quando le specie animali sono state addomesticate. Nei centri di diffusione cinesi troviamo riso, miglio, molti tuberi e frutti, maiali e pollame; negli altipiani della Nuova Guinea, canna da zucchero, banana, ma nessun animale domestico; in Messico e sulle Ande, mais, fagioli, zucca, manioca, frutti e tuberi, camelidi come il lama e l'alpaca e, in tempi più recenti, il tacchino. Il cane è stato addomesticato addirittura 15 mila anni fa, in molte regioni diverse. Per altri animali, come il cavallo (forse dalle parti dell'Ucraina, forse nel Kazakistan), il bufalo d'acqua (in Cina), il cammello (in Asia centrale) e il dromedario (in Egitto), c'è voluto più tempo, e sono stati addomesticati fra 6 e 4 mila anni fa. Le api probabilmente hanno cominciato a convivere con noi da qualche parte in Asia, 6 mila anni fa o giù di lì, e l'apicoltura era molto sviluppata nell'antico Egitto. Sul gatto circolano opinioni diverse: si va da 9500 a 5500 anni fa, forse in Egitto, forse a Cipro, ma gli studi genetici più recenti sembrano indicare che i primi gatti domestici sono comparsi nella mezzaluna fertile, all'inizio del neolitico, nell'epoca in cui si formano i primi villaggi.

Nella mezzaluna fertile, a partire da 11 mila anni fa, c'erano le condizioni climatiche necessarie perché l'agricoltura si sviluppasse. Qualcuno doveva essersi accorto da un pezzo che, se si interravano dei semi, dopo un po' spuntavano le piante, ma l'instabilità del clima rendeva il raccolto aleatorio e impediva il passaggio da un'orticoltura su scala ridotta a una vera agricoltura. Quando le stagioni diventano più distinte, con estati calde e inverni piovosi, le cose si semplificano. La mezzaluna fertile, poi, è l'habitat naturale di piante spontanee come frumento, orzo, segale, piselli, lenticchie, oltre che di specie animali come mucche, pecore, capre, asini. Ma il miglioramento climatico e la biodiversità naturale non bastano. Per fare la rivoluzione ci vogliono i rivoluzionari.

Cosa abbia spinto gli abitanti della mezzaluna fertile a dedicarsi all'agricoltura mi sembrava chiaro fino a qualche tempo fa, ma poi il quadro si è complicato. I dati archeologici indicano che la comparsa delle attività agricole è stata accompagnata da una crescita demografica. A prima vista, sembra logico che inizialmente il clima abbia permesso il passaggio a un'economia più efficiente, e poi la maggior disponibilità di cibo abbia portato a un'esplosione demografica allungando la vita e la fertilità della gente: c'è più da mangiare ed è meno difficile sopravvivere. Jack Harlan ha eseguito un esperimento molto eloquente in un sito della Turchia. Con una falce neolitica, cioè una lama di selce inserita in un manico di legno, ha raccolto a mano in un'ora un chilo di chicchi di grano. Ha calcolato che, se tutto andava bene, in un mese di lavoro, una famiglia di quattro persone avrebbe potuto raccogliere più grano di quanto ne consumasse in un anno.

Di recente però sono state proposte teorie che capovolgono il rapporto di causa ed effetto: la popolazione stava crescendo (forse perché, con il miglioramento del clima, la vita era un po' meno dura) e quindi ha avuto bisogno di più cibo di quello che caccia e raccolta offrivano; a quel punto, le attività agricole si sono sviluppate in modo più sistematico. Grazie a un metodo statistico basato sulla teoria coalescente, Michela Leonardi, che dal nostro laboratorio è passata a lavorare a Cambridge, ha ricostruito la storia demografica di varie popolazioni che oggi praticano l'agricoltura, e di altre che ancora vivono di caccia e raccolta: in Africa, nel Sud-Est asiatico e in Siberia. L'idea è che ci sia un rapporto fra le dimensioni della popolazione e la diversità del loro DNA; più gente c'è, e più il DNA ha occasione di mutare, e quindi di variare. Con qualche accorgimento statistico su cui non mi dilungherò, è possibile farsi un'idea di quanto numerosa fosse una certa popolazione attraverso i millenni. A sorpresa, sembra che le popolazioni che oggi producono il cibo avessero cominciato a diventare più numerose già 20 mila anni fa, ben prima quindi della rivoluzione neolitica. A Cambridge hanno un bellissimo archivio di dati paleoclimatici, cioè sul clima del passato, ed è stato possibile escludere che quelli che sono passati alla coltivazione dei campi vivessero in ambienti più favorevoli, in qualche modo predisposti alla rivoluzione neolitica. Ci sono diversi modi di interpretare questi dati, ma una cosa sembra chiara: c'erano differenze fra i cacciatori-raccoglitori ben prima che alcuni di loro si convertissero all'agricoltura, e questa conversione è avvenuta nelle comunità più numerose, che a quanto pare non ce la facevano più a sostenersi con la caccia e la raccolta. Poi, una volta avviata la produzione di cibo, non c'è dubbio che le comunità agricole ne abbiano tratto grandi vantaggi e un'ulteriore spinta alla crescita demografica.

Possiamo seguire sulla mappa la loro espansione. Ron Pinhasi, che ha lavorato a lungo allo University College di Dublino e adesso è a Vienna, ha raccolto in un archivio informatico la localizzazione e l'età di tutti i siti preistorici europei e del Vicino Oriente, a partire da 14 mila anni fa. Nella fase iniziale, fino a 10 mila anni fa, conosciamo molti siti nel sud della Francia e in Italia, qualcuno nella Spagna del nord e nel sud della Polonia; gli archeologi li considerano tutti paleolitici o mesolitici. Poi, 10 mila anni fa, si notano due fenomeni. Le popolazioni di cacciatori e raccoglitori, ormai in prevalenza dedite a pratiche mesolitiche, si diffondono a nord: ne ritroviamo in Inghilterra, in Danimarca e nel sud della Svezia; per questo si pensa che, con la ripresa di un clima tollerabile, l'uomo sia ritornato a stabilirsi in queste regioni, seguendo gli animali e le piante che ricolonizzavano aree ricoperte in precedenza dai ghiacci. Al tempo stesso, nel sud-est aumentano le comunità che ci hanno lasciato tracce archeologiche di sé, specie nel Vicino Oriente, e in queste comunità i manufatti sono già neolitici. Çatal Hüyük, nell'Anatolia del sud, è considerato il primo insediamento urbano della storia, 9 mila anni fa. Con il trascorrere dei millenni, il neolitico si diffonde sempre più a ovest e a nord. Arriva in Sardegna e nel Sud Italia fra 8 e 7 mila anni fa, e poco dopo in tutta l'Europa centrale, lungo il corso del Danubio. Fra 7 e 6 mila anni fa l'Europa è largamente neolitica, con alcune eccezioni: le isole britanniche, dove a quanto pare già allora ci si teneva strette le vecchie tradizioni; la Scandinavia; le Alpi occidentali, grosso modo dove oggi c'è la Svizzera; e la Spagna, dove comunità neolitiche sono documentate solo lungo la costa mediterranea. Qua e là ci sono ancora gruppi mesolitici, ma non dureranno a lungo. In cinquemila anni la rivoluzione si è compiuta, e siccome fra la mezzaluna fertile e il Portogallo ci sono appunto cinquemila chilometri, possiamo dire che il neolitico si è diffuso a una velocità media di un chilometro all'anno. In parallelo, la popolazione europea è diventata dieci volte più grande: da 5 a 50 milioni, secondo le stime di Jean-Noël Biraben.

La popolazione cresce se la gente vive più a lungo, o ha più figli, o tutte e due le cose insieme. Le comunità moderne di cacciatori e raccoglitori hanno una speranza di vita di meno di 40 anni. Non vuol dire che tutti moriranno a quell'età, ma che se si fa una media delle età alla morte di tutti quanti, per ognuno che arriva a 70 anni ce n'è uno che è morto a 10. Le età alla morte degli scheletri nei siti archeologici ci danno un'idea di quale fosse la speranza di vita ai loro tempi. Non tutto va bene nelle prime comunità agricole. Nei casi in cui disponiamo di dati relativi al passaggio dalla caccia e raccolta all'agricoltura non troviamo sempre che la vita media si allunga, e in qualche caso sembra anzi che si sia accorciata. Ma, in generale, con l'agricoltura la maggior disponibilità di cibo permetteva che un più alto numero di bambini arrivasse all'età della riproduzione e avesse, a sua volta, altri figli. Maggior fertilità, dunque, anche se la vita media non si è allungata subito.

Le ossa dei primi europei ci raccontano anche la storia delle loro malattie. I cacciatori e raccoglitori, allora come oggi, hanno un sacco di parassiti, ma sono relativamente protetti dalle malattie infettive. Invece nelle comunità agricole, sedentarie e più numerose, le epidemie sono più frequenti per diversi motivi: quando comincia l'infezione, più membri ha la comunità, più c'è il rischio di entrare in contatto con qualcuno che è già infetto, e anche questo è un fenomeno che abbiamo imparato a conoscere per esperienza diretta; le popolazioni sedentarie tendono a contaminare le fonti d'acqua; e l'uso delle feci come fertilizzanti peggiora ulteriormente le cose. Spesso anche la dieta dei contadini è più monotona anche se più abbondante, e ne risultano avitaminosi e carenze proteiche. Con tutto questo, i vantaggi complessivi delle economie agricole, anche tenendo conto dell'effetto delle carestie e delle catastrofi naturali, sono evidenti.

Si muovono le idee o si muove la gente?

Dunque in cinquemila anni l'agricoltura dal Vicino Oriente si è diffusa in tutta l'Europa mentre la popolazione si decuplicava. Ma cosa è veramente successo? Come nel caso dell'estinzione dei Neandertal, andiamo sul sicuro se diciamo che dev'essere successo un po' di tutto, in un intero continente e su un arco di tempo così lungo. Per capirci, però, meglio essere un po' schematici. Si può pensare che, una volta sviluppatasi l'agricoltura nella mezzaluna fertile, si sia sparsa la voce, e le nuove tecnologie si siano diffuse da sud-est a nord-ovest soprattutto per via culturale. Potrebbe essere andata così: i cacciatori greci paleolitici (allora naturalmente essere greci non voleva dire quello che vuol dire adesso) si accorgono che poco lontano, in Anatolia, si son messi a coltivare i campi, e ci provano anche loro. Gli va così bene che la comunità cresce rapidamente; se ne accorgono i cacciatori albanesi (come sopra), e anche loro trasformano parte del territorio in campi coltivati ecc. A ogni passaggio si rendono disponibili maggiori risorse alimentari, cala la mortalità infantile e le popolazioni crescono. Se fosse andata così, si potrebbe parlare di trasmissione culturale delle tecnologie agricole; in ogni regione, le comunità paleolitiche di cacciatori si sarebbero trasformate un po' alla volta in comunità di agricoltori neolitici.

Ma potrebbe anche essere andata in un altro modo. I contadini anatolici potrebbero aver avuto tanto successo con le loro coltivazioni, potrebbero esser diventati così tanti che i terreni coltivabili non bastavano più. Allora potrebbero essersi spostati un po' più in là. Ma con il tempo il terreno sarebbe diventato di nuovo insufficiente a sostenere una popolazione in espansione così rapida, e quindi si sarebbe reso necessario un nuovo passo in là, verso nord-ovest. Naturalmente questi contadini neolitici, nel corso della loro avanzata, avranno incontrato le comunità di cacciatori paleolitici. Dato però che andando a caccia si mangia in pochi, mentre le attività agricole permettono la sopravvivenza di molta gente, dopo un po' i cacciatori sarebbero stati in minoranza, mentre gli agricoltori avrebbero continuato a espandersi fino a colonizzare l'intero continente. In questo modo, si sarebbero diffusi su tutta l'Europa i contadini stessi e non solo la loro cultura. Se le cose sono andate così, i contadini, diciamo, della Grecia e dell'Albania non discenderebbero dai cacciatori greci e albanesi (come nel modello di trasmissione culturale), ma soprattutto dai contadini della mezzaluna fertile, i cui discendenti, un po' alla volta, si sarebbero sparsi dappertutto. In altre parole, le comunità neolitiche di tutta Europa (e noi che ne siamo i discendenti) deriverebbero in buona parte dai primi contadini dell'Anatolia, secondo quello che chiamiamo un modello di diffusione demica: tanti spostamenti su brevi distanze, i cui risultati si sono accumulati attraverso il tempo. Nella realtà probabilmente ci saranno stati sia casi di trasmissione culturale sia di diffusione demica, ma ha senso chiederci quale sia stato il fenomeno prevalente.

A questa domanda l'archeologia, così preziosa nel fornirci date e documenti sullo stile di vita dei nostri antenati, non può rispondere. Se si ritrovano oggetti simili in due posti diversi (diciamo un certo tipo di ceramica nel caso del neolitico) può voler dire che c'è stata una migrazione, ma anche che le due popolazioni commerciavano fra loro e si scambiavano oggetti. Fino agli anni sessanta gli archeologi pensavano di avere le idee chiare: interpretavano praticamente ogni innovazione scoperta negli scavi come frutto di una migrazione e di una conquista. Se in una località A si trovavano vasi di ceramica decorati secondo lo stile documentato nella località B in un momento precedente, doveva significare che gli abitanti di A provenivano da B. Una mobilità estrema, il cui risultato era una mappa dell'Europa preistorica attraversata da frecce in tutte le direzioni: quelli che arrivavano dall'Ucraina con le loro tombe a tumulo, i portoghesi che migravano in Olanda e in Sicilia portando con sé i vasi campaniformi, mentre qualcun altro partiva dalla Danimarca lasciando sul percorso una scia di vasi globulari. Il principale ispiratore di questa lettura della preistoria, l'archeologo australiano Vere Gordon Childe, era lontanissimo dall'ideologia nazista, ma non c'è dubbio che il clima politico e sociale del periodo fra le due guerre mondiali favorisse e anzi incoraggiasse un'interpretazione bellicista del passato. Una migliore comprensione della storia demografica ha portato all'abbandono di queste teorie. Conta soprattutto il fatto che, a partire dal neolitico, la densità di popolazione era cresciuta in Europa; se c'erano migrazioni, di regola si trattava di movimenti verso regioni già abitate, non di colonizzazione a mano più o meno armata di territori vergini e spopolati. Ci sono stati fenomeni di migrazione e di mescolanza fra popolazioni, ma quella europea era sostanzialmente stabile e non vagava di qua e di là con armi e bagagli.

Quando queste ragionevoli considerazioni hanno prevalso, il paradigma interpretativo si è però capovolto del tutto (e poco saggiamente: come è avvenuto per il cannibalismo). Oggi molti archeologi europei tendono a escludere a priori le migrazioni come possibili cause dei cambiamenti culturali documentati dai diversi reperti. Parlo per esperienza personale. Nell'agosto 2001, al simposio di Cambridge sulle origini dell'agricoltura, un eccellente esperto inglese, Chris Scarre, ammetteva che gli è difficile indicare quale tipo di ritrovamenti archeologici potrebbe convincerlo che c'è stato un movimento migratorio. Più tardi, davanti a un caffè, mi diceva che è più logico interpretare cambiamenti nel tipo di oggetti rinvenuti, per esempio la comparsa di ceramiche con decorazione a bande negli strati superiori di siti mesolitici, come innovazioni tecnologiche prodotte dalla stessa popolazione. Ci vogliono, diceva, cambiamenti più profondi per cominciare a sospettare che sia arrivato qualcuno di nuovo, per esempio differenti strutture abitative. La casa ha un valore simbolico, è il nostro microcosmo; anche noi prima di ristrutturarla radicalmente ci pensiamo due volte, e figurarsi i nostri predecessori preistorici; se da un certo momento in poi troviamo che le case sono costruite in maniera differente, o addirittura che ci sono mentre prima non c'erano, allora forse vuol dire che è arrivato qualcuno di nuovo. "Se per esempio troviamo una moschea a Roma?", gli ho chiesto, e lui ha detto di sì, quello è il segno di un'immigrazione. Benissimo. Poche ore dopo ho sentito un suo collega sostenere che le case rettangolari di tronchi (*long houses*), tipicamente neolitiche, ritrovate a sud delle foci del Reno in Belgio, erano state costruite con tutta probabilità dai vecchi abitanti mesolitici, convertitisi all'agricoltura. Testa, vinco io; croce, perdi tu.

Se leggere tutta la nostra preistoria come frutto di continue migrazioni è sbagliato, lo è altrettanto accettare come articolo di fede che le popolazioni non si siano mai mosse. La realtà deve stare da qualche parte in mezzo, e per fortuna c'è la genetica. Studiando i geni si può infatti cercare di capire chi è figlio di chi, e quindi diventa possibile discriminare i due modelli, cioè chiedersi chi si sia messo in movimento, se le conoscenze legate alle pratiche agricole o gli agricoltori stessi. Nel 1978, Luca Cavalli-Sforza, Paolo Menozzi e Alberto Piazza hanno pubblicato una vasta analisi delle varianti di dieci geni, studiati in molte popolazioni dell'Europa e del Vicino Oriente. Hanno usato una tecnica statistica che costruisce delle cosiddette variabili sintetiche, cioè delle funzioni matematiche che riassumono la variabilità di tanti geni. In questo modo sono riusciti a rappresentare i loro dieci geni sotto forma di mappe, esattamente come nelle carte geografiche si impiega il marrone per indicare le montagne, il verde per le pianure, e sfumature intermedie per le altitudini intermedie. Come si vede nella Figura 4, il risultato è stato straordinariamente chiaro. La prima componente, che riassume circa un quarto di tutta la variabilità, è disposta in modo piuttosto ordinato, con un valore massimo nel Vicino Oriente e valori regolarmente decrescenti man mano che ci si allontana, verso nord e verso ovest. I geni degli europei formano quello che si chiama un gradiente ordinato da sud-est a nord-ovest.

Cosa li ha messi in fila? Qualcosa dev'essere successo, e visto che parliamo di geni non può trattarsi di un fenomeno culturale. Se avessimo trovato un gradiente per un solo gene potremmo pensare a fenomeni di adattamento. Per esempio, nel sud, in un clima caldo, potremmo immaginarci che ci sia qualche vantaggio a essere di gruppo sanguigno, diciamo, Rh positivo, mentre al freddo, al nord, potrebbero vivere meglio persone di gruppo Rh negativo. Con l'andare del tempo, per selezione naturale, nelle popolazioni del sud si sarebbe accumulato un maggior numero di persone di gruppo Rh positivo e viceversa nel nord. Se fosse andata così, il risultato sarebbe appunto il gradiente ordinato che si vede nell'illustrazione. È un fenomeno noto dai tempi di Darwin, e ci sono molti esempi nelle piante, negli animali e anche nell'uomo.

Qui però due cose non quadrano. Prima di tutto, non si è mai trovato che questi vantaggi o svantaggi esistano per i geni studiati dal gruppo di Cavalli-Sforza. Da quanto ne sappiamo, persone di gruppo Rh positivo e negativo vivono ugualmente bene a tutte le latitudini, e lo stesso vale per gli altri geni considerati. La seconda obiezione, altrettanto importante, è che in un dato momento la selezione naturale può agire comunque su un numero limitato di geni, altrimenti la popolazione si estingue, come ha dimostrato agli inizi del Novecento uno dei grandi teorici della genetica, John B.S. Haldane. Se tanti geni variano in parallelo, deve essere per via di una forza evolutiva che ha agito non sui singoli geni ma sul genoma nel suo complesso. L'unico candidato possibile è la migrazione, perché quando un individuo migra porta con sé tutti quanti i suoi geni. La conseguenza attesa di una massiccia migrazione dal Vicino Oriente è un complesso di gradienti che si irradiano verso l'Europa. La prima componente principale dimostra proprio questo: la frequenza di molte varianti geniche cresce man mano che ci si sposta verso nord-ovest, e in parallelo diminuiscono le frequenze delle altre varianti. Solo la migrazione può produrre un risultato di questo genere.

Un momento: poco fa stavamo chiedendoci se dal Vicino Oriente si è diffusa l'agricoltura o gli agricoltori. Qui due

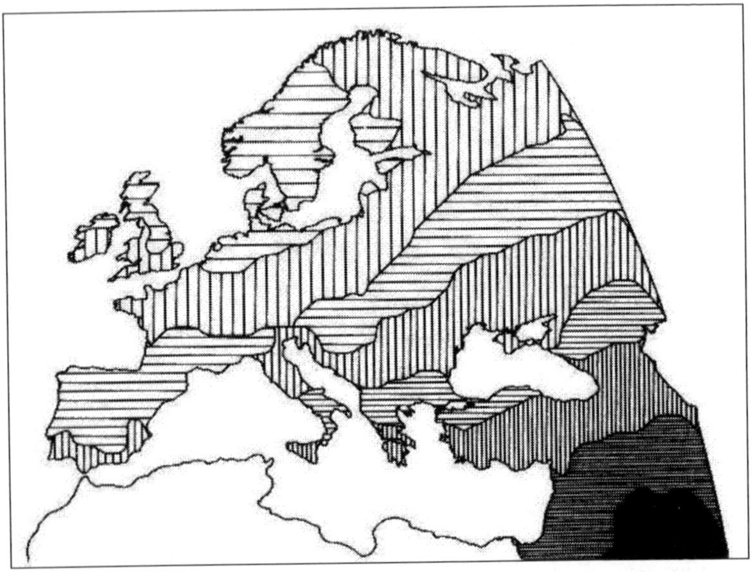

Figura 4. Raffigurazione sintetica della variabilità genetica in Europa (da Cavalli-Sforza, Menozzi, Piazza, 1994). La scala di grigi rappresenta la diversità genetica: popolazioni geneticamente simili sono indicate con la medesima sfumatura, popolazioni via via più diverse con sfumature via via più diverse..

pezzi del puzzle coincidono perfettamente. Confrontate la mappa dei geni, in Figura 4, con quella dei siti neolitici, in Figura 5. Da un lato, abbiamo i dati archeologici che dimostrano come ci sia stata un'ondata di innovazioni culturali provenienti dalla mezzaluna fertile. Dall'altro, i dati genetici ci dicono che da lì è partito un vasto processo migratorio. La somiglianza fra le due mappe è impressionante. Menozzi, Piazza e Cavalli-Sforza ne concludono che l'agricoltura si è propagata in Europa per diffusione demica, cioè attraverso un prolungato fenomeno migratorio dal sud-est al nord-ovest.

Una grande migrazione neolitica?

Negli anni successivi la teoria della diffusione demica ha ricevuto diverse conferme. Lavorando insieme ad Albert Ammerman, Luca Cavalli-Sforza ha sviluppato un modello più dettagliato. Bisogna premettere che spesso pensiamo alla migrazione come a uno spostamento diretto e relativamente rapido da un posto a un altro: per esempio, come quello che ha portato, nel secolo scorso, molti italiani a trovare lavoro in Belgio, Svizzera e Germania. Oggi però non c'è un gradiente genetico fra il nostro paese e la Germania: i nostri emigranti si sono mossi dalle loro zone d'origine alle città dove hanno trovato lavoro, ma non hanno lasciato figli per la strada (di regola). Lo stesso succede alle persone che oggi immigrano in Italia: l'arrivo di oltre un milione di romeni non ha creato un gradiente che dalla Romania, attraverso Serbia, Bosnia, Croazia e Slovenia, arriva fino a qua.

Per spiegare il gradiente genetico che attraversa l'Europa bisogna quindi immaginarsi un processo migratorio più complesso, più lento, e diviso concettualmente in tre fasi. La prima è quella della crescita demografica. Chi coltiva la terra ha maggiori risorse disponibili. È stato calcolato che con l'agricoltura fino a mille persone possano sopravvivere sulla stessa estensione di territorio in cui si procurano il cibo dieci cacciatori. Mille è un numero grande, ma non è infinito. Ogni territorio ha una sua capacità portante, cioè può fornire risorse alimentari a un numero limitato di persone. Quando la popolazione è cresciuta fino ai limiti della capacità portante, bisogna trovare nuovi campi da coltivare, o tecnologie più efficienti, altrimenti le risorse cominceranno a scarseggiare.

A quel punto la cosa più semplice è allargarsi, bruciando la vegetazione spontanea, e magari costruire anche un ovile per le pecore o una stalla per le mucche. La seconda fase è

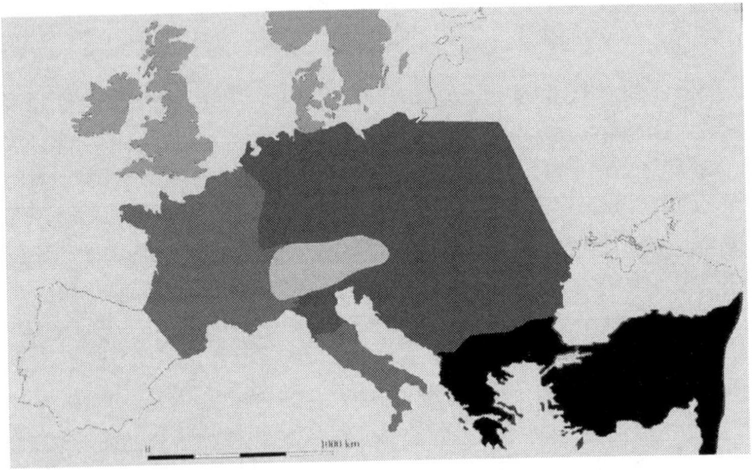

Figura 5. Impatto dell'immigrazione neolitica in Europa (da Mirazón Lahr, Foley, Pinhasi, 2000). Le regioni contrassegnate dalle sfumature più scure sono quelle per le quali i dati archeologici suggeriscono una maggiore immigrazione neolitica dal Vicino Oriente.

dunque quella della migrazione, che però qui non significa uno spostamento rapido a grandi distanze, ma un progressivo ampliarsi dell'area coltivata: un chilometro all'anno in media, un processo lento ma inarrestabile.

Il modello sviluppato da Ammerman e Cavalli-Sforza ci rivela che è necessaria una terza fase. Nel loro progressivo spostarsi, i primi agricoltori hanno senz'altro incontrato le comunità seminomadi di cacciatori stanziate nelle nuove regioni. Se i due gruppi si fossero fusi, se si fossero subito formate comunità miste dedite all'agricoltura (quindi, con una combinazione di diffusione demica e di trasmissione culturale, dai nuovi immigrati ai vecchi padroni di casa), attraverso le generazioni si sarebbero diffusi i geni di tutti loro: dei cacciatori paleolitici ora dediti all'agricoltura e dei primi agricoltori neolitici. In questo modo, si sarebbero formati gradienti molto più limitati, che non sarebbero arrivati ad abbracciare tutto il continente. I risultati matematici sono chiari: perché i geni degli agricoltori del Vicino Oriente arrivino fino in Scandinavia e nella penisola iberica senza diluirsi troppo nel corso del viaggio, bisogna presupporre che di regola non si siano formate comunità miste. Solo così, con i cacciatori paleolitici tenuti a debita distanza, i contadini neolitici potevano beneficiare appieno delle risorse più abbondanti, e perciò crescere in numero, e in definitiva trasmettere i loro geni a discendenti che si spostavano sempre più a nord-ovest.

Due studi di simulazione hanno dimostrato che un modello di diffusione demica a partire dal Vicino Oriente permette di ricostruire molto bene la variabilità genetica degli europei. Qui però bisogna che apra una vasta parentesi per parlare di due persone senza le quali oggi brancoleremmo ancora nel buio. Mi legano a loro rapporti profondi di riconoscenza, e spero che ammetterlo spieghi perché forse sarò, a volte, un po' parziale: Luca Cavalli-Sforza e Robert Sokal. Su Cavalli-Sforza, posso dire semplicemente che senza di lui il nostro mestiere non sarebbe quello che è. Prima di lui, la genetica di popolazioni era di fatto una branca della statistica medica. Certe malattie ereditarie, come la fibrosi cistica, sono trasmesse ai figli da genitori che sono portatori sani. Fino a cinquant'anni fa non c'era modo di individuare i portatori sani, e allora ci si aiutava facendo un po' di conti sulla frequenza delle varianti geniche legate alle malattie. Molti di questi conti erano anche sofisticati, ma non si era capito che potevano aprire la strada a una comprensione ben più profonda della nostra evoluzione. Tutto è cambiato con Cavalli-Sforza, che fra parentesi non si chiamava Luca anche se tutti lo chiamavamo così: quando è andato in America gli serviva un *middle name*, e gli è bastato mettere insieme la prima sillaba del nome (Luigi) e quella del cognome per ottenerlo, mentre ai comuni mortali come me al massimo viene fuori un inservibile Guba. Tutto è cambiato, dicevo: Cavalli-Sforza ha capito che nei nostri geni c'è un messaggio dal passato e che abbiamo gli stumenti per decifrarlo. A partire da questa intuizione, lo studio genetico delle popolazioni ci ha permesso di ricostruire aspetti fondamentali della vicenda umana, integrando i dati dell'archeologia e gettando luce su un passato remoto di cui sono rimaste pochissime tracce. Cavalli-Sforza, da Pavia, è andato a lavorare a Stanford, in California, via Parma e Cambridge, dove *en passant* ha fornito contributi fondamentali alla genetica dei batteri.

Robert Sokal invece in America c'è arrivato in tutt'altro modo: è scappato da Vienna quando era solo un ragazzino, dopo aver visto i nazisti devastare il negozio di suo padre. A Trieste è riuscito a salire sull'ultima nave che imbarcava ebrei, e quella nave, il *Conte Rosso*, andava a Shanghai. Si è laureato al Saint John College dei gesuiti (il suo diploma di laurea, in cinese, era appeso nel suo ufficio) e si è sposato. Dopo la guerra è andato all'Università del Kansas e poi a quella Statale di New York, a Stony Brook. Lì, insieme a Jim Rohlf, ha scritto quello che ancora oggi resta il testo fondamentale sui metodi di analisi dei dati in biologia, *Biometry*.

Due persone molto diverse, bravissimi entrambi ma in modo diverso, e due ambienti di lavoro che più differenti non si può. Sulla costa occidentale, a Stanford, fra le palme, sotto il sole, lo sfarzo di una delle più ricche istituzioni culturali private americane e, alla fine degli anni ottanta, ancora agli inizi, un progetto grandioso di studio globale della diversità genomica umana. Sulla costa est, a Stony Brook, in mezzo ai labirintici svincoli autostradali di Long Island, nei brutti edifici senza colore e senza finestre dell'Università Statale, il rigore metodologico, la disciplina dei numeri. Io non sono uno tanto disciplinato; ho deciso di andare dove pensavo di poter correggere meglio i miei difetti. Cavalli-Sforza non credo me l'abbia mai davvero perdonata, ma è andata così.

Capire meglio come fossero andate le cose nel neolitico è stato il mio progetto nei primi due anni che ho passato a Stony Brook. Abbiamo pensato a cinque modelli che potessero descrivere le differenze genetiche osservate in Europa. Il primo è un modello di pura diffusione culturale; 10 mila anni fa si inventa l'agricoltura e le popolazioni cominciano a crescere, ma la migrazione a quel tempo è limitata, giusto qualche scambio occasionale fra comunità vicine. La principale conseguenza genetica di questo fenomeno è dovuta al fatto che in popolazioni piccole le frequenze degli alleli (cioè delle varianti dei diversi geni) fluttuano casualmente, mentre in quelle grandi ciò avviene molto meno. Si chiama deriva genetica e funziona così: se in un posto vivono 10 persone e 2 sono di gruppo Rh negativo, alla generazione successiva per effetto del caso ce ne potranno facilmente essere 3 o 4, o magari 1, o nessuna; invece, se abbiamo 200 abitanti su 1000 con Rh negativo, alla generazione successiva ne troveremo magari 190 o 180, ma non 400 o 0. Dunque, con l'andare del tempo le popolazioni crescono e queste fluttuazioni casuali diventano sempre meno importanti. Il secondo è il modello di diffusione demica, quello proposto dal gruppo di Cavalli-Sforza: 10 mila anni fa gli agricoltori neolitici cominciano a espandersi nelle aree precedentemente occupate da cacciatori paleolitici, senza mescolarsi con loro. In questo modello l'espansione dalla mezzaluna fertile è regolata soltanto dalla crescita delle popolazioni: quando i contadini sono troppi, alcuni di loro migrano dove trovano posto, nelle località adiacenti; e siccome a est e a sud ci sono altre comunità agricole, e quindi posto non ce n'è, vanno a nord e a ovest. Il terzo modello comprende invece anche un parametro rappresentato dalle date archeologiche di inizio del neolitico. In altre parole, l'espansione dei contadini nei nuovi territori avviene, in ogni regione, nel momento in cui i ritrovamenti archeologici documentano l'inizio di attività agricole e non dipende dalla semplice crescita della popolazione. Nel quarto modello, si suppone inoltre che molti cacciatori abbiano imparato a coltivare i campi, e dunque che l'agricoltura si sia diffusa grazie anche alla migrazione oltre che alla trasmissione culturale. Infine, il quinto modello considera in aggiunta fenomeni migratori postneolitici da est verso ovest, secondo la proposta di un'archeologa lituana, Marija Gimbutas, su cui torneremo nel capitolo sulle lingue degli europei, il 7. In tutti i casi, la libertà di migrare è limitata dalla presenza di bracci di mare o di catene montuose.

Come si vede, ognuno dei cinque modelli è più complesso dei precedenti e più semplice dei seguenti. Ci si aspetterebbe che diventando più complessi diventino anche più realistici. Non è così. Un test statistico per verificare quanto i dati genetici simulati assomiglino a quelli osservati indica chiaramente che il modello di trasmissione culturale è il peggiore di tutti, e produce dati genetici che non hanno niente a che vedere con quelli reali. Il secondo e il terzo modello sono i migliori, senza differenze significative fra loro, mentre considerando la trasmissione culturale insieme alla diffusione demica le cose peggiorano, e non migliorano affatto se si aggiungono in cima a tutto altri movimenti migratori successivi. Dunque, basta immaginare una crescita spontanea delle popolazioni agricole dalla mezzaluna fertile, cominciata 10 mila anni fa, per mettere in moto un meccanismo che porta a una ricostruzione fedele della variabilità genetica in Europa; non c'è neanche bisogno di imporre che l'agricoltura si diffonda nei momenti giusti, ci pensa il modello stesso a determinare quando i contadini si spostino a nord e a ovest. Cavalli-Sforza e Ammerman avevano ragione, o così sembra. Se ci chiediamo dove si trovassero i nostri antenati 10 mila anni fa, dobbiamo rispondere che vivevano in prevalenza nella mezzaluna fertile, e solo in piccola parte dove siamo noi adesso. Dunque gli europei di oggi sono tutti africani se risaliamo indietro nel tempo di 50 mila anni, sono soprattutto mediorientali se risaliamo indietro di soli 10 mila anni. Questo è quanto sapevamo, o credevamo di sapere, a metà degli anni novanta.

Tre grandi migrazioni?

Il modello di diffusione demica proposto da Ammerman e Cavalli-Sforza è il risultato di una sintesi interdisciplinare straordinaria, che ha portato per la prima volta archeologi, antropologi, genetisti (e anche linguisti: ne parleremo) a incontrarsi, organizzare congressi e simposi in comune, discutere e, abbastanza spesso, litigare. La scienza funziona così: si esprimono opinioni diverse, qualcuno si scalda, qualcuno (capita anche questo) perde le staffe. Un focoso archeologo, Mario Torelli, ha dichiarato alla *Repubblica* di essere quasi arrivato alle mani con Luca Cavalli-Sforza. Chissà come è andata a finire. Comunque, il lavoro multidisciplinare è proseguito anche senza il suo consenso. Anche qui l'NGS ha fugato molti dubbi. Fra parentesi, ha anche sollevato nuove questioni, perché nella ricerca scientifica va così: ogni volta che ci si spinge un po' più avanti, le nuove risposte suscitano nuovi interrogativi.

Prima di raccontare quello che abbiamo letto nei genomi degli europei, vecchi e nuovi, meglio riordinare le idee su quanto grandi siano le differenze biologiche fra noi umani. Cominciamo col dire che, in due secoli e mezzo di studi sui crani, sul colore della pelle, insomma sulle nostre caratteristiche visibili, nessuno è mai riuscito a scoprire confini biologici all'interno della nostra specie: le famose razze umane, che non si è mai stabilito quante fossero finché si è capito che non esistono.

La genetica ci ha spiegato perché. L'abbiamo già detto, ma ripetiamolo: due di noi differiscono, in media, nell'uno per mille del genoma; il resto è tutto identico. Di quella piccola frazione, ogni popolazione umana contiene al suo interno l'80% o più, in altre parole quattro quinti, della diversità di tutta la specie. C'è una struttura geografica, come è evidente: *in media*, i nostri vicini di casa ci assomigliano di più di gente che viene da continenti diversi. Ma intorno a quella media c'è molta variazione, e qualcuno che viene da un continente diverso può rivelarsi simile a noi, anche più del nostro vicino. Un caso famoso è quello di uno scienziato coreano, Kim Seong-Jin, il cui genoma, uno fra i primi studiati, è intermedio fra quello di due scienziati di chiara origine europea, James Watson e Craig Venter. Ci siamo mescolati tantissimo, e nel nostro genoma sono rimasti i segni di questi cocktail. Da qualche parte, in Corea o in Messico, c'è qualcuno che ci assomiglia, e dalle nostre parti c'è qualcuno che non ci assomiglia. Può essere spiazzante pensarlo, o magari rasserenante, non lo so, ma è così.

In molte regioni del DNA esistono varianti, o alleli, presenti in una sola popolazione. Di regola, però, si tratta di alleli rari o rarissimi, in genere patologici. In uno studio sulla Sardegna di qualche anno fa, il gruppo di Francesco Cucca ha analizzato separatamente le posizioni più variabili del genoma (cioè quelle in cui i due alleli hanno entrambi frequenze abbastanza elevate, diciamo da 50%-50% a 95%-5%) e posizioni pochissimo variabili (in cui invece un allele è presente in meno dell'1% dei cromosomi). Se consideriamo solo le posizioni più variabili, tutte le popolazioni europee si assomigliano al punto che non è possibile distinguerle. Se consideriamo solo le meno variabili, ogni popolazione è significativamente diversa dalle altre. Attenzione, non vuol dire che allora basta concentrarsi sulle varianti rare e abbiamo trovato il modo per distinguere tutti gli uni dagli altri. Rare significa che quelle varianti le porta meno dell'1% della popolazione: il 99% dei sardi (dei finlandesi, dei baschi ecc.) quelle varianti non le ha.

Ora, sempre ricordando che stiamo parlando della frazione variabile del genoma, quindi di una sua piccola parte, se andiamo a studiare campioni europei a partire dai più antichi si scoprono due cesure, cioè due momenti in cui le cose cambiano nettamente. I primi europei paleolitici e mesolitici (i pochi che siamo riusciti finora a studiare per bene, cioè in centinaia di migliaia di posizioni del DNA, se non proprio su tutto il genoma) hanno qualcosa in comune, ma sono anche parecchio variabili. Già prima dell'arrivo del neolitico, la loro variabilità si riduce. In genere la perdita di variabilità è la conseguenza di una crisi demografica (ne riparleremo nel capitolo 6 a proposito della crisi dell'impero romano), e quindi c'è da pensare che prima della rivoluzione neolitica le cose non andassero troppo bene. Con l'arrivo dell'agricoltura, troviamo genomi differenti, e in quasi tutta Europa assomigliano a quelli dei primi contadini neolitici. È il segnale di un cambiamento profondo, quello descritto per primo da Cavalli-Sforza. Oggi però disponiamo di dati più precisi, e possiamo seguire gli spostamenti dei primi contadini, lungo le coste e lungo il corso del Danubio, in ottimo accordo con i dati archeologici. E poi, nell'età del bronzo, c'è un nuovo cambiamento, che riguarda soprattutto l'Europa del nord e del centro: dall'Ucraina arriva qualcuno, e lascia tracce genetiche perché il suo genoma è ancora distinguibile dai precedenti.

Quindi, ricordandoci sempre che questa periodizzazione descrive in modo schematico fenomeni che senz'altro sono stati più complessi, nei DNA degli europei di oggi riconosciamo tre componenti principali, legate a tre processi migratori: dall'Africa nel paleolitico; dall'Anatolia nel neolitico, e dalle steppe dell'Ucraina nell'età del bronzo. In Figura 6 ho cercato di fare una sintesi di queste conoscenze. A seconda delle località, varia il momento esatto in cui sono avvenute le diverse migrazioni. Attrezzi, semi e ceramiche che dimostrano come si coltivassero i campi compaiono inizialmente nel Vicino Oriente e in Anatolia intorno a 12 o 10 mila anni fa, e poi sempre più a nord e a ovest, fino alla penisola iberica, dove li troviamo 5 mila anni fa. Allo stesso modo, la migrazione dalle steppe è archeologicamente documentata in Ucraina e Polonia intorno a 5 mila anni fa, e poi ne vediamo le conseguenze, sia archeologiche sia genetiche, in Germania e giù fino alla penisola iberica nei millenni successivi. Oase 1, che abbiamo incontrato nel capitolo 4 (nero e tratteggiato), non sembra avere parentele strette con nessun altro genoma successivo. Nelle popolazioni odierne, la componente più antica, paleolitica e mesolitica (grigio scuro), ha lasciato tracce modeste, e arriva a rappresentare il 25% del genoma solo nei paesi baltici (e in Bielorussia). La componente neolitica (grigio chiaro) predomina nel sud, con un massimo del 90% in Sardegna, e cala man mano che ci si spinge a nord, dove invece prevale quella legata all'età del bronzo (bianco) che arriva a rappresentare oltre il 50% dei genomi in Scandinavia.

Attenzione però a non far rientrare dalla finestra la classificazione razziale cacciata dalla porta. Meglio ripeterlo: non è la parola razza a spaventare, è che pensare in termini di razze distinte proprio non permette di capire la storia delle popolazioni umane. Gran parte del nostro DNA è identico in tutti gli esseri umani (in questo caso, compresi anche i Neandertal). Però ci sono software che permettono di attribuire, con una certa probabilità, pezzi del genoma a gruppi arbitrari e predefiniti di antenati. Se, per esempio, partissi dal presupposto che i geni degli europei derivano da antenati vissuti o in India, o in Cina o in Sud America, questi programmi suddividerebbero i genomi in tre componenti: quella con una probabilità maggiore di venire dall'India, quella con una probabilità maggiore di venire dalla Cina, e quella sudamericana. Il risultato sarebbe insensato perché lo è l'ipotesi di partenza. Parlare di componenti del genoma neandertaliane, paleolitiche, mesolitiche, neolitiche o dell'età del bronzo ha più senso, ma non vuol dire né che queste componenti sono nettamente distinte, né che tutti i membri della stessa popolazione sono geneticamente identici. I colori nella figura servono a schematizzare e dunque a capirsi, ma meglio ripetere che all'interno di ogni popolazione gli individui sono differenti.

Altra utile precisazione: dopo l'età del bronzo, in Europa e nel bacino del Mediterraneo, è successo di tutto. I greci hanno colonizzato le coste di mezza Europa, e prima di loro i fenici. Nell'attuale Finlandia è arrivata gente di origine siberiana, che sembra si sia fermata anche sulle coste del Baltico. L'impero romano si è espanso e poi si è contratto mentre dall'Asia arrivavano le ondate barbariche, che a sentire Alessandro Barbero non erano poi così barbariche e probabilmente non erano nemmeno ondate; senza contare vichinghi, normanni, svevi, angioini, saraceni, aragonesi; e poi i mongoli di Gengis Khan e quelli di Tamerlano, e i turchi fermati alle porte di Vienna…

Paradossalmente, tutte queste considerazioni ci confermano che le tre migrazioni preistoriche di cui stiamo parlando devono essere state molto significative. Come si vede in Figura 6, i nostri geni, e in particolare le componenti che chiamiamo neolitica e dell'età del bronzo, sono distribuiti a gradiente, in maniera ordinata, su tutta Europa. Nessun fenomeno

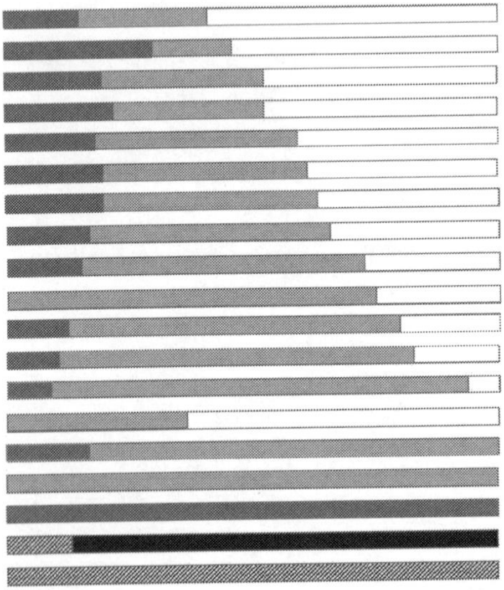

Figura 6. Componenti del genoma in tredici popolazioni europee contemporanee e in sei individui antichi. Le diverse sfumature di colore indicano rispettivamente componenti attribuite a origini: 1. neandertaliane (tratteggiato); 2. in una popolazione paleolitica europea che non ha lasciato tracce contemporanee (nero); 3. mesolitiche (grigio scuro); 4. neolitiche (grigio chiaro); 5. dell'età del bronzo (bianco). La minima percentuale del genoma attribuita da alcuni ricercatori all'eredità neandertaliana nei moderni è stata omessa. Elaborazione da dati di Haak *et al.* (2015), Fu *et al.* (2015) e Rivollat *et al.* (2020).

casuale può avere questo effetto, e dunque non c'è dubbio che siamo di fronte alle conseguenze di fenomeni migratori. Gli unici fenomeni migratori che hanno avuto conseguenze su tutta Europa sono stati la prima colonizzazione di sapiens dall'Africa, la diffusione demica neolitica e l'espansione dei popoli delle steppe nell'età del bronzo. Le tante migrazioni successive, sia quelle interne all'Europa sia quelle dall'esterno, sono state faccende più limitate e sono andate un po' in tutte le direzioni: non possono aver lasciato un'impronta su tutto il continente, ma al massimo avranno confuso le tracce dei fenomeni precedenti. Quindi, se nel DNA degli europei si trova, come si trova, una struttura geografica così chiara non è certo *a causa* delle migrazioni recenti, ma *nonostante* le migrazioni recenti. Se tutti questi rimescolamenti non sono riusciti a far sparire le tracce dei fenomeni precedenti, vuol dire che la diversità del nostro genoma è stata profondamente marcata dalle tre grandi migrazioni preistoriche.

Gli europei, quelli con la pelle nera

Il DNA antico ci sta anche raccontando come erano fatti gli europei di tanti anni fa, al di là di quello che rivelano le loro ossa. Prima sorpresa: l'equazione fra europei e gente dalla pelle chiara, che un po' tutti diamo per scontata, invece scontata non è. In un bell'articolo uscito alla fine del 2019, i genetisti dell'Università di Copenaghen hanno descritto il DNA di una danese del mesolitico, vissuta 5700 anni fa dalle parti dell'attuale Syltholm: aveva la pelle scurissima, come quella degli africani odierni. Non è la sola, in realtà: nel mesolitico tutti gli europei studiati finora – in Spagna, Lussemburgo, Svizzera e Inghilterra – hanno pelle e capelli scuri; e quasi tutti, compresa la donna di Syltholm, hanno gli occhi azzurri. Una combinazione oggi rarissima: ma allora, a quanto pare, no.

Piccolo passo indietro. Abbiamo già visto come parecchi geni, una settantina, collaborino a produrre i nostri due pigmenti principali: la feomelanina, in diverse sfumature fra il rosso e il giallo, e l'eumelanina, più scura, in varie tonalità del bruno. Nelle pelli molto scure c'è tanto pigmento (in prevalenza eumelanina), in quelle chiare ce n'è poco, e quelle chiarissime sono rosa per via del sangue che traspare.

E poi la luce del sole abbronza la pelle esposta, cioè modifica la pigmentazione, in modo temporaneo e non ereditario. I sistemi di intelligenza artificiale che permettono di ricostruire il colore della pelle in persone di cui ci resta solo il DNA oggi hanno un margine d'errore intorno al 4%, cioè ci prendono 96 volte su 100.

Quello che rende eccezionale la scoperta dei genetisti danesi è il fatto che del corpo di questa donna o ragazza non ci resta niente, neanche un osso. Quello che sappiamo di lei ci viene da un pezzo di mastice di betulla masticata: un chewing-gum preistorico, in cui si sono conservati per millenni minuscoli frammenti del suo DNA. E non solo del suo, ma anche di quello delle nocciole e del germano reale che aveva mangiato poco prima (il chewing-gum doveva essere il dessert), e da molti batteri. Questi ultimi ci dicono che quella donna aveva i denti in pessima salute e soffriva di infezioni da streptococchi, una causa comune di polmonite.

La stupefacente capacità del DNA di resistere al tempo ci permette di dare un'occhiata a fenomeni remoti su cui, fino a ieri, avevamo idee vaghissime, e magari, come stiamo per vedere, sbagliate: come sono cambiati l'alimentazione, le condizioni di salute, e il colore della pelle.

Non ci sono arrivati resti della cute dei nostri primi progenitori, ma qualcosa l'abbiamo capito lo stesso. Nina Jablonski e George Chaplin hanno proposto che, milioni di anni fa, quando eravamo largamente coperti di pelo, la nostra pelle fosse bianca, come è bianca sotto il pelo quella di gorilla e scimpanzé. Con la nostra discesa dagli alberi, forse 6,5 milioni di anni fa, molto è cambiato. Abbiamo cominciato a muoverci su due gambe anziché su quattro zampe, e la disponibilità di due arti ha dato una grande spinta all'evoluzione delle abilità manuali. Nel frattempo abbiamo cominciato a perdere il pelo, e anche questa perdita sembra fosse dovuta al vantaggio che deriva da una migliore capacità di regolare la temperatura del corpo: siamo diventati, secondo uno slogan popolare, scimmie nude. Man mano che regioni sempre più ampie del corpo si scoprivano, le ghiandole sudoripare restavano però esposte. Presso le mie amiche una schiena liscia riscuote maggior successo di una pelosa, ma il guaio è che così, sotto il sole africano, le ghiandole sudoripare rischiavano di essere danneggiate dai raggi ultravioletti (UV). Questi danni possono avere conseguenze gravi sulla capacità di mantenere costante la temperatura del corpo. Il cervello, soprattutto, è molto sensibile e funziona male quando si alza la temperatura, come sa chiunque abbia avuto la febbre alta.

Un'epidermide scura aveva poi un secondo vantaggio. Nello sviluppo embrionale, la corretta formazione del sistema nervoso centrale richiede la disponibilità di una sostanza chimica, il folato, che per effetto dei raggi UV viene invece degradato più rapidamente. La pelle scura della madre, dunque, protegge contro la perdita di folato, e la pelle scura protegge in generale contro gli effetti nocivi dell'eccessiva esposizione ai raggi UV.

Naturalmente non basta che una caratteristica fisica, la pelle scura in questo caso, sia vantaggiosa perché si diffonda; bisogna anche che quella caratteristica sia presente in qualche individuo, che qualcuno abbia avuto le mutazioni necessarie per svilupparla. Quando capita, le persone che con essa hanno ereditato la caratteristica vantaggiosa tendono a vivere più a lungo e a lasciare più discendenti, che a loro volta conserveranno un certo vantaggio rispetto agli altri membri della popolazione. In questo modo diventano più frequenti e si diffondono le caratteristiche che, in un certo ambiente, migliorano le probabilità di sopravvivere e di riprodursi.

È la selezione naturale, il processo che Charles Darwin ha posto alle basi dell'evoluzione. Per ogni creatura vivente, pianta, animale o batterio che sia, successo significa poter produrre nuove copie di se stesso, cioè riprodursi. Quindi un grande successo evolutivo significa molti discendenti, e per avere molti discendenti bisogna avere le caratteristiche giuste. Abbiamo un cervello così grande e il pollice opponibile perché i primi che portavano queste novità evolutive sono stati premiati con un maggior numero di discendenti. Al contrario, pochi hanno un difetto della coagulazione del sangue che si chiama emofilia, perché nel mondo in cui si sono evoluti i nostri antenati, una coagulazione difettosa significava vita breve e quindi pochi discendenti o nessuno. Variabilità, trasmissione ereditaria dei caratteri, diversa tendenza a sopravvivere e riprodursi, infine adattamento. Queste sono le quattro fasi, i quattro passaggi attraverso cui in ogni specie l'evoluzione ha portato al diffondersi di certe caratteristiche, le più adatte a quell'ambiente, e a far sparire quelle che in tale ambiente complicavano troppo la vita.

Tutto semplice, dunque? Non proprio. Anzi, se si cerca di capire esattamente come funzionano i geni del colore della pelle, le cose si fanno alquanto complicate. Feomelanina ed eumelanina sono due derivati della stessa sostanza, la tirosina, ma vengono prodotte in due catene di reazioni biochimiche diverse, ciascuna delle quali richiede l'intervento di enzimi diversi prodotti da geni diversi. Dunque, non c'è *il gene* del colore della pelle, ma ce ne sono tanti, e le loro funzioni sono collegate con molte altre. Giusto per capirci, chi è affetto da una malattia molto rara, la sindrome di Waardenburg, non ha melanina. Queste persone sono anche sorde e si potrebbe pensare che abbiano ereditato insieme due geni difettosi, uno per l'udito e l'altro per la pigmentazione. Ma non è così. Una malattia analoga si presenta anche nei gatti, e a notarlo era stato addirittura Darwin: i gatti bianchi con gli occhi azzurri sono sordi. Se troviamo la stessa combinazione di sintomi in due specie diverse, vuole per forza dire che, in qualche stadio dello sviluppo, un meccanismo biologico presiede insieme al corretto sviluppo del colore della pelle e dell'udito; quando questo meccanismo si altera, entrambe le funzioni ne risultano compromesse. Però quale rapporto leghi la pigmentazione con l'udito non siamo ancora in grado di dirlo. Nel topo, specie in cui si possono fare esperimenti impossibili nell'uomo, sono stati individuati più di cento geni connessi con la sintesi di melanine. Fra quelli che svolgono la stessa funzione nell'uomo (i loro nomi non vi diranno niente) ci sono il già citato *MC1R*, e poi *MATP*, *ASIP*, *DCT*, *TYR*, *TYRP1*, *OCA2*; uno si chiama, concisamente, *P*.

Possiamo datare, almeno a grandi linee, le mutazioni che hanno aumentato i contenuti di melanina nella nostra pelle, e le troviamo concentrate appunto nella fase africana della nostra storia. Poi, 70 mila anni fa, o prima se c'è stata l'uscita attraverso la rotta meridionale di cui abbiamo parlato, certe popolazioni si sono spostate verso terre in cui, invece, pelli più chiare permettono un migliore utilizzo della vitamina D, fondamentale nelle gravidanze e nell'allattamento. Lì, in Asia ed Europa, il fenomeno si è invertito, e sono comparse pigmentazioni chiare, in seguito a mutazioni di segno opposto alle precedenti.

La selezione naturale è possibile solo se c'è variabilità, cioè se ci sono differenze. Questo l'ha scritto Charles Darwin un secolo e mezzo fa. Darwin però non conosceva il DNA: non poteva sapere che le differenze sono provocate dalle sue mutazioni. Finché tutti hanno la pelle dello stesso colore non succede niente; ma se una mutazione ha conferito a qualche africano una tonalità di pelle un po' più scura, lui e i suoi discendenti avranno un piccolo vantaggio sugli altri, una maggior probabilità di sopravvivere, che con il tempo renderà più comune quel colore della pelle; e il contrario sarà successo a quelli che dall'Africa sono passati nel Vicino Oriente e poi in Europa e in Asia. Ma mentre la selezione fa diffondere caratteristiche vantaggiose, le mutazioni capitano per caso: sono piccoli errori nel DNA, che non arrivano necessariamente nel posto e nel momento in cui potrebbero servire.

Le conseguenze non sono banali. Latte e formaggio sono buoni e fanno bene, ma non a chi è intollerante al lattosio. Le mutazioni che permettono di digerire il lattosio anche da adulti (ne parleremo fra poco) sono arrivate in Europa, ma in Asia no, ed è per questo che là devono accontentarsi del tofu. Quanto alla pelle, le mutazioni che l'hanno resa scura negli africani, e poi chiara in Europa e Asia, le conosciamo da tempo, ma per dare loro un'età precisa e non più solo ipotetica bisognava ritrovarle in qualche fossile preistorico. Sembrava logico immaginarsi che nel giro di qualche millennio la selezione naturale avesse fatto il suo lavoro; negli studi di Jablonski, gli schemi mostrano pelli chiare in Europa e Asia intorno a 50 mila anni fa.

Non è andata così. Quando siamo riusciti a studiare i campioni giusti sono cominciate le sorprese. Abbiamo visto che i neandertaliani avevano la pelle chiara perché una mutazione al gene *MC1R* non permetteva loro di produrre melanina, ma in sapiens questa mutazione non c'è. Le prime mutazioni per le pelli chiare (al plurale, perché, come abbiamo visto, c'entrano decine di geni) in sapiens sono documentate nella regione del Caucaso solo 15 mila anni fa, e da noi arrivano parecchio più tardi. Ci arrivano per migrazione; anzi, mi dice Gloria González Fortes che ci sta lavorando nel nostro laboratorio di Ferrara, in più ondate migratorie: portate da gente arrivata in Europa prima dal sud-est (nel neolitico) e poi dal nord-est (nell'età del bronzo). La selezione le ha diffuse, e oggi gli europei sono quelli con la pelle bianca: ma, a quanto pare, non lo erano fino a 5700 anni fa, neanche in

Danimarca. E quindi la combinazione di caratteri oggi tipica del Nord Europa, pelle e capelli chiari, occhi azzurri, è in realtà un cocktail di ingredienti antichi (gli occhi azzurri del mesolitico) e recenti (pelle e capelli chiari venuti dall'est).

Molto probabilmente sono stati i primi agricoltori neolitici (sempre loro! Ma quante ne hanno fatte?) a introdurre per primi in Europa i geni per la pelle chiara che dal Caucaso sono arrivati, sempre per migrazione, in Anatolia. Oggi González Fortes sta lavorando a una ricostruzione dettagliata di come siano cambiati, in Europa, i colori della pelle. I risultati vanno presi un po' con le pinze, perché per ogni periodo abbiamo solo pochi genomi, e spesso non coprono tutto lo spazio geografico che vorremmo. Per il momento, possiamo dire che fra paleolitico e mesolitico le pelli erano in genere molto scure, tranne che nel Caucaso, ma a Motala, nel sud della Svezia, un individuo aveva già una colorazione chiara. Con il neolitico, pelli chiare compaiono in Grecia, in Albania e, un po' più tardi, in Italia e Spagna, dove però la maggior parte delle persone continua ad avere pelli scure. Nell'età del bronzo il quadro non cambia di molto, anche se nella regione baltica abbiamo un altro caso isolato di pelle molto chiara. È solo con l'età del ferro, quindi alla fine della preistoria, che le pelli chiare diventano comuni (mentre per le pelli chiarissime delle popolazioni del nord ci sarà ancora da aspettare). In alcuni casi, queste ricostruzioni hanno un margine d'errore elevato, perché nel fossile non è rimasto abbastanza DNA per una diagnosi più precisa. Il Cheddar Man, per esempio, un inglese di 10 mila anni fa, ha una probabilità superiore all'80% di avere la pelle scura, ma se fosse scura intermedia (45%) o molto scura (37%) non possiamo dirlo. Però un campione mesolitico della Romania da Schela Cladovei (lo chiamiamo M95), per esempio, aveva la pelle molto scura con probabilità superiore al 97%.

C'è poco da fare: più lo si conosce, e più il nostro DNA si rivela come un mosaico di pezzi diversi per età e provenienza. Questo mosaico è il lascito di tanti antenati, che evidentemente venivano da tanti posti diversi. Insomma: se si vuole definire biologicamente gli europei, conviene lasciar perdere il colore della pelle, perché è davvero una storia da farsi venire il mal di testa.

Teste tonde e teste a punta

A proposito di testa, c'è stato chi ha creduto di poter trovare proprio lì la differenza fra gli europei e gli altri. E anche in questo caso si è pensato che contassero meccanismi di selezione, la comparsa di caratteristiche che hanno conferito, a chi le portava, un certo vantaggio riproduttivo. Il gruppo di Bruce Lahn, un genetista di Chicago, ha analizzato due geni che, in certi casi, producono la microcefalia, cioè una riduzione molto forte delle dimensioni del cranio con conseguenti alterazioni del cervello. I soggetti microcefalici hanno un ritardo mentale di entità variabile e altri disturbi neurologici. Lahn ha raccolto campioni di persone sane di tutto il mondo, cioè non microcefaliche. Ha scoperto che i due geni studiati, *Microcefalina* e *ASPM*, hanno molti alleli diversi. Alcuni di questi sono chiaramente simili fra loro, e perciò Lahn li ha raggruppati, chiamandoli aplogruppo D. Ce n'è uno per la *Microcefalina* e uno per l'*ASPM*, ed entrambi sono più comuni in Asia ed Europa che in Africa. Nel giro di pochi mesi, il gruppo svizzero di Laurent Excoffier ha dimostrato che questa differenza è probabilmente frutto di un effetto del fondatore. In altre parole, non c'è bisogno di pensare alla selezione. Se una parte della popolazione africana da cui tutti deriviamo portava l'aplogruppo D, e un'altra parte no, tutto si spiega. Dei primi dovevano far parte (in prevalenza) gli antenati degli europei e degli asiatici, quelli cioè che intorno a 50 mila anni fa sono usciti dall'Africa.

Ma prima che Excoffier rimettesse le cose a posto, Lahn si era lanciato in interpretazioni spericolate dei suoi dati. Aveva cominciato proponendo che l'aplogruppo D nei due geni fosse associato a una maggiore intelligenza, anche se non aveva sottoposto a test i soggetti da lui studiati. Ma com'è possibile che essere intelligenti sia stato vantaggioso in Europa e Asia, e non in Africa? Lahn aveva ipotizzato che in Africa l'intelligenza non rappresentasse un fattore di successo riproduttivo, per cui lì l'aplogruppo D non avrebbe portato con sé particolari vantaggi. Invece fuori dall'Africa chi è poco intelligente non ce la fa: perciò gli aplogruppi D si sarebbero diffusi in Eurasia. Lahn aveva concluso, magnanimamente, che comunque anche i neri hanno le loro qualità: per esempio, hanno talento per il jazz e giocano bene a basket.

Tutto il castello di ipotesi non controllate e di speculazioni giornalistiche conseguenti è crollato rapidamente. Ma intanto queste idee sono circolate, hanno prodotto titoli a caratteri cubitali sui giornali, mentre quando è uscita la smentita i titoli erano piccoli, o non c'erano affatto perché le rettifiche sono poco interessanti per i giornalisti.

Prima di Lahn, tentativi di dimostrare significative differenze di intelligenza fra bianchi e neri ce ne sono stati parecchi. In buona parte sono il frutto diretto di pregiudizi che non varrebbe neanche la pena di discutere, ma che è meglio non dimenticare. È il caso di un libro di Charles Carroll intitolato *The negro a beast, or In the image of God* ("Il negro è una bestia, o A immagine di Dio"). Questo testo del 1900, basato a detta dell'autore sulla Bibbia, ma che quando necessario si avvale di dati che Carroll considera scientifici, descrive "la formazione dei negri e delle altre bestie" al sesto giorno della creazione e punta a dimostrare come i neri non discendano da Adamo e perciò non rientrino nella "famiglia umana". Il sesto capitolo descrive come le pelli nere, rosse e gialle denotino "l'amalgama della famiglia umana con la bestia – il negro". E via di questo passo.

In tempi più recenti si è passati a letture meno creative della Bibbia e a studi di dimensioni del cervello e del quoziente intellettivo. Nonostante il taglio più moderno e le intenzioni non sempre malevole, questi studi si scontrano con parecchi problemi finora insormontabili. Non esiste una definizione di intelligenza su cui gli esperti concordino; non è chiaro che cosa misurino i relativi test; è chiaro invece che il loro inventore, Alfred Binet, non pensava che misurassero una caratteristica costante e invariabile nel tempo di ciascun individuo; risentono profondamente del livello scolastico e della cultura d'origine; e poi con l'esperienza si ottengono punteggi più alti, con l'ovvia conseguenza che, a prendere i risultati alla lettera, più test si fanno più si diventa intelligenti.

Soprattutto, in molti di questi studi, l'inferiorità intellettuale dei neri non è un possibile risultato fra tanti: è il punto di partenza. La si dà per scontata e poi se ne cerca la conferma nelle dimensioni del cranio, o altrimenti nella sua forma, o altrimenti nell'abilità di risolvere enigmi. Alla fine dei conti, il problema più insormontabile di tutti sta nel fatto che, come ci sono tanti modi di avere la pelle chiara o scura, ce ne sono tantissimi di essere intelligenti o stupidi. Lo psicologo americano Howard Gardner elenca sette tipi fondamentali di intelligenza: linguistica, logico-matematica, spaziale (la capacità di percepire e riprodurre forme di oggetti), corporea (la capacità di coordinare i movimenti), musicale, interpersonale (cioè di rapportarsi agli altri) e intrapersonale (cioè di comprendere se stessi). Non si può trasformare in un unico numero tutte queste capacità, diverse e largamente incommensurabili: una misura quantitativa e ripetibile (cioè scientifica) dell'intelligenza individuale non è mai stata trovata. Non parliamo poi di misurare l'intelligenza di tutto un paese o di un continente: mettere in fila le popolazioni umane sulla base del loro quoziente intellettivo medio non è fattibile scientificamente, anche se di sicuro è spendibile politicamente.

Senza dubbio è legittimo chiedersi perché le grandi innovazioni della modernità provengano solo in piccola parte dall'Africa. Vuol dire davvero che gli africani sono meno intelligenti, come ha sostenuto anche il premio Nobel James Watson, lo scopritore della doppia elica del DNA, in un'intervista che ha suscitato scalpore e che è stata tardivamente ritrattata? È indispensabile porre però la domanda in maniera completa. Siamo sicuri che tutto quanto è tecnologicamente e culturalmente moderno provenga dall'Europa e dai suoi abitanti? Non sembra proprio. Carta, stampa, bussola e polvere da sparo dalla Cina; acciaio inossidabile, matematica, astronomia e linguistica dall'India; ottica, algebra e chirurgia dal mondo arabo e persiano: gli europei tutte queste scoperte le hanno importate. Nel Medioevo l'Europa era ai margini dello sviluppo tecnologico e culturale. Vale nel campo della scienza e della tecnologia, ma anche in quello sociale. Parlando di tolleranza e pluralismo, Amartya Sen, nel suo *Identità e violenza*, ricorda come il gran mogul musulmano Akbar di Agra codificava i diritti delle minoranze, compresa la libertà religiosa, negli stessi anni in cui a Roma si metteva al rogo Giordano Bruno per eresia. Amin Maalouf, nel suo *Le crociate viste dagli arabi*, racconta come nel Medioevo il pregiudizio attuale fosse addirittura capovolto. Con i crociati già in Siria il mondo arabo non aveva capito che puntassero su Gerusalemme: creature così primitive non erano ritenute in grado di avere, e ancor meno di realizzare, un progetto. Venivano a saccheggiare e distruggere perché saccheggio e distruzione era tutto ciò che le loro menti limitate potevano concepire, punto.

Insomma, ci sono molte domande interessanti sul perché la storia del mondo sia andata com'è andata, ma per rispondere bisogna liberarsi dal pregiudizio che tutto ciò che è avanzato l'abbiamo fatto noi. In ogni caso, dubito fortemente che la risposta a domande così complesse risieda nei geni, e magari in quelli dell'intelligenza che nessuno sa dove siano. Anzi, posso provare che è una sciocchezza: i geni degli europei di oggi sono largamente anche quelli degli europei del Medioevo, e non si vede come gli stessi geni possano spiegare una *minore* (ieri) e una *maggiore* (oggi) capacità di innovazione tecnologica. Le vicende storiche vanno lette e interpretate per quello che sono, il frutto di moltissimi fattori sociali, economici, psicologici e politici, con i quali gli storici devono fare i conti senza cercare inesistenti scorciatoie in qualche gene che porterebbe scritto al suo interno il nostro destino.

Ho appena fatto un'affermazione di principio e ne sono consapevole, ma nel caso della microcefalia invece lo si può dire con sicurezza, sulla base di esperimenti: non c'è alcun dato serio che suggerisca un rapporto fra gli aplogruppi D e l'intelligenza, qualunque cosa si voglia intendere con questa parola così ambigua. Lo ha ammesso, anche se un po' tardi, lo stesso Lahn, in un articolo in cui si sono effettivamente misurati quozienti d'intelligenza in soggetti con e senza l'aplogruppo D. In seguito, Lahn è passato a sostenere, sempre sulla base di calcoli opinabili, che allora gli aplogruppi D sono forse un lascito dei neandertaliani e per questo si trovano così abbondanti in Europa. Ma anche questa pensata, mi dicono fonti molto attendibili, non regge alla luce di quanto sappiamo sul DNA dei Neandertal.

In *Teste tonde e teste a punta*, scritto durante l'ascesa al potere del nazismo, Bertolt Brecht racconta di un paese immaginario e politicamente instabile nel quale cova una rivolta popolare. Il dittatore Iberin ha una pensata brillante: inventarsi un conflitto razziale per distogliere l'attenzione dei cittadini dalla crisi economica. Si monta così una campagna contro le teste a punta, la minoranza che mina la purezza etnica del paese, e a cui verrà attribuita ogni colpa. L'idea avrà successo. Quando la rivolta sarà domata, tutto tornerà come prima: i ricchi a fare i ricchi, i poveri a fare i poveri. Sarebbe ingiusto attribuire a Lahn una simpatia per le politiche razziali del nazismo. C'è però un'analogia fra le sue teste e quelle di Brecht: sta nel fatto che entrambe c'entrano poco o niente con le cose di cui varrebbe davvero la pena discutere.

Il latte fa bene?

Il colore della pelle no, la testa neanche, ma gli europei qualcosa di speciale ce l'hanno: in maggioranza, digeriscono il latte. Sembra una cosa da niente, ma non lo è. Basta guardare quanto se la tirano i suprematisti bianchi, che da questa capacità, effettivamente più diffusa fra quelli di origine europea, in Europa e nelle Americhe, alimentano la loro convinzione di essere meglio degli altri. Parlando di cose serie: se alla fine dovremo ammettere che neanche digerire il latte è una specialità esclusiva del Vecchio Continente, avremo però visto come la nostra cultura, cioè in questo caso la nostra abitudine di consumare prodotti caseari, alla fine possa lasciare una traccia nei nostri geni, attraverso un meccanismo, ancora una volta, di selezione naturale.

Ogni neonato si nutre principalmente di latte, e fino allo svezzamento tutto va bene. Dopo, dipende. Alcuni di noi continuano a digerire senza problemi latte e derivati, altri invece stanno male se li assumono; si dice che sono intolleranti al lattosio. In Scandinavia e nelle isole britanniche (ma anche altrove, per esempio in certe popolazioni del Sudan che vivono di pastorizia) oltre l'80% delle persone è tollerante al lattosio, altrove meno e anche di molto. Fuori dall'Europa, fra le popolazioni indigene d'America, in Giappone e nel Sud-Est asiatico, coloro che digeriscono il latte sono meno del 30%.

Dipende tutto dalla lattasi, un enzima che agisce nelle cellule dell'intestino: un enzima, cioè una proteina, prodotta da un gene chiamato *LCT* o *LPH* (noi lo chiameremo *LCT*). Ma procediamo con ordine. Il principale zucchero contenuto nel latte è il lattosio. Nell'intestino tenue, la digestione del lattosio comincia con la sua rottura in due molecole di zucchero più piccole, una di glucosio e una di galattosio; rompere il lattosio è il compito della lattasi. Chi ha una lattasi efficiente lo fa senza problemi anche dopo lo svezzamento, e così glucosio e galattosio vengono assorbiti e passano nel sangue. Però ci sono persone in cui *LCT* funziona poco e produce poca lattasi: così poca che solo una parte del lattosio viene digerita. Il resto passa così nel colon, e lì la normale fauna batterica festeggia. Si sviluppano acidi grassi e anidride carbonica: ne derivano rapidamente mal di pancia, nausea, crampi e diarrea. Non si tratta tanto di averla o non averla, la lattasi, ma di quanto a lungo funziona a pieno regime. Nell'embrione funziona poco, nel lattante funziona tanto; dopo i due anni di vita in alcuni di noi torna a funzionare poco e in altri continua a funzionare tanto.

Capire in cosa differiscono gli adulti in cui la lattasi funziona, rispettivamente, poco o tanto, non sembrerebbe a prima vista così difficile. Basta, o dovrebbe bastare, confrontare l'*LCT* in persone che digeriscono, o non digeriscono, il latte. Non si tratta, come per il colore della pelle, di capire il funzionamento e soprattutto le interazioni, fra decine di geni: la lattasi è il prodotto di un gene solo e ben noto, *LCT*. Eppure (la vita è piena di sorprese), la ricerca dell'allele buono e di quello cattivo della lattasi è stata a lungo frustrante. Si sono trovati tanti alleli, cioè tanti siti variabili del DNA, tante posizioni all'interno di *LCT* in cui possono esserci basi diverse. Ma nessuna di queste basi è patrimonio esclusivo dei tolleranti o degli intolleranti. Com'è possibile?

La soluzione c'era, ma bisognava saperla cercare. Nel 2002, un gruppo di ricercatori finlandesi coordinato da Leena Peltonen ha scoperto il busillis. La Finlandia ha una popolazione particolare. Malattie genetiche che in Europa sono comuni, come la fibrosi cistica, là sono praticamente assenti, mentre in Finlandia ci sono altre malattie che nel resto d'Europa non colpiscono quasi nessuno. La spiegazione più accreditata è che l'attuale popolazione finlandese discenda da un piccolo gruppo di fondatori, a cui in seguito si sono aggiunti altri immigranti dall'Asia. Probabilmente, fra questi primi finlandesi, per un fenomeno che abbiamo già incontrato e chiamato effetto del fondatore, nessuno portava nel suo DNA la variante genica della fibrosi cistica, e dunque la malattia è stata introdotta solo di recente, e a bassa frequenza, da qualche immigrante. In compenso, e sempre per effetto del caso, altre malattie si sono trovate in frequenze più alte della media europea nei primi finlandesi, e perciò, oggi, nei loro discendenti. L'intolleranza al lattosio in Finlandia è più comune che nella vicina Scandinavia, intorno al 50%. Per i finlandesi, investire nella ricerca sull'intolleranza al lattosio corrisponde a un'importante priorità sanitaria.

Visto che studiando gli alleli di *LCT* non ci si capiva niente, Leena Peltonen ha esplorato altre regioni del DNA nei dintorni di *LCT*, lungo il cromosoma 2. Arrivati 13.910 basi più in su, in una regione del DNA che controlla il funzionamento di *LCT*, hanno notato che lì alcuni individui avevano una C e altri avevano una T. Il 100% dei finlandesi con la T sono tolleranti al lattosio, il 100% di quelli con la C sono intolleranti: quella era la mutazione che provoca la persistenza della lattasi e dunque la capacità di digerire il lattosio nell'età adulta. L'hanno chiamata T(-13.910).

Una volta individuata la mutazione T(-13.910) ci si è subito chiesti se fosse una particolarità solo finlandese (sarebbe stata una delle tante). Non lo è: T(-13.910) è presente ovunque in Europa, è in effetti la mutazione che ha dato agli europei la capacità di utilizzare i latticini nella loro dieta. Ma fuori dall'Europa non è così: prima in popolazioni pastorali del Sudan, del Kenya e della Tanzania, da parte del gruppo di Sarah Tishkoff, poi in Arabia ancora da parte del gruppo di Leena Peltonen, si sono trovate quattro mutazioni diverse il cui effetto è lo stesso. Hanno una caratteristica comune, si trovano tutte in una stessa, breve regione del cromosoma 2: è lì che si trova una specie di interruttore, che regola l'attività di *LCT* intorno ai due anni di età. Le mutazioni che alterano la sequenza del DNA in quel punto rompono l'interruttore, rendono impossibile la disattivazione e quindi garantiscono la persistenza della lattasi anche in età adulta.

Dunque ci sono non solo molti modi diversi di avere la pelle bianca o nera, ma anche più modi diversi per essere tolleranti al lattosio. Ma quand'è che l'umanità ha cominciato a digerire il latte? Sembra una domanda stravagante, ma si può rispondere, calcolando l'età di queste mutazioni. Per la mutazione europea T(-13.910) si parla di circa 9 mila anni fa, per quelle africane di 7 mila anni fa. Sono stime approssimative, ma corrispondono bene ai momenti in cui, nei due continenti, troviamo le prime tracce di allevamento degli animali. Dunque, può anche darsi che mutazioni del genere fossero capitate anche prima: ma finché l'umanità non disponeva di latte, non portavano alcun beneficio, e anzi, facevano sprecare energie alle nostre cellule, con la produzione di un enzima inutile.

Poi arriva l'innovazione culturale, cioè l'allevamento e quindi la disponibilità di nuove forme di cibo. A quel punto, ogni mutazione che portasse alla persistenza della lattasi forniva un vantaggio perché permetteva di sfruttare meglio le risorse alimentari. Nel giro di poco tempo, di qualche millennio, la persistenza della lattasi si è diffusa, in Africa e in Europa. E soprattutto nelle comunità che più dipendono dai prodotti caseari, per esempio nel Nord Europa.

Insomma: la diversa esposizione solare ha portato africani ed europei a evolvere diverse colorazioni della pelle, la disponibilità di derivati del latte li ha portati a evolvere la stessa capacità di digerirli. Ma in entrambi i casi le novità evolutive, le nuove mutazioni (in tanti geni per il colore della pelle; in uno solo per la tolleranza al lattosio) sono avvenute in maniera indipendente in Africa e in Europa, com'è anche logico. L'abbiamo visto, i nostri antenati sono arrivati dall'Africa 45 mila anni fa. Dunque, quando qualche migliaio di anni fa abbiamo inventato la pastorizia, le popolazioni europee e africane si erano separate da un pezzo.

Secondo i calcoli del gruppo della Peltonen, la tolleranza al lattosio ha conferito, a chi ce l'aveva, un vantaggio pari al 4% in più rispetto a chi ne era privo. Sembra una differenza piccola, ma attraverso le generazioni l'effetto si è accumulato e in parallelo si è diffusa la capacità di utilizzare il latte nell'alimentazione. Dove la mutazione non è arrivata, l'umanità è stata costretta a escogitare altre strategie di sopravvivenza, cioè ha dovuto adattarsi *culturalmente* all'ambiente, visto che i geni non davano una mano. È per questo che in Giappone, dove i tolleranti al lattosio sono una minoranza, non si mangia formaggio, ma un derivato della soia, il tofu.

Insomma: avere la pelle bianca, o bere latte, non è così semplice. Ci sono volute parecchie mutazioni e la selezione naturale perché gli europei ce la facessero, mentre probabilmente non c'è voluto molto, solo il caso e le migrazioni, perché si diffondessero fra di loro gli aplogruppi D della *Microcefalina,* che ancora non si capisce a cosa servano, ma certo non ci rendono più intelligenti degli altri.

Nei prossimi anni ne sapremo di più. La disponibilità di molti dati genetici e di sofisticati strumenti statistici per analizzarli promette di rivelarci molti aspetti della nostra storia evolutiva. Perché ci piacciono certi sapori, perché abbiamo maggiore o minore resistenza alla corsa, perché certi farmaci fanno bene ad alcuni e non fanno niente (o addirittura fanno male) ad altri che apparentemente hanno gli stessi sintomi? E perché ci ammaliamo, e perché ad alcuni di noi certe malattie vengono prima, o in maniera più grave? E infine: quali sono le basi genetiche delle diverse predisposizioni e abilità intellettuali? C'è qualcosa di genetico nel fatto che qualcuno è bravo in geometria e qualcun altro scrive belle poesie? A tutti questi interrogativi la biologia sta cercando risposta e qualcosa sta cominciando ad affiorare, anche se per gli ultimi interrogativi, quelli che riguardano il cervello e le sue funzioni, il lavoro è appena iniziato e sarà lunghissimo. In ogni caso, come abbiamo visto, se cerchiamo *il* gene della pelle bianca o, (peggio ancora) *il* gene dell'intelligenza o della timidezza, è garantito che andremo incontro a molte frustrazioni. Questi geni non esistono, così come non esistono geni che permettano di dire: ecco, costui è un europeo (o un asiatico, o un aborigeno australiano). Dallo studio della nostra diversità genetica potremo ottenere tante conoscenze interessanti. Ma togliamoci dalla testa che dai geni salteranno fuori risposte semplici a problemi, come abbiamo visto, complicatissimi.

Note

Sull'impossibilità dell'agricoltura in periodi di forti oscillazioni climatiche si può leggere Richerson P.J., Boyd R., Bettinger R.L. (2001), "Was agricolture impossibile during the Pleistocene but mandatory during the Holocene?", *American Antiquity*, 66:387-411, oltre che il testo fondamentale in questo campo, *First farmers*, di Peter Bellwood (Blackwell, Oxford 2005).

Altre informazioni sulla rivoluzione neolitica vengono dal volume, già citato e splendidamente illustrato, di Clark Larsen, *Our origins* (Norton & Company, New York 2008). Per chi volesse un testo in italiano, *Armi, acciaio e malattie* di Jared Diamond (Einaudi, Torino 1998) è semplice e ben scritto, anche se tende di tanto in tanto a lanciarsi in interpretazioni un po' spericolate e un po' troppo schematiche per i miei gusti. Eccellenti e ben documentate le voci di Wikipedia, specialmente nella sua versione in inglese: http://en.wikipedia.org/wiki/Neolithic e http://en.wikipedia.org/wiki/Domestication, ma anche in quella italiana: http://it.wikipedia.org/wiki/Neolitico. Un articolo più tecnico, ma molto ben fatto anche se un po' invecchiato, è quello di Harlan J.R. (1971), "Agricultural origins: Centers and noncenters", *Science*, 174:468-474. Sempre di Harlan è l'articolo del 1967, "A wild wheat harvest in Turkey", *Archaeology*, 20:197-201. Sull'addomesticamento del gatto si può vedere di Driscoll C.A. *et al.* (2007), "The Near Eastern origin of cat domestication", *Science*, 317:519-523. Chi pensa che parlare di ingegneria genetica a proposito del neolitico sia uno scherzo legga di Pääbo S. (1999), "Agriculture: Neolithic genetic engineering", *Nature*, 398:194-195. Sullo sviluppo dell'agricoltura in comunità che già tendevano a crescere di numero da prima del neolitico, Leonardi M., Barbujani G., Manica A. (2017), "An earlier revolution: genetic and genomic analyses reveal preexisting cultural differences leading to Neolithization", *Scientific Reports*, 7:3525.

Stimare le dimensioni delle popolazioni preistoriche è molto complicato; lo studio più accreditato è quello di Biraben J.-N.

(1979), "Essai sur l'évolution du nombre des hommes", *Population*, 34:13-25. Una descrizione ragionata delle conoscenze archeologiche sulla transizione al neolitico in Europa è in due articoli del gruppo diretto da Marta Mirazón Lahr e Rob Foley: Pinhasi R., Foley R.A., Mirazón Lahr M., "Spatial and temporal patterns in the Mesolithic-Neolithic archaeological record of Europe", e Mirazón Lahr M., Foley R.A., Pinhasi R., "Expected regional patterns of Mesolithic-Neolithic human population admixture in Europe based on archaeological evidence", rispettivamente alle pagine 45-56 e 81-88 di un libro che comprende molti altri articoli interessanti: *Archaeogenetics: DNA and the population prehistory of Europe*, a cura di Colin Renfrew e Katie Boyle (McDonald Institute Monographs, Cambridge 2000). Sempre nella stessa collana, nel 2003, sono stati pubblicati i saggi derivanti dal convegno tenutosi a Cambridge nell'agosto 2001: *Examining the Farming/Language dispersal hypothesis*, a cura di Peter Bellwood e Colin Renfrew. Diversi antropologi hanno espresso dubbi, francamente per me poco comprensibili, sui vantaggi dell'agricoltura. Fra i tanti, rimando al testo, peraltro serio e ben scritto, di John Relethford, *The human species: An introduction to biological anthropology*, pagine 441-449 (6th ed., McGraw-Hill, New York 2005). Colin Renfrew, grande archeologo inglese di larghe vedute, e primo fra i suoi a capire l'importanza di un dialogo interdisciplinare con linguisti e genetisti, negli ultimi anni ha un po' cambiato idea, ma la sua descrizione del passaggio all'agricoltura in Europa mi sembra ancora la migliore in circolazione: *Archaeology and language: The puzzle of Indo-European origins*, pubblicato in Inghilterra da Penguin (London) nel 1989 e tradotto nel 1999 da Laterza (Roma-Bari) con il titolo *Archeologia e linguaggio*. Douglass North parla, fra tante altre cose, del neolitico nel suo *Capire il processo di cambiamento economico* (il Mulino, Bologna 2006).

Nell'era pre-DNA, i principali studi genetici sugli effetti della diffusione demica neolitica sono Menozzi P., Piazza A., Cavalli-Sforza

L.L. (1978), “Synthetic maps of human gene frequencies in Europeans”, *Science*, 201:786-792; Sokal R.R., Menozzi P. (1982), “Spatial autocorrelation of HLA frequencies in Europe supports demic diffusion of early farmers”, *The American Naturalist*, 119:1-17; Albert J. Ammerman, Luigi L. Cavalli-Sforza, *The Neolithic transition and the genetics of populations in Europe* (Princeton University Press, Princeton 1984); Sokal R.R., Harding R.M., Oden N.L. (1989), “Spatial patterns of human gene frequencies in Europe”, *American Journal of Physical Anthropology*, 80:267-294; Barbujani G., Sokal R.R., Oden N.L. (1995), “Indo-European origins: a computer-simulation test of five hypotheses”, *American Journal of Physical Anthropology*, 96:109-132.
Sulle invasioni barbariche e su quanto si discostino dall’idea un po’ superficiale che ce ne siamo fatti, non posso che raccomandare il piacevolissimo *9 agosto 378. Il giorno dei barbari*, di Alessandro Barbero (Laterza, Roma-Bari 2005).
Ci sono molti ottimi testi, specialistici e non, sulla diversità del genoma umano. Per un approccio morbido, consiglierei di cominciare dal libro di Manuela Monti e Carlo Alberto Redi, *DNA. La vita in tre miliardi di lettere* (Carocci, Roma 2019), o da quello di Giovanni Destro Bisol e Marco Capocasa, *Intervista impossibile al DNA* (il Mulino, Bologna 2018). Detesto l’autopromozione, ma Barbujani G., Colonna V. (2010), “Human genome diversity: Frequently asked questions”, *Trends in Genetics*, 26:285-295 continua a sembrarmi chiaro e comprensibile. Più recente e finora insuperato, ma bisogna non farsi intimidire da parecchi aspetti tecnici (o dalle tre pagine necessarie per elencare i nomi degli autori e le loro affiliazioni), a cura del 1000 Genomes Project Consortium (2015), “A global reference for human genetic variation”, *Nature*, 526:68-74. Lo studio in cui si scopre che il genoma di un coreano è intermedio fra quelli di due persone di origine europea è Ahn S.M. *et al.* (2009), “The first Korean genome sequence and analysis: Full genome sequencing for a socio-ethnic group”, *Genome Research*,

19:1622-1629. L'articolo sui sardi del gruppo di Francesco Cucca è Sidore C. *et al.* (2015), "Genome sequencing elucidates Sardinian genetic architecture and augments association analyses for lipid and blood inflammatory markers", *Nature Genetics*, 47:1272-1281. Allo studio dei geni degli europei preistorici si sono dedicati in tanti. A mio parere, gli articoli fondamentali sono Bramanti B. *et al.* (2009), "Genetic discontinuity between local hunter-gatherers and central Europe's first farmers", *Science*, 326:137-140; Haak W. *et al.* (2010), "Ancient DNA from European early Neolithic farmers reveals their near eastern affinities", *PLoS Biology*, 8: e1000536; Allentoft M.E. *et al.* (2015), "Population genomics of Bronze Age Eurasia", *Nature*, 522: 167-172; Rivollat M. *et al.* (2020), "Ancient genome-wide DNA from France highlights the complexity of interactions between Mesolithic hunter-gatherers and Neolithic farmers", *Science Advances*, 6:eaaz5344. Molti dati interessanti si trovano in Haak W. *et al.* (2015), "Massive migration from the steppe was a source for Indo-European languages in Europe", *Nature*, 522:207-211, insieme però a speculazioni sulla diffusione delle lingue, per le quali gli autori non disponevano di nessun dato. Le sintesi più interessanti dal punto di vista genetico sono probabilmente in Lazaridis I. *et al.* (2014), "Ancient human genomes suggest three ancestral populations for present-day Europeans", *Nature*, 513:409-413.
La traduzione italiana del saggio di Julian S. Huxley e Alfred C. Haddon, *We Europeans* (Jonathan Cape, London 1936) si chiama *Noi Europei. Un'indagine sul problema razziale* (Einaudi, Torino 2002). Per una breve storia del concetto di razza e di qualcuno degli abusi commessi in suo nome, si può vedere Guido Barbujani, *L'invenzione delle razze* (Bompiani, Milano 2006), oppure i due bei libri di Adam Rutherford: *Breve storia di chiunque sia mai vissuto*, del 2017, e *Cosa rispondere a un razzista*, del 2020, entrambi tradotti da Bollati Boringhieri (Torino). In italiano, il libro più chiaro sulla selezione naturale e in generale sulla biologia evoluzionistica è il testo classico di Douglas J. Futuyma, *L'evoluzione* (Zanichelli, Bologna 2008).

In rete si trovano diverse immagini del Cheddar Man, ricostruito da due artisti olandesi, i gemelli Adrie e Alfons Kennis; una è qui: https://www.nhm.ac.uk/discover/cheddar-man-mesolithic-britain-blue-eyed-boy.html. Un articolo vasto e comprensibile sul colore della pelle e sui perché della sua evoluzione è quello di Jablonski N.G., Chaplin G. (2000), "The evolution of human skin coloration", *Journal of Human Evolution*, 39:57-106. Tre articoli ben fatti sui geni che contribuiscono al colore della pelle sono Norton H.L. *et al.* (2007), "Genetic evidence for the convergent evolution of light skin in Europeans and East Asians", *Molecular Biology and Evolution*, 24:710-722; Alonso S. *et al.* (2008), "Complex signatures of selection for the melanogenic loci TYR, TYRP I and DCT in humans", BMC *Evolutionary Biology*, 8:74; Chaitanya L. *et al.* (2020), "The HIrisPlex-S system for eye, hair and skin colour prediction from DNA: Introduction and forensic developmental validation", *Forensic Science International Genetics*, 35:123-135. Lo studio della donna danese di 5700 anni fa è in Jensen T.Z.T. *et al.* (2019), "A 5700 year-old human genome and oral microbiome from chewed birch pitch", *Nature Communications*, 10:5520.

Il gruppo di Bruce Lahn ha pubblicato parecchi lavori sui geni che determinano le dimensioni della scatola cranica: Mekel-Bobrov N. *et al.* (2005), "Ongoing adaptive evolution of ASPM, a brain size determinant in *Homo sapiens*", *Science*, 309:1720-1722; Evans P.D. *et al.* (2005), "Microcephalin, a gene regulating brain size, continues to evolve adaptively in humans", *Science*, 309:1717-1720; Evans P.D. *et al.* (2006), "Evidence that the adaptive allele of the brain size gene Microcephalin introgressed into *Homo sapiens* from an archaic *Homo* lineage", *Proceedings of the National Academy of Sciences USA*, 103:18178-18183 e infine Mekel-Bobrov N. *et al.* (2007), "The ongoing adaptive evolution of ASPM and Microcephalin is not explained by increased intelligence", *Human Molecular Genetics*, 16:600-608. A dimostrare che si sbagliavano sono stati Currat L. *et al.* (2006) con il loro articolo "Comment on 'Ongoing Adaptive

Evolution of ASPM, a Brain Size Determinant in *Homo sapiens*' and 'Microcephalin, a Gene Regulating Brain Size, Continues to Evolve Adaptively in Humans'", apparso su *Science*, 313:172.

Non ne raccomando la lettura, ma per chi fosse interessato il libro di Charles Carroll, *The negro a beast or In the image of God*, è stato pubblicato dall'American Book and Bible House (St. Louis 1900) e può essere scaricato in versione integrale a questo sito: http://onlinebooks.library.upenn.edu/webbin/book/lookupid?key=olbp33401. Il premio Nobel James Watson ha dichiarato di essere pessimista sul futuro dei paesi africani, dato che "tutte le nostre politiche si basano sull'idea che l'intelligenza degli africani sia come la nostra, mentre tutti i test dimostrano che non è così" (in Hunt-Grubbe C., "The elementary DNA of Dr Watson", sul *Sunday Times* del 14 ottobre 2007). Poco dopo, ma sempre troppo tardi, ha ritrattato, ammettendo che non esiste alcuna prova dell'inferiorità intellettuale degli africani. I brani di Amartya Sen che ho citato provengono da *Identity and violence: the Illusion of destiny* (Norton, New York & London 2006; trad. it. *Identità e violenza*, Laterza, Roma-Bari 2006). La traduzione italiana di *Le crociate viste dagli arabi*, di Amin Maalouf, è pubblicata dalla SEI (Torino 2001), quella di *Intelligenze multiple* di Howard Gardner da Anabasi (Milano 1994), quella di *Teste tonde e teste a punta* di Bertolt Brecht da Einaudi (Torino 1997). Pietro Cheli e io abbiamo dedicato un capitolo del nostro *Sono razzista ma sto cercando di smettere* (Laterza, Roma-Bari 2008) alla storia del quoziente d'intelligenza, contro i cui abusi si è scagliato, in un bellissimo saggio, Hans Magnus Enzensberger: *Nel labirinto dell'intelligenza* (Einaudi, Torino 2008).

Sulla storia naturale della lattasi ci sono due articoli del gruppo di Leena Peltonen: Enattah N.S. *et al.* (2002), "Identification of a variant associated with adult-type hypolactasia", *Nature Genetics*, 30:233-237 e Enattah N.S. *et al.* (2008), "Independent introduction of two lactase-persistence alleles into human populations reflects different history of adaptation to milk culture", *American Journal of Human Genetics*, 82:57-72. I primi a dimostrare che diverse popolazioni dispongono di diversi meccanismi genetici che bloccano l'inattivazione della lattasi sono stati però Tishkoff S.A. *et al.* (2007), "Convergent adaptation of human lactase persistence in Africa and Europe", *Nature Genetics*, 39:31-40. Uno studio del gene LSC6A4, che interviene nel metabolismo della serotonina ed è in qualche modo legato a varie forme di depressione, è stato presentato con l'azzardato titolo "Scoperto il segreto della timidezza nei bambini", sul *Corriere della Sera* del 4 gennaio 2005. Sulla stravagante tendenza a festeggiare la tolleranza al lattosio come segno di superiorità raz-ziale si può leggere un articolo del *New York Times*: https://www.nytimes.com/2018/10/17/us/white-supremacists-science-dna.html.

6.
ANTENATI DAPPERTUTTO

Dove si sostiene che, se proprio vogliamo parlare di radici, le nostre non sono come quelle della carota, ma, al massimo, come quelle della segale

Un pomeriggio, a Stony Brook, stavo ragionando con Robert Sokal su una mappa dei geni degli europei. Quelle ore nel suo studio erano molto gradevoli. A parte il piacere intellettuale, era bella la luce che entrava da una grande finestra, alta sul bosco e sugli immensi parcheggi; fra le cime degli alberi spuntava un campanile di legno, dipinto in una tenue tinta pastello; poco oltre si intuiva, o sembrava di intuire, la presenza del mare. Avevo appena finito di far girare sul computer un programma che tracciava delle linee nelle zone d'Europa dove le differenze genetiche sono maggiori: un nuovo metodo bioinformatico (ma allora la parola non esisteva) che Sokal aveva concepito e io avevo appena finito di programmare; lo chiamavamo *wombling*. Ci aspettavamo di trovare queste linee dove c'è stata meno migrazione: attraverso le catene montuose e i bracci di mare. Era così, più o meno, ed ero contento delle linee che circondavano Corsica e Sardegna, tagliavano il mare del Nord o accompagnavano la curva delle Alpi. C'erano però anche altre linee dove non ce le aspettavamo, e ci chiedevamo quali fenomeni avessero generato quelle forti differenze genetiche, in particolare tra Francia e Germania. Non ricordo che idea mi fosse venuta in mente, penso qualcosa legato ai ripetuti conflitti fra i due paesi in tempi storici. Ricordo però benissimo che Sokal mi ha fermato per dirmi: "Vacci piano. Ormai è un pezzo che leggo tutto quello che trovo sulla storia europea. Se fai un segno a caso sulla mappa d'Europa, scommetto che sono capace di raccontarti sia una storia che spiegherebbe una forte somiglianza, sia una che spiegherebbe una forte differenza fra quelle popolazioni. Ti possono venire in mente delle storie anche molto convincenti, ma questo non significa che siano anche vere."

Il consiglio del mio vecchio maestro, che se n'è andato nel 2012, mi sembra ancora eccellente. Va bene essere fantasiosi, ma uno scienziato non si butta sulla prima interpretazione che gli passa per la testa. Deve cercare invece di verificare le sue ipotesi il più possibile. Temo che questo atteggiamento, serio e prudente, serio *perché* prudente, stia un po' passando di moda.

Tempi duri per i troppo buoni

La stupefacente facilità con cui oggi possiamo interrogare il DNA rischia di farci sorvolare sulle precauzioni che si prendevano anche solo vent'anni fa, e che servirebbero ancora. Si va di fretta: abbiamo scoperto tante cose interessanti, ma una parte di queste cose interessanti potrebbe anche non essere vera; oppure è vera, ma nessuno ha ancora avuto la pazienza di andare a verificare meglio, per essere proprio sicuri. Lo scrivo qui perché sto per mettermi a parlare di quello che abbiamo capito, o che crediamo di aver capito, studiando il DNA di gente vissuta negli ultimi quattro o cinque millenni di storia europea. L'importanza, anche mediatica, di questi temi, è evidente, e proprio da qui nasce il problema. Un editoriale dell'*Economist* dal titolo inequivocabile (*How science goes wrong*, cioè "Come sbaglia la scienza", 19 ottobre 2013) denuncia un preoccupante calo di qualità nelle pubblicazioni scientifiche. *Publish or perish*, pubblica o muori, è la regola, e non da oggi. Ma la spinta competitiva ad arrivare per primi è cresciuta in fretta, di pari passo con la nostra capacità di produrre nuovi dati. Per dimostrare con il peso del loro curriculum di meritare gli indispensabili finanziamenti, insomma, per non morire, i ricercatori devono pubblicare sempre più rapidamente. L'asticella si è alzata e stanno andando in crisi, scrive l'*Economist*, i meccanismi di controllo, legati alla riproducibilità degli esperimenti e al giudizio dei *referees*, cioè gli esperti anonimi incaricati di valutare gli articoli sottoposti alle riviste. I *referees* sono anche loro scienziati, e dunque anche loro alle prese con una lotta per la sopravvivenza la cui prima vittima è il tempo necessario per lavorare seriamente. Qualcuno ancora questo tempo lo trova, qualcuno no: e capita che esperimenti condotti in modo approssimativo passino indenni il controllo di qualità, risultati statisticamente inconsistenti finiscano per essere presi per buoni, e risultati buoni vengano interpretati alla garibaldina.

Non è solo colpa di chi fa ricerca. Le principali riviste, fino a qualche anno fa pubblicate soprattutto da accademie e istituzioni scientifiche, sono confluite in grandi gruppi editoriali, e adesso devono produrre utili. Gli abbonamenti ormai contano poco, i veri soldi stanno nella pubblicità. Se una certa rivista viene citata da giornali e televisioni, la sua visibilità cresce, e con essa i soldi pagati dagli inserzionisti. Così la prima valutazione degli articoli spesso è affidata a esperti di comunicazione, ragazzi largamente digiuni di scienza, ma che rimandano al mittente studi anche buoni se ritengono che non attireranno l'occhio dei media. Va a finire che pubblicare sulle maggiori riviste scientifiche diventa sempre più un gioco d'azzardo: si fa una puntata, sperando di beccare il numero fortunato.

Gabriele Romagnoli ha scritto sulla *Repubblica* che il calcio è andato in crisi quando i giocatori hanno cominciato a indossare scarpe dai colori ridicoli. Secondo me, qualcosa del genere è successo anche nell'ambito scientifico. Si è diffusa l'abitudine di infilare negli articoli frasi a effetto che hanno poco a che vedere con il merito della ricerca, ma molto con la sua promozione. Se va bene, queste frasi saranno poi riprese dai titolisti dei giornali, e dai neonati ma già voraci uffici stampa delle riviste stesse.

Sento che qualcuno chiama questa roba mentalità aziendalista: primo, far soldi. Chiamiamola come vogliamo, ma in pratica significa fidarsi delle virtù del mercato, sperando che il resto si sistemi da sé. Si dimentica che la mentalità aziendalista serve alle aziende per fare utili; per fare buona scienza servirebbe altro. Invece, nel mercato della scienza, fare per bene una cosa alla volta paga sempre meno. Meglio farne cento; magari novanta saranno spazzatura, ma con le altre dieci ci si terrà a galla. Un gruppo che non citerò è riuscito a pubblicare su *Science*, una delle massime riviste mondiali, un articolo in cui, sulla base di un gene (uno! Come nell'era pre-Cavalli-Sforza!) si ipotizza una decina di scambi genetici fra forme umane diverse. Così va scomparendo la figura del ricercatore artigiano, pignolo, autocritico, che non pubblica se non quando si sente profondamente convinto dei risultati. Sarà che sto diventando vecchio, ma mi pare evidente che oggi la figura emergente nel mondo della ricerca è sempre più lo scienziato-imprenditore: svelto nel pensare, abile a raccogliere fondi, molto a suo agio con il mestiere di stringere alleanze, meno con quello di valutare in modo critico quanto un risultato stia in piedi. Con tutto questo, si continuano a pubblicare anche lavori scientifici di buona, e a volte ottima, qualità. Quindi, cercherò di parlare degli studi seri, tralasciando quelli che mi sembrano meno credibili.

I greci

Come in ogni libro di storia europea che si rispetti, cominciamo dall'antica Grecia. Dai tempi di Arthur Evans sappiamo che va cercato là, o meglio a Creta, il primo anello di una catena culturale che porta all'Europa moderna: a Creta, dove nell'età del bronzo, diciamo fra il 2700 e il 1400 a.C., fiorisce la cultura minoica. È da quest'isola che provengono i primi testi scritti europei, in un alfabeto, il lineare A, e in una lingua che non comprendiamo. I minoici coltivavano grano e fave, uva e fichi; allevavano bestiame, e anche api; lavoravano il rame e l'oro. Fra i ritrovamenti archeologici, le armi hanno un peso molto inferiore che nella successiva civiltà micenea. Non vuol dire che fossero necessariamente pacifici, come Evans aveva autorevolmente ipotizzato, ma certo i minoici erano in prevalenza commercianti: sono documentati loro contatti con l'Egitto, la Siria, l'Anatolia, e ovviamente le isole dell'Egeo e la terraferma greca. Si discute molto sui fattori che hanno portato alla crisi e poi al collasso di questa civiltà. Ha senz'altro contato la catastrofica eruzione del vulcano di Santorini, intorno al 1600 a.C., ma non è ancora chiaro se sia stato il fattore principale, o solo uno dei fattori che hanno sconvolto l'economia e gli equilibri sociali a Creta. Fatto sta che, con il declino della civiltà minoica, i micenei arrivano sull'isola e la conquistano, non molto dopo l'eruzione di Santorini. Parlavano una forma arcaica di greco, che comprendiamo, così come comprendiamo l'alfabeto in cui scrivevano, il lineare B. Le loro tracce sono documentate a partire dal 1600 a.C., non solo nel Peloponneso, dove si trova Micene, ma anche più a nord nella Grecia continentale, e nelle Cicladi. Gli archeologi pensano che in questi territori, dove scarseggiavano le terre facilmente coltivabili, la crescita demografica abbia innescato una serie di conflitti, e così si siano affermati gruppi il cui potere dipendeva dall'uso delle armi. Intorno al 1400 a.C. la cultura micenea si estende a Rodi, Cipro, e anche Creta.

Mi scuso con i classicisti per questo sommario rudimentale. Serve solo per chiarire a cosa possa servire la genetica, in questo contesto. La storia, la letteratura e il pensiero della Grecia ci sembra di conoscerli bene: cos'altro ci sarebbe, da sapere? Be' per esempio: con chi erano imparentati minoici e micenei? Da dove venivano? E che relazioni hanno con i greci di adesso? A studiare il loro DNA, con seguito di polemiche su cui torneremo, sono stati Johannes Krause del Max Planck di Jena e un genetista di Seattle, George Stamatoyannopoulos.

La storia degli europei, l'abbiamo già visto, è molto legata a quella delle popolazioni del Vicino Oriente e dell'Anatolia. È da lì che sono transitati i primi sapiens provenienti dall'Africa, e da lì sono arrivati i primi agricoltori neolitici. Uno studio del 2016 aveva dimostrato che Luca Cavalli-Sforza, tanto per cambiare, aveva visto giusto: il DNA dei primi agricoltori neolitici, in Anatolia e in Grecia, di qua e di là del mar Egeo, è molto simile. Dunque, l'agricoltura è arrivata in Grecia dall'est (questo ce lo dicono i reperti archeologici), e ci è arrivata, come altrove, per migrazione (e questo ce lo dice appunto il DNA). Poi, con le civiltà minoica e micenea, si passa dall'età della pietra alle civiltà dei metalli: il bronzo, in particolare. Come sempre, ci sono due possibilità: o le novità tecnologiche, la metallurgia in questo caso, le ha portate un'altra migrazione (e allora minoici e micenei non assomiglieranno ai greci neolitici), oppure si sono sviluppate localmente (e allora troveremo molto DNA in comune fra minoici, micenei e neolitici). Ancora una volta, questi sono due estremi, fra cui si possono immaginare tante sfumature. Ma formulare le ipotesi in forma schematica aiuta a capirsi.

Krause e i suoi hanno confrontato greci neolitici, cretesi minoici e postminoici, e micenei, in un arco di tempo che va dal 2900 al 1200 a.C. I loro DNA non sono identici, e questo lo si poteva prevedere, ma hanno molto in comune: una frazione delle varianti (cioè di quell'uno per mille del DNA in cui ci sono differenze fra noi umani) stimata intorno a tre quarti. Dunque, le tecnologie dei metalli si sono diffuse in Grecia senza che cambiasse molto nel DNA dei suoi abitanti, e quindi sembra che non ci siano stati, in quel periodo, grandi movimenti migratori in ingresso. Gli archeologi, poi, ci raccontano che, con il declino della civiltà minoica e l'affermarsi di quella micenea, cambia qualcosa anche a Creta. Il quarto dei siti variabili del DNA che minoici e micenei non condividono assomiglia, a Creta, a quello di popolazioni asiatiche, del Caucaso e dell'Iran; viceversa, a Micene si trova una componente tipica del nord-est europeo, che ritroviamo anche a Creta, ma solo dopo il collasso della civiltà micenea. Dunque, sembra che minoici e micenei avessero gli stessi antenati neolitici, ma migrazioni successive, di diversa provenienza, abbiano poi creato delle differenze fra loro, differenze che con i secoli si sarebbero accentuate.

Geneticamente, i greci contemporanei sono più vicini ai micenei, il che non sorprende, visto che la civiltà micenea è successiva a quella minoica. Però è come se nei genomi contemporanei fosse riaffiorata una componente neolitica, dei primi agricoltori, che nei micenei era meno presente. Probabilmente, nei secoli, hanno continuato ad arrivare migranti dall'Anatolia e dal Vicino Oriente, migranti che nel loro DNA portavano i segni della loro discendenza dai primi agricoltori neolitici. Quindi non ci aveva preso Jakob Phillip Fallmerayer, viaggiatore e storico austriaco, celebre nell'Ottocento per aver sostenuto che nel Medioevo i greci (lui li chiamava la razza ellenica) erano stati spazzati via dall'Europa, e con loro se ne erano andate la bellezza fisica, la brillantezza intellettuale, l'armonia innata e un sacco di altre belle cose. I dati del DNA non possono dirci niente sull'armonia innata, ma dimostrano che nel medioevo non si è estinto nessuno, almeno in Grecia.

Dicevamo che il lavoro di Krause e collaboratori ha suscitato polemiche, anche se, a quanto ne so, solo nel nostro paese. L'esperto di storia etrusca che avevamo incontrato qualche pagina fa nel capitolo 5, smanioso di dirimere a cazzotti una divergenza di opinioni con Luca Cavalli-Sforza, ha dichiarato alla stampa: "Nel Mediterraneo, in epoca paleolitica, ci sono stati spostamenti enormi di popolazioni. È successo di tutto, e penso che le informazioni che ci arrivano dalla genetica siano irrilevanti." Mi sfugge la logica di queste affermazioni. Certo: può essere successo di tutto, e non solo nel paleolitico, che con minoici e micenei c'entra quanto i cavoli a merenda. Ma proprio perché sappiamo che la gente migra, e nessuna fonte storica o archeologica può dirci in quanti si sono spostati e se hanno lasciato qualche discendente, sembrerebbe utile servirsi anche (anche!) dei metodi e dei dati della genetica. O no? È ovvio che per capire l'origine, lo sviluppo e la crisi di una cultura o di una società; con che alfabeto scrivessero, in che lingua, e chi sapesse scrivere; chi detenesse il potere, e quanto a lungo, e con quali conseguenze; che ruolo avessero la pace e la guerra nell'organizzazione sociale, e che rapporti ci fossero fra uomini e donne, o magari fra giovani e anziani; con tutte queste cose la genetica c'entra poco o niente, e le risposte vanno indagate con i metodi dell'archeologia e della ricerca storica. Però, come abbiamo appena visto, su alcuni temi importanti la genetica ha qualcosa da dire. Insomma, c'è lavoro per tutti. Se gli anestesisti avessero avuto la stessa apertura mentale di questi accademici nostrani, saremmo ancora al sorso di whisky e al laccio di cuoio da stringere fra i denti, come nei film di cow-boy. Certi studiosi italiani del mondo antico avranno maggiori soddisfazioni quando, come i loro colleghi oltre confine, capiranno che il progresso delle discipline scientifiche è, anche per loro, un'opportunità, non una minaccia. Quanto alla Grecia, restano aperte molte questioni, per esempio cosa sia successo dopo il tramonto della civiltà micenea, e se restino tracce nel DNA di fenomeni migratori successivi, che potrebbero aver qualcosa a che vedere con popoli al confine fra storia e leggenda, come i dori e i pelasgi. Però è grazie ai dati biologici che abbiamo capito che negli ultimi quattro millenni l'evoluzione umana, in Grecia, si è svolta sotto il segno di una relativa continuità.

I sardi nuragici

La Sardegna è invece un esempio contrario: un posto dove troviamo una discontinuità netta nel corso del tempo. Ancora prima che si potesse studiare direttamente il DNA, si era visto che la Sardegna è un'isola anche in senso genetico. Non tanto perché i geni dei sardi siano particolarmente strani (un po' lo sono, ma non tanto), quanto perché le popolazioni sarde sono molto diverse fra loro, anche a distanza di pochi chilometri, come vedremo. C'entra la geografia accidentata del territorio, e c'entra, naturalmente, il mare tutto intorno. Non è chiaro quando siano arrivati i primi abitanti; i resti umani più antichi che conosciamo risalgono al mesolitico. Con l'arrivo del neolitico la popolazione sarda aumenta, e lo dimostra il numero crescente di insediamenti. Dai primi campioni mesolitici (due, provenienti da Su Carroppu, nel Sulcis e datati a 10 mila anni fa) non si è riusciti a ottenere abbastanza DNA da poterne studiare l'intero genoma, ma il loro DNA mitocondriale dimostra come questa prima popolazione si sia estinta. Portavano varianti mitocondriali molto diverse da quelle che si trovano in circolazione, non solo nell'isola ma in tutta Europa, e anche dalle varianti che compaiono con il neolitico.

Con il neolitico cambia tutto (non è un'iperbole) nel DNA mitocondriale sardo, e quindi il neolitico segna una cesura nella storia dei popoli della Sardegna. In un certo senso, è anche l'ultima, almeno a livello della popolazione nel suo complesso. Nel capitolo 5 l'abbiamo anticipato: nei genomi dei sardi attuali la componente che attribuiamo al neolitico rappresenta oltre l'80%, mentre quella arrivata in Europa dalla steppe nell'età del bronzo è molto ridotta. Fra i genomi antichi che conosciamo, quello più simile ai genomi dei sardi odierni appartiene a una celebrità: l'uomo dei ghiacci del museo di Bolzano, popolarmente noto come uomo del Similaun, o più semplicemente Ötzi. Per chi non ne ricordasse la storia, si tratta di un uomo di 5300 anni fa, morto di morte violenta, il cui corpo mummificato è emerso nel 1991 dal ghiacciaio del Similaun, al confine tra Austria e Italia. Le basse temperature hanno consentito un'eccezionale conservazione: del suo corpo, e anche del suo corredo, che comprendeva un'ascia con la lama di rame, segno che la popolazione neolitica a cui Ötzi apparteneva era entrata nell'epoca della metallurgia. La somiglianza genetica non implica che Ötzi fosse arrivato con armi e bagagli dalla Sardegna alle Alpi, né che i sardi attuali siano suoi discendenti. Significa però che ritroviamo certe caratteristiche genetiche delle persone vissute nel neolitico, come Ötzi (ma anche come i primi agricoltori della Spagna, Ungheria e Svezia), anche nei posti dove dopo il neolitico non ci sono state grandi immigrazioni: in Sardegna, appunto.

In Sardegna non sono arrivati, se non in minima parte, i DNA delle popolazioni che si sono espanse dall'est in Europa nell'età del bronzo, ma un'età del bronzo c'è stata, ed è poi quella in cui si afferma la civiltà nuragica. I sardi nuragici, campionati in un arco di tempo fra 3400 e 2700 anni fa, sono una popolazione geneticamente molto omogenea. Sequenze identiche si ritrovano nelle necropoli di Carbonia nel sud, di Seulo nel centro e di Santa Teresa di Gallura nel nord. Se si confrontano queste sequenze nuragiche con quelle delle popolazioni moderne di tutta Europa, si vede che in media sono identiche per il 18%.

Disponevamo di due campioni di popolazioni sarde moderne, Gallura e Ogliastra. Bene, in quello della Gallura si ritrova il 18% delle sequenze antiche, cioè esattamente la frazione che si troverebbe confrontando il DNA nuragico con quello ottenuto pescando a caso in tutta Europa. Invece oltre metà delle sequenze nuragiche è ancora presente in Ogliastra. In altre parole, in Ogliastra c'è una continuità genealogica forte con la popolazione nuragica (vedremo presto che fra etruschi e toscani non è così). Invece nella Gallura, dove in età storica ci sono state parecchie migrazioni, l'eredità degli antichi abitanti dei nuraghi si è diluita. A quanto pare, metà degli ogliastrini discende da antenati che se non erano gli individui nuragici che abbiamo studiato erano loro parenti, gente che sta in Sardegna da 3 mila anni almeno.

Negli stessi giorni in cui sto lavorando su questo libro, un gruppo diretto da un bravo genetista oggi a Chicago, John Novembre, ha pubblicato uno studio del DNA di 70 sardi provenienti da 21 siti archeologici, attraverso il lungo arco di tempo che va dal neolitico al Medioevo. I genomi più antichi mostrano chiare affinità con quelli dei primi agricoltori neolitici dell'arca mediterranea, a conferma di quanto indicava il DNA mitocondriale, e anche con quelli del periodo nuragico: la civiltà dei metalli si è sviluppata localmente, non è stata importata da immigrati. Le novità arrivano dopo, con la colonizzazione punica (e sarebbero i fenici, nel I millennio a.C.), e poi con un lento ma evidente arrivo di gente il cui

DNA suggerisce una provenienza da varie regioni del bacino mediterraneo.

Per finire, qualcuno aveva ipotizzato un legame fra nuragici ed etruschi, sulla base di indizi archeologici abbastanza labili. Il DNA ci dice con chiarezza che le due popolazioni erano, invece, ben diverse.

Gli etruschi

A proposito, uno che si era messo in testa di essere etrusco sono io. In realtà è colpa di mia madre che ci ha cresciuti nella convinzione indiscutibile di essere tutti, noi di Adria, etruschi (e quelli di Rovigo, naturalmente, no). Per fortuna, da duemila anni nessuno più uccide in nome dell'identità etrusca. Perciò fino a qualche tempo fa questa innocente fissazione sarebbe rimasta confinata in un distretto mentale in cui si confondono miti e convinzioni razionali, insieme alla superiorità di Rivera su Mazzola e a Yanez che si accende l'ennesima sigaretta. Oggi però è possibile fare verifiche serie, grazie alle tecniche di studio del DNA antico. Meglio liberarsi di questo peso e dirlo subito: mia madre non me lo perdonerà mai, ma noi, voglio dire noi della famiglia Zen da cui mi proviene il DNA mitocondriale, etruschi, accidenti, non lo siamo. Ma procediamo con ordine.

La cultura etrusca è documentata in Italia centrale fra il VII e il I secolo a.C., ma anche su a nord fino, appunto, ad Adria, e giù a sud fino a Capua. La lingua che parlavano non era indoeuropea; ma anche se molti pensano che fosse una lingua misteriosa, non lo è: gli esperti la comprendono discretamente. Il problema è che ci è rimasto poco di interessante da leggere: iscrizioni religiose o funerarie. Ci restano tre frammenti di una qualche lunghezza, conservati a Zagabria (un calendario rituale scritto su un nastro di lino, e finito ad avvolgere una mummia), a Capua (un altro calendario rituale, su una tegola di terracotta) e a Cortona (una tavoletta di bronzo che descrive una vendita di terreni). Poi, con la concessione alle popolazioni italiche della cittadinanza romana, nel I secolo a. C., la lingua etrusca sparisce. Prima del VII secolo, negli stessi posti, troviamo tracce di una civiltà rurale che gli archeologi chiamano villanoviana. Nel momento in cui si passa a una civiltà urbana compaiono anche le prime iscrizioni etrusche. Dev'essere successo qualcosa di importante. Ma cosa esattamente? Se ne discute da secoli.

Allora: chi erano gli etruschi, e da dove venivano? Secondo Erodoto sono migrati in Italia, con armi e bagagli, dall'Asia minore. Gli archeologi moderni non sono dello stesso avviso. Le civiltà non arrivano belle e pronte da qualche parte al di là del mare, dice Graeme Barker, professore emerito del McDonald Institute di Cambridge e autore, con Tom Rasmussen, di un testo fondamentale, *The Etruscans*. Se non ci sono buoni motivi per pensarla diversamente, e non ce ne sono, è più logico immaginare che gli etruschi siano in realtà i discendenti dei villanoviani. La vedeva allo stesso modo, nell'antichità, un concittadino di Erodoto, Dionigi d'Alicarnasso, secondo cui gli etruschi erano appunto la popolazione autoctona dell'Italia centrale.

Grazie a uno studio genetico che abbiamo pubblicato nel 2004, qualche idea sulle loro origini biologiche e su dove siano andati a finire ce la siamo fatta. Ritorna qui un tema di cui si è parlato a proposito delle migrazioni neolitiche: gli oggetti che ritroviamo negli scavi archeologici non permettono di dire chi, fra Erodoto e Dionigi, avesse ragione. Ci sono indubbiamente influenze orientali nella pittura e nella scultura etrusche, ma altrettanto chiari sono elementi di realismo che ritroviamo poi nella ritrattistica romana dell'età classica. Un po' esotici e un po' no, quindi, e a queste ambiguità dovremmo ormai averci fatto il callo. Per capire chi discenda da chi, bisogna rivolgersi al DNA dei reperti ossei, fortunatamente abbondanti per gli etruschi (mentre per i villanoviani non c'è niente da fare: cremavano i morti, e così hanno distrutto il loro DNA). Tanti reperti non significa per forza tanto DNA. Siamo partiti da 80 scheletri, siamo arrivati a ottenere 28 sequenze di DNA di cui ci fidiamo: poche, ma meglio di niente.

Il DNA di questi etruschi era simile al nostro: gli europei si assomigliano parecchio, e gli etruschi non fanno eccezione. Attenzione però: le sequenze etrusche sono sì simili, ma quasi mai uguali, non solo alla mia (e pazienza), ma anche a quelle di certi toscani moderni, che Paolo Francalacci dell'Università di Sassari (oggi professore a Cagliari) e Alberto Piazza dell'Università di Torino hanno raccolto nelle zone dove ci si aspettava che fossero rimaste tracce più forti della presenza etrusca: Murlo, nel senese; Volterra, in provincia di Pisa; e il Casentino, in provincia di Arezzo. Fra queste località, però, ci sono differenze. Abbiamo fatto uno studio di simulazione, confrontando i DNA degli abitanti di Murlo, Volterra e del Casentino con quelli degli abitanti dell'Etruria classica. Grazie al lavoro di Silvia Guimarães e di David Caramelli, dell'Università di Firenze, avevamo a disposizione anche un campione di toscani medievali. E poi abbiamo aggiunto un campione moderno di Firenze, cioè di una grande città in cui in tempi storici la migrazione ha sicuramente mescolato le caratteristiche biologiche di tanta gente. I dettagli sono un po' complicati, ma l'idea è semplice: abbiamo confrontato un modello in cui gli etruschi sono gli antenati diretti dei toscani di oggi (anzi, le antenate perché il DNA mitocondriale lo ereditiamo solo dalle madri) con un modello in cui non lo sono. A Firenze, prevedibilmente, funziona molto meglio il secondo modello: ma anche, meno prevedibilmente, a Murlo.

In entrambi i casi, la probabilità di una discendenza diretta da antenate etrusche arriva a malapena al 10%, contro un 90% di probabilità del modello opposto. Invece a Volterra il modello di discendenza diretta da antenate etrusche ha una probabilità del 70%, contro un 30% di origini alternative. Nel Casentino, infine, la probabilità che gli attuali abitanti discendano dagli etruschi è elevata, arriva al 98%. In tutti i casi, i toscani medievali finiscono vicino agli etruschi, con alta probabilità. Significa che il cambiamento genetico che ha diluito, o fatto sparire, l'eredità genetica degli etruschi dalle cellule di molti toscani è avvenuto dopo il Medioevo, verosimilmente perché in tempi moderni la gente si è spostata molto più che nell'antichità.

Dunque, non è vero e non si può dare per scontato che i toscani di adesso siano semplicemente i discendenti degli etruschi, come è stato fatto in qualche studio degli anni ottanta e novanta. Se non assomigliano tanto a noi, gli etruschi, si somigliavano però fra di loro. Ancora una volta, si possono fare due ipotesi. Persone che parlano la stessa lingua possono discendere essenzialmente dagli stessi antenati (come quelli che parlano basco o finlandese), oppure da gruppi di antenati diversi (come quelli che parlano inglese, spagnolo, francese e portoghese, cioè lingue che si sono diffuse in tutto il mondo con la colonizzazione europea). Bene: non c'è motivo di credere che quelli che chiamiamo etruschi fossero un insieme di popolazioni diverse che a un certo punto si erano ritrovate a parlare la stessa lingua. Il DNA, infatti, ci dice che fra le loro necropoli c'erano le stesse differenze genetiche che troviamo fra città italiane separate dalle stesse distanze, e anzi un po' meno: se gli italiani sono una popolazione, gli etruschi lo sono ancora di più. Infine, quando si va a vedere bene, saltano fuori anche somiglianze con gli attuali turchi. La popolazione moderna a cui gli etruschi assomigliano di più è quella toscana, come è anche logico; ma la seconda è quella dell'Anatolia, non una delle altre popolazioni italiane studiate. Questo non significa che avesse ragione Erodoto, ma indica che qualche rapporto con l'Asia minore ci sarà stato. Se le somiglianze genetiche riflettono un'origine comune, come è logico pensare, diventa interessante metterci una data. Se potessimo spiegarle come frutto di una separazione intorno a 3 mila anni fa, allora il racconto di Erodoto guadagnerebbe in credibilità; se invece risalissero a tempi più antichi, bisognerebbe trovare una spiegazione diversa.

È quello che siamo andati a verificare nel 2013, confrontando con milioni di esperimenti di simulazione i DNA di etruschi, toscani e attuali abitanti dell'Anatolia. Le simulazioni che riproducono meglio lo stato attuale delle cose sono quelle in cui etruschi e toscani si sono separati dai turchi oltre 8 mila anni fa. È una data importante, perché è molto vicina all'inizio della diffusione demica neolitica. Se non ci siamo sbagliati di grosso, e non credo, significa che le relazioni di somiglianza fra etruschi e popolazioni dell'Anatolia provengono sì da una lontana origine comune ma più antica di quella ipotizzata da Erodoto: appunto in Anatolia nel periodo neolitico. Dunque, a quanto pare aveva ragione Dionigi di Alicarnasso, e con lui gli archeologi che l'hanno preso sul serio. La civiltà etrusca non è arrivata bella pronta dall'Oriente, ma si è formata in Italia, in una popolazione che aveva (come tante altre dell'area mediterranea) lontane radici in Anatolia.

Si possono fare varie ipotesi su cosa sia successo quando, con l'estensione della cittadinanza romana a tutti i popoli italici, scompaiono le tracce della lingua etrusca. I nostri dati potrebbero voler dire che la popolazione etrusca si è estinta; pochi suoi discendenti sono rimasti nel Casentino, e qualcuno a Volterra. Estinti, dunque: forse; è un'ipotesi un po' drastica. Ma quanti erano? Gli archeologi non amano rispondere a domande di questo genere, ma sottoposto a ripetute pressioni Tom Rasmussen ha avuto pietà di me e ci ha provato ("Una domanda oltraggiosa può solo avere una risposta oltraggiosamente approssimata," mi ha scritto). Ha calcolato che la popolazione etrusca, nel momento del suo massimo splendore, intorno al VI secolo a.C., poteva comprendere 600 mila persone o più. Seicentomila persone estinte. È plausibile?

Forse sì. Le popolazioni possono estinguersi lentamente, nel corso dei secoli, come è capitato, per esempio, a molti gruppi nativi americani, agli uroni nel nord e agli alakaluf nel sud, dopo che noi europei abbiamo invaso i loro territori. Ma 600 mila persone sono tante, anche se, dopo essere stati incorporati nello stato romano, gli etruschi avranno passato tempi difficili (un po' come i sunniti nell'Iraq post Saddam). Prima di concludere che è andata così, meglio prendere in considerazione anche ipotesi meno catastrofiche. Una possibilità me l'ha suggerita un archeologo americano, Robert Tykot, che ha lavorato a lungo in Toscana e in Sardegna. Un po' in tutta Italia, mi ha spiegato, si trovano tanti resti umani antichi: lavorando in campagna, scavando le fondamenta di una casa. Datare i reperti ossei con il carbonio 14 è costoso: lo si fa se si è convinti che ne valga la pena. Perciò di molti resti umani venuti alla luce nelle nostre campagne non conosciamo l'età: possono avere due, dieci o venti secoli. Per essere sicuri che una sepoltura sia etrusca, e non magari medievale, si guardano i materiali rinvenuti al suo interno. Se ci sono dipinti, vasi o iscrizioni che gli archeologi riconoscono come etruschi, di solito si procede. In questo modo, però, abbiamo inevitabilmente selezionato per lo studio del DNA persone che si potevano permettere una sepoltura chic, trascurando gli altri che venivano deposti in sepolture anonime. Se questa élite economica, dice Robert Tykot, fosse stata composta da un gruppo geneticamente diverso, magari dai portatori di una lingua non indoeuropea poi adottata dal resto della popolazione, avremmo dimostrato che questa élite non ha lasciato discendenti, ma su come fosse il DNA della maggioranza della popolazione etrusca non sapremmo niente. È un'idea interessante; bisognerà pensarci su.

C'è anche un'altra possibilità e ce ne siamo resi conto leggendo un articolo che a prima vista non c'entra per niente. Franz Manni, che ha studiato con noi a Ferrara e ora vive e lavora felicemente a Parigi, al Museo dell'Uomo, ha confrontato gli elenchi telefonici olandesi con la distribuzione dei cognomi nei secoli scorsi, derivata dai registri parrocchiali. Ha scoperto che nel giro degli ultimi tre secoli oltre il 70% dei cognomi si è spostato, cioè che solo il 30% degli olandesi è rimasto nella zona dove si trovavano i loro antenati paterni di tre secoli fa. Non sappiamo se i Paesi Bassi siano l'eccezione o la regola, però è un risultato che combacia con ciò che abbiamo riscontrato noi: fino al Medioevo in Toscana sembra vivessero i discendenti degli etruschi; dopo, no. Forse l'eredità genetica degli etruschi si è diffusa altrove, diluendosi fino a diventare difficilmente riconoscibile, mentre in quella che era l'Etruria classica vive molta gente i cui antenati vengono da tanti posti diversi.

I romani

Chiedersi chi fossero gli antichi romani è un po' come chiedersi chi siano gli americani. Non c'è bisogno di pensarci su tanto: dovevano essere persone provenienti da mezzo mondo, confluite nella grande città per mille motivi differenti, e che attraverso le generazioni hanno dato vita a una popolazione ibrida. Una popolazione ibrida ha antenati di origini diverse, ma non per questo i suoi membri sono tutti uguali: in certi casi i diversi gruppi si saranno mescolati, in altri no, mantenendo divisioni simili a quelle che saltano agli occhi quando, a spasso per New York, si attraversa una strada e le insegne dei negozi passano dall'inglese al cinese, e qualche isolato più in là allo spagnolo. Roma doveva essere così, almeno secondo le descrizioni di Jérôme Carcopino che a me, da profano, sono piaciute tantissimo. Lo studio dei genomi ci permette però di trovare qualche punto di riferimento in più in questo grande amalgama, e ci restituisce un quadro plausibile di come possano essere andate le cose nel corso dei secoli. Nel 2019, un gruppo di Vienna diretto da Ron Pinhasi (l'abbiamo già incontrato parlando del neolitico nel capitolo 5) e da Jonathan Pritchard che lavora a Stanford in quello che era il dipartimento di Luca Cavalli-Sforza, ha raccolto e analizzato 107 genomi dell'Italia centrale, provenienti da siti archeologici che coprono gli ultimi 12 mila anni. Nel titolo del loro studio hanno chiamato Roma "crocevia genetico" dell'Europa e del Mediterraneo, e hanno fatto bene.

Pritchard e Pinhasi sono partiti dal mesolitico, cioè da lontano. I cacciatori e raccoglitori dell'Italia centrale di cui disponevano non sono molti, solo tre, troppo pochi per generalizzare. Non erano granché diversi dagli altri europei dello stesso periodo, questo lo possiamo dire. Con l'arrivo dell'agricoltura, cioè del neolitico, in Italia centrale (così come abbiamo visto per l'Europa nel suo complesso, e per la Sardegna) la popolazione cambia profondamente. I vecchi genomi non ci sono più, il che significa che non ci sono più i discendenti dei vecchi abitanti mesolitici. I nuovi genomi mostrano caratteristiche simili a quelle dei primi agricoltori dell'Anatolia (come abbiamo visto per l'Europa nel suo complesso, e per la Sardegna): c'è stata una grande migrazione, che ha modificato nel profondo le caratteristiche genetiche degli europei, e l'Italia centrale non fa eccezione. A differenza della componente mesolitica, quella neolitica rimane forte nell'età del bronzo per poi assottigliarsi nel corso del tempo, senza però sparire del tutto, almeno fino al Medioevo.

I primordi di Roma affiorano dalla mitologia e si fanno risalire all'età del ferro. Nel giro di meno di mille anni quella che era una delle tante città-stato dell'Italia preclassica diventa una metropoli. La popolazione è cresciuta: in parte perché le condizioni di vita saranno migliorate, e quindi si viveva meglio e più a lungo; ma soprattutto perché nella Roma repubblicana (e più ancora in quella imperiale) è immigrata altra gente, soprattutto dal nord, ma anche dalle sponde orientali del Mediterraneo. Le tracce lasciate da questi fenomeni a livello del DNA sono chiare: la diversità genetica aumenta, e continua ad aumentare man mano che cresce l'influenza di Roma e si espande il suo territorio. Su questa crescita demografica abbiamo qualche dato. Alla metà del VI secolo a.C., all'epoca del re Servio Tullio (che probabilmente era etrusco), la città contava 30 mila abitanti. Secondo le stime di Aldo Schiavone, all'epoca delle guerre puniche, nel III secolo a.C., erano saliti a 187 mila e, a partire dalla fine del II secolo a.C., Roma era diventata la città più popolosa del mondo (mi sfugge se in queste stime siano comprese anche le città dell'Asia; forse no). Stiamo parlando di un milione di abitanti sotto Augusto, che alla metà del II secolo d.C., in età antonina, sarebbero diventati ancora di più. In parallelo cresce anche la popolazione della repubblica e poi dell'impero. Secondo i calcoli dei demografi, nell'impero romano vivevano da 50 a 90 milioni di persone.

Chissà quanti di loro sognavano di andare a vivere nella capitale; di fatto, molti ci sono riusciti. Nelle sepolture che risalgono al periodo imperiale c'è gente il cui DNA rivela le origini più diverse: soprattutto dal Mediterraneo orientale

(Grecia, Libano, Siria), ma anche da quello occidentale, dal Vicino Oriente e dal Nord Africa. In epoca imperiale, genomi che oggi classificheremmo come europei rappresentano meno della metà dei 48 studiati. Poi tante cose cambiano ancora. Dal 166 d.C. in poi, vari popoli del nord, i cosiddetti barbari, cominciano ad attraversare le frontiere dell'impero. Alessandro Barbero ci invita a prendere questi fenomeni per quello che dovevano essere: non tanto o non solo l'arrivo di eserciti a cavallo che devastano tutto quello che trovano, ma un flusso continuo di gente in cerca di migliori opportunità, che a volte in maniera pacifica, a volte organizzata in bande, si spinge nella penisola italica, ma anche in Francia e in Spagna. Non a caso, gli storici tedeschi non chiamano "invasioni" questi fenomeni che si concluderanno con la disgregazione dell'impero romano d'Occidente e la formazione dei regni romano-barbarici: preferiscono parlare di *Völkerwanderung*, letteralmente "migrazioni di popoli". Dal punto di vista genetico non cambia molto: certe volte bruscamente, più spesso per gradi, nelle necropoli dell'Italia si ritrovano sempre più resti di persone il cui genoma ci racconta di origini settentrionali.

La capitale si sposta a Costantinopoli, l'impero romano d'Occidente si sfalda, le grandi rotte commerciali prendono altre direzioni. Roma diventa sempre più marginale, un po' alla volta si spopola; nel XII secolo scende sotto i 100 mila abitanti, ma il processo non si arresta. Il censimento pontificio del 1526 conta 55.035 abitanti, in larga parte provenienti da altre città italiane, soprattutto fiorentini. L'anno dopo scenderanno i lanzichenecchi, il famoso Sacco di Roma: fra morti ammazzati, morti di peste e fughe verso la salvezza, la popolazione si ridurrà a 20 mila unità.

Ne vediamo le conseguenze nella variabilità che diminuisce un po' alla volta, fino a toccare un minimo alla fine del

Medioevo. Ma cambia anche l'identità genetica, se possiamo usare questo termine tanto abusato, degli abitanti di Roma. A quel punto, tante componenti dei genomi romani più antichi sono uscite di scena; discendenti dagli abitanti della Roma repubblicana pare che non ce ne siano più, e pochissimi sembrano avere antenati nella Roma imperiale. Allo stesso modo si riduce la componente genetica che proveniva dal bacino del Mediterraneo. È arrivata molta gente dal nord, e le conseguenze si vedono: i genomi dell'Italia centrale sono diventati sempre più simili a quelli degli attuali europei.

Il bellissimo studio del gruppo di Pinhasi e Pritchard, a cui hanno contribuito antropologi e archeologi come Alfredo Coppa e Luca Bondioli, non rivoluziona le nostre idee sul passato. Sarebbe però sciocco, come è stato fatto per gli studi genetici sui greci, dire che sapevamo già tutto. No, non lo sapevamo. Avevamo delle ipotesi, alcune delle quali ottime. Lo studio genetico le conferma, in parte le precisa, e soprattutto ci fa capire quanto profondi siano stati i cambiamenti avvenuti in seno alla popolazione dell'Italia centrale attraverso i secoli.

I longobardi

Insomma, man mano che i cosiddetti popoli barbari si spostano a sud lasciano tracce del loro passaggio: archeologiche, storiche, ma anche genetiche. Un po' alla volta i genomi dell'Italia centrale cambiano, e diventano più frequenti caratteristiche che in precedenza trovavamo solo nell'Europa centrale e del nord. Nel ricostruire questi spostamenti ci scontriamo però con un problema. Interi popoli, nel periodo delle migrazioni, si riorganizzano, raggruppandosi in confederazioni. Abbiamo studiato a scuola i loro nomi, spesso associati a episodi bellici: alemanni, franchi, visigoti e ostrogoti; avari, unni, vandali, e chi più ne ha più ne metta. Ma chi era tutta questa gente? Cosa possiamo dire di loro?

Nel primo libro della sua *Historia Langobardorum*, Paolo Diacono ci fornisce l'etimologia del nome longobardi: sono chiamati così, scrive, per le loro lunghe barbe, mai toccate dai rasoi. Insomma, erano quelli con la barba lunga (opposti ai franchi, che invece si rasavano). Ma a farsi crescere la barba, o a tagliarsela se occorre, ci vuole poco; oggi è una caratteristica che accomuna hipster dei cinque continenti, e non doveva essere molto diverso nell'Alto Medioevo. E poi, Paolo Diacono scrive a metà dell'VIII secolo, quindi a parecchia distanza dai fatti che racconta. Da dove provenivano queste popolazioni i cui uomini si distinguevano per la lunga barba, quando nel 488, attraversata la Boemia, si stabiliscono nelle pianure di quella che adesso chiamiamo Ungheria? Dobbiamo prestar fede a Paolo Diacono quando ci racconta che venivano dal nord della Germania, dalla foce del fiume Elba, anche se ci sono pochi dati archeologici a confermarlo? E quando nel 568 i longobardi guidati da Alboino attraversano l'Isonzo e invadono l'Italia, sono i discendenti di quelli che erano arrivati in Ungheria un secolo prima? Secondo stime giudicate attendibili, al seguito di Alboino non potevano esserci più di 100 mila persone; Alessandro Barbero mi ha fatto notare che solo sette anni dopo mezza Italia è longobarda (tutto il nord, e i ducati di Tuscia, Spoleto e Benevento) e nel 751 lo è diventata l'intera penisola, eccetto la Calabria ma compresa l'Istria. Non possono essersi moltiplicati così in fretta, senza dubbio molti dei loro sudditi in quei pochi anni *sono diventati* longobardi. Quindi il marchio ha avuto successo, essere longobardi in quegli anni doveva essere trendy, era la cosa giusta da fare per vivere in pace. Ma se si può rapidamente adottare una lingua e un modo di vestirsi, o magari di non rasarsi, la nostra eredità biologica muta molto più lentamente. E allora:

i longobardi (ma lo stesso discorso si potrebbe fare per tanti altri) erano una popolazione in senso biologico, con relazioni di parentela fra loro e una storia comune alle spalle, magari a noi sconosciuta? O si era messa insieme sotto lo stesso nome gente di provenienza diversa, che all'occorrenza avrebbe ancora cambiato abito e rispolverato il rasoio?

Un genetista, già anziano ma a quanto pare non ancora immune da raptus di giovanile incoscienza, pensava di aver trovato la soluzione al dilemma. Ero io. All'UCLA (Università della California a Los Angeles) volevano creare un Institute for Society and Genetics, e mi era arrivato un invito, in perfetto italiano, da una persona il cui nome sembrava uscito da un romanzo di Agatha Christie: Soraya de Chadarevian. Arrivato a destinazione, avevo scoperto che Soraya è una storica della scienza nata in Iran, che ha fatto le scuole a Roma e adesso vive in una bella casa vicino al mare, a Santa Monica. L'idea dell'Institute era venuta a lei e a uno storico del Medioevo, Patrick Geary, detto Pat. È stato, da parte mia, un colpo di fulmine (per Pat): una persona coltissima e gentile, al punto da offrirmi la sua spider per girare per Los Angeles (sono un fifone: non ho accettato); un raffinato storico, autore di un delizioso libro sui furti di reliquie nel Medioevo, pieno di curiosità per la genetica e per la possibilità di indagare la storia da tanti punti di vista.

Lo stipendio di direttore dell'Institute era buono, ma il contratto era di quattro anni, in America funziona così; poi, se hai lavorato bene, un'altra occupazione la trovi, ma può benissimo essere in Nebraska; non me la sono sentita di abbandonare il mio posto fisso a Ferrara. L'amicizia e la collaborazione con Pat sono però proseguite, anche quando, arrivata l'età della pensione, si è spostato a Princeton. E lì, fra i cortili neoromanici e neogotici di quella prestigiosa istituzione accademica (è stato sempre lui a spiegarmi come ai primi del Novecento si ritenesse che il lavoro degli studiosi, tanto simile a quello dei monaci, dovesse svolgersi in ambienti il più possibile simili a monasteri) è maturata l'idea di lavorare insieme sui longobardi.

La mia idea era semplice e superficiale. Prendiamo due cimiteri in Ungheria e due in Italia, in ciascun caso uno longobardo e uno no; confrontiamo i genomi della gente sepolta; se i longobardi ungheresi assomigliano a quelli italiani, vorrà dire che i primi sono gli antenati dei secondi; se invece gli italiani dei due cimiteri si assomigliano, e gli ungheresi assomigliano agli ungheresi, vorrà dire che essere longobardo aveva a che fare più con uno status sociale che con la biologia. Pat mi ha domandato come avrei fatto a distinguere le sepolture longobarde da quelle non longobarde. Gli ho risposto che quello era un problema suo, io mi occupo di DNA. Allora gli è toccato spiegarmi, paziente e ironico, che nelle tombe si trovano oggetti; questi oggetti si possono classificare come tipici della cultura longobarda (soprattutto le fibbie, a quanto pare), un po' meno tipici, parecchio meno tipici ecc. Un limite preciso fra longobardi e non longobardi non esiste. È stato così che della mia idea non è rimasta traccia nel primo studio che abbiamo pubblicato, nel 2018. Siamo partiti da due cimiteri di epoca logobarda, Szólád nell'Ungheria occidentale e Collegno vicino a Torino, e ne abbiamo ottenuto 63 genomi. Sono saltati fuori risultati giudicati interessantissimi dagli storici del gruppo, un po' meno da me, ma si vede che avevo la luna di traverso. In entrambi i cimiteri è stata trovata la tomba di un cavallo; quanto agli umani, erano sepolte vicine persone geneticamente affini, cioè imparentate fra loro, a dimostrazione che nella loro società le relazioni familiari contavano molto. Anzi, in sostanza entrambi i cimiteri erano strutturati intorno a poche famiglie (quattro a Szólád, due a Collegno) i cui membri occupavano posizioni vicine; intorno a loro erano sepolte persone biologicamente distinte da quelle delle famiglie principali. Ho provato a dire che forse i primi erano i longobardi veri e propri, e i secondi gli assimilati, ma ancora una volta mi sbagliavo, le cose erano più complesse. C'erano famiglie con genomi simili a quelli del mesolitico, e altre i cui genomi rivelavano relazioni con i primi agricoltori neolitici, ma a Szólád tre famiglie erano del primo tipo e una del secondo, e a Collegno una e una. C'era però una differenza culturale fra questi due gruppi biologici: solo le tombe di quelli con genomi di tipo mesolitico (più comuni nell'Europa del nord, come si vede in Figura 6 nel capitolo 5) erano rinforzate con strutture di legno e contenevano corredi ricchi, con armi, collane e pendenti; le altre no, ed erano quelle con genomi legati al neolitico, comuni nell'Europa del sud. Insomma, nonostante le mie insistenze, aveva ragione Pat Geary, una distinzione netta fra longobardi e assimilati non si riusciva a tracciare, anche se, a conti fatti, questi genomi del nord si ritrovavano, molto simili, sia in Ungheria sia in Italia. Abbiamo deciso di concludere con una frase di generico ottimismo, in cui spiegavamo che i nostri dati sono coerenti con una possibile migrazione a lunga distanza dalla Pannonia (cioè l'Ungheria) all'Italia del nord.

Io mi perdo d'animo facilmente, ma quella volta no. Incoraggiato dalle somiglianze, sottili e non decisive finché si vuole, ma presenti, fra questi genomi dall'aria nordica, abbiamo deciso di studiare altri cimiteri, arrivando a nove: tre in Italia, cinque in Ungheria, e uno nella Repubblica Ceca. E lì qualcosa è saltato fuori. Nel frattempo avevo ottenuto da Pat Geary il permesso di battezzare le sepolture come "associate alla cultura longobarda" o "non associate alla cultura longobarda"; le prime erano quelle che contenevano armi, le famose fibbie e altri oggetti che gli archeologi classificano come longobardi. Nelle sepolture non associate alla cultura longobarda i DNA erano molto differenti fra loro, e nel complesso non si riusciva a distinguerli da quelli delle altre sepolture. Ma, fra quelli che erano stati interrati con le armi e con le collane, si distingueva un gruppo omogeneo, con le caratteristiche che avevamo chiamato nordiche. Non so, nessuno può sapere, se questi fossero i longobardi doc, ma gli indizi a questo punto sono parecchi: tutte queste persone possedevano oggetti simili e DNA simili, anche se avevano concluso la loro vita in regioni distanti, Piemonte, Ungheria e Repubblica Ceca. Era difficile andare oltre, e non l'abbiamo fatto.

I vichinghi

E i famosi vichinghi? Erano anche loro quindi come sembra fossero i longobardi: un gruppo di fondatori geneticamente imparentati, che poi si è espanso incorporando gente dei territori conquistati? Sembra di no, sembra che lassù nel nord siano confluiti immigranti con caratteristiche e provenienze anche molto diverse, che poi si sono fusi in una stessa popolazione. I dati più importanti ci vengono da uno studio del 2020 in cui, dopo dieci anni di ricerche, sono stati caratterizzati i DNA provenienti da 442 corpi ritrovati in un'area che va dall'Ucraina alla Groenlandia, senza dimenticarci ovviamente la Scandinavia e le isole britanniche su cui torneremo fra poco. Ma intanto, conviene cominciare ridimensionando alcuni miti. Prima di tutto, nei siti archeologici vichinghi non si trovano i proverbiali elmi con le corna, peraltro (immagino) scomodissimi quando si sta ammassati in una nave gomito a gomito. E poi chi ha visitato il bel museo di Oslo sarà rimasto, come me, sorpreso dalle loro armature: piccole. I vichinghi non erano le creature colossali che ci propinano le serie tv; oddio, rispetto ai denutriti europei del

Medioevo forse misuravano qualche centimetro in più, ma noi li avremmo guardati dall'alto in basso. E infine conviene diffidare delle descrizioni, che pure sono state riprese con entusiasmo da sceneggiatori e costumisti, di energumeni luridi e scarmigliati. Si sa: in battaglia si finisce per spettinarsi, ma nei siti archeologici sono stati trovati, oltre alle famose spade a doppio filo, pettini, rasoi, e anche saponette. Il problema è che la storia dei vichinghi non ce l'hanno raccontata loro. A parte le iscrizioni runiche su pietra, le saghe nordiche sono state scritte quando, ormai cristianizzati, i vichinghi erano in pieno declino; le informazioni di cui disponiamo ci arrivano da cronisti inglesi e scozzesi, comprensibilmente sconvolti dagli effetti delle loro scorribande.

Non a caso, anche la parola "vichingo" l'hanno inventata gli inglesi. Compare per la prima volta in un poema anglosassone, il *Widsith*, arrivato fino a noi in un manoscritto del X secolo, il codice di Exeter. Sono i pirati del nord che, a bordo delle loro navi veloci e maneggevoli, le *drakkar*, terrorizzano le isole britanniche e la Francia fra l'VIII e l'XI secolo, spingendosi fino alla costa atlantica della Spagna e a quella che oggi chiamiamo Russia. Anche le date che delimitano l'epoca vichinga le hanno scelte gli inglesi: dal 793 (quando devastano il monastero di Lindisfarne) al 1066 (quando vengono sconfitti a Hastings dai normanni). Ma per devastare un monastero dovevano esistere già da prima, e dopo la sconfitta militare qualcuno sarà pure sopravvissuto. Insomma, queste date indicano solo che i vichinghi hanno dato fastidio agli inglesi per due secoli e mezzo. Nel frattempo, però, non hanno solo seminato morte e distruzione: hanno fondato Dublino; hanno colonizzato le Shetland, le Orcadi, le Fær Øer, l'Islanda e la Groenlandia; si sono spinti nel Mediterraneo, nel mar Nero e nel mar Caspio; hanno risalito il corso del Volga; e sono arrivati per primi nel continente americano: era gente che sapeva navigare.

In ogni caso, come si chiamassero fra loro, e anche se avessero un proprio senso di identità, non lo sappiamo. Dopo il Medioevo la parola "vichinghi" si è eclissata, rimpiazzata da "norvegesi" e "danesi" (che però erano considerate sinonimi), o anche, nel Baltico, da *ruotsi*, i rematori, (da cui forse deriva la parola Russia) per poi rispuntare in epoca romantica, nel cosiddetto revival vichingo. È stato nell'Ottocento che leggende e realtà si sono mescolate, con netta prevalenza delle prime, e gli scrittori scandinavi hanno dotato di corna gli elmi vichinghi. I tristi buontemponi barbuti, elmi cornuti in testa e ai piedi improbabili calzari, che immortalano su Facebook le loro sbornie di birra, sono l'ultima, malinconica propaggine del revival vichingo.

A questo punto penso sia abbastanza chiaro che le analisi del DNA antico si assomigliano un po' tutte. Si contattano gli archeologi, si discutono con loro i criteri di selezione dei campioni, da musei e siti di scavo; si raccolgono campioni di ossa, e se c'è il cranio tanto meglio, perché è nell'osso temporale che il DNA si conserva più a lungo; i genetisti estraggono tutto il DNA che riescono a estrarre, ne leggono le sequenze; si immagazzinano i dati, miliardi e miliardi di byte, nelle memorie dei computer. E poi si passa alla statistica. Confrontando i genomi di un certo periodo con quelli dei periodi precedenti e successivi, e quelli di una certa area geografica con altre aree, vicine e lontane, ci si fa un'idea, a volte anche piuttosto precisa, di come la gente si sia spostata e rimescolata, e anche di quanto grandi fossero le popolazioni.

Con il suo gruppo, Eske Willerslev, che si divide fra Cambridge e il Geogenetics Centre dell'Università di Copenaghen, ha scoperto che, intorno al V secolo, gli antenati dei vichinghi arrivavano dal sud, cioè dalla Germania, e dall'est, cioè dalla regione baltica. È logico: le terre del nord sono inospitali, poco adatte all'agricoltura, un po' di più all'allevamento; ci si è andati a vivere quando non se ne poteva fare a meno. Proprio la difficoltà a mantenere una popolazione in crescita, in un ambiente povero di risorse, può essere stata la molla che, con il tempo, ha spinto i vichinghi a viaggiare e a cercare forme di sostentamento, diciamo, meno tradizionali, come il saccheggio. La mancanza di spazio, unita alle capacità nautiche e belliche, può aver creato i presupposti per una politica di espansione tramite pirateria. Le prime comunità vichinghe non erano tutte uguali. Per esempio, nell'isola di Gotland, a est della Svezia, Willerslev ha rintracciato genomi simili a quelli trovati nell'età del bronzo nell'attuale Estonia, quindi non proprio dietro l'angolo; invece altre comunità svedesi assomigliano geneticamente alle popolazioni antiche della Germania, da dove con molta probabilità provengono.

Insomma, il popolo vichingo si forma per fusione, non si sa quanto completa, di gruppi preesistenti che non risiedevano tutti nello stesso posto. Di conseguenza, le sue comunità non sono tutte uguali, e a mantenere le differenze deve aver contribuito un certo grado di isolamento reciproco. Allo stesso modo, quando i vichinghi cominciano a espandersi non lo fanno tutti insieme. Gli storici hanno molto discusso sull'origine delle varie bande, che le saghe, scritte però molto tempo dopo i fatti narrati, collocano soprattutto in Norvegia. Oggi possiamo abbozzare una risposta, perché nelle sepolture vichinghe in Islanda, Groenlandia e Irlanda troviamo in prevalenza gente il cui DNA assomiglia a quelli trovati nelle comunità stanziate lungo la costa norvegese, mentre a quanto pare le spedizioni verso l'Inghilterra e la Russia partivano dall'attuale costa danese. I vichinghi che hanno fondato Dublino (norvegesi) non erano gli stessi che hanno conquistato la città di York, facendone per ottant'anni la capitale del Regno di Jórvík (danesi).

Nel corso di queste espansioni, spesso quelli che si imbarcavano erano imparentati fra loro. Possiamo affermarlo perché disponiamo di un dato molto interessante, frutto di una spedizione nel Baltico finita male. A Salme, in Estonia, sono state ritrovate, si perdoni il bisticcio, 41 salme, sepolte sulla spiaggia con le loro armi, all'interno di due navi vichinghe. Niente di strano, era una forma di sepoltura abbastanza comune in Norvegia, ma anche in Inghilterra. I 41 scheletri in questione portano i segni di una morte violenta. Il DNA ha dimostrato che fra loro ci sono quattro fratelli e un loro parente, forse uno zio, sepolti fianco a fianco. Per inciso, nella chiglia delle navi, che di solito sta sott'acqua, sono state ritrovate molte punte di freccia, alcune delle quali del tipo usato per lanciare materiale incendiario: i vichinghi si sono difesi ribaltando le navi e servendosene come di una barricata. Per 41 di loro non è bastato a salvare la pelle; però qualcuno dev'essere sopravvissuto, se ha avuto modo di portare i caduti e le navi a cento metri dalla riva e dar loro una sepoltura in qualche modo formale. I corpi infatti sono stati coperti con gli scudi, al loro fianco gli oggetti preziosi in loro possesso: armi, pettini, e anche un paio di dadi da gioco rettangolari. Le ossa e il legno delle navi hanno permesso di datare l'episodio: intorno all'anno 700. Sembra quindi chiaro che, già prima degli sbarchi in Inghilterra, i vichinghi fossero ben organizzati per navigare e combattere. Dovevano avere una gerarchia interna: anche se si tratta di una sepoltura di massa, probabilmente frettolosa, nel sito di Salme le armi tumulate vicino ai loro proprietari permettono di riconoscere un capo (più in alto di tutti, con una spada a due tagli ricca di decorazioni), sotto di lui alcuni luogotenenti (anch'essi con spade dall'elsa elaborata), e in basso i marinai o soldati semplici. Vecchie fratture cicatrizzate in alcune delle ossa dimostrano che, fra di loro, c'erano anche veterani di vecchie battaglie.

Come abbiamo detto, i primi abitanti dell'Islanda, nel IX e X secolo, provenivano dalla Norvegia. Non tutti, però. Alcuni genomi islandesi mostrano chiare somiglianze con genomi loro contemporanei delle isole britanniche. Non sappiamo se si trattasse di inglesi incorporati nelle comunità vichinghe, o che sono arrivati per conto proprio in Islanda; i loro corredi funerari dimostrano però che avevano tutti adottato i costumi vichinghi. Sono stati questi islandesi a spingersi ancora più a nord, in Groenlandia (dove disponiamo di reperti fossili umani) e poi in America, che nelle loro saghe si chiama Vinlandia (ma di questi ultimi è stato ritrovato solo materiale archeologico: a L'Anse aux Meadows, sull'isola canadese di Terranova). Si può datare la presenza vichinga in Groenlandia fra l'anno 1000 e il 1400.

Il DNA ha permesso anche di ricostruire alcune caratteristiche fisiche dei vichinghi. Per esempio, la maggior parte di loro, come gli odierni scandinavi, digeriva bene il latte. Meno scontata è la scoperta che quasi tutti avevano capelli scuri o neri; i biondi erano una minoranza. Pare però che già allora i biondi (o forse le bionde) fossero apprezzati, perché il sapone, di cui abbiamo già parlato, aveva una composizione fortemente basica e permetteva appunto di schiarirsi i capelli.

Due parole, infine, sulle saghe, i famosi resoconti in prosa delle migrazioni, delle faide fra famiglie e delle esplorazioni dei popoli del nord. Quella di Eirik il Rosso racconta la scoperta della Vinlandia, cioè dell'America. Jorge Luis Borges le adorava e aveva imparato l'antico islandese per poterle leggere in originale, ma non possiamo considerarle fonti storiche attendibili perché sono state scritte fra il XII e il XV secolo, molto più tardi cioè degli eventi narrati. Chiedo scusa allo spirito di Borges, ma a me sono sembrate appassionanti quanto l'elenco telefonico: interminabili liste di partecipanti alle spedizioni, di ognuno dei quali si ricostruisce la genealogia; l'elevata mortalità aggiunge un micidiale fattore di complicazione, perché vedove e vedovi si risposano, generando figli che sono mezzi fratelli dei precedenti, e a volte loro omonimi o quasi. Dalla loro lettura mi sembra di aver capito, però, almeno una cosa: nella vita durissima che facevano, in cui si sommavano le ostilità di un ambiente estremo e di una società violenta, i vichinghi, più che persone, si sentivano figli, nipoti, pronipoti di qualcuno, membri di un clan le cui sorti contavano più della sopravvivenza individuale. Lo studio del gruppo di Willerslev si conclude sottolineando che esiste un certo livello di continuità genealogica fra le popolazioni vichinghe e quelle attuali della Scandinavia; quindi, alla fine dei conti, i clan non si sono estinti, o non tutti. In questo senso, ma solo in questo, i vichinghi sono ancora fra noi.

Le isole britanniche

Gli inglesi possono vantare le più antiche tracce di presenza umana in Europa (le impronte di Happisburgh; le abbiamo incontrate all'inizio del capitolo 3). È un record, ma non vale granché: questi primi umani dovevano per forza arrivare dall'Africa, loro o meglio i loro antenati; e quindi prima saranno passati per un sacco di altri posti. La storia della popolazione inglese di adesso non comincia però a Happisburgh; la conosciamo piuttosto bene perché gli inglesi, quando ci si mettono, producono fior di risultati scientifici. Per dirne una, presto avremo a disposizione i dati prodotti dal più grandioso progetto mai concepito in genetica, il *100.000 Genomes Project*: 100 mila genomi interamente sequenziati, anzi, ormai un po' di più. Com'è naturale, lo scopo di questo formidabile sforzo scientifico è soprattutto clinico. Dalla conoscenza approfondita del DNA degli inglesi si spera di poter trarre informazioni utili a prevenire molte malattie, a diagnosticarle precocemente, e anche a curarle. Però gli evoluzionisti come me hanno imparato a parassitare questi studi: quando le analisi di interesse biomedico sono terminate ci facciamo passare i dati che non avremmo mai avuto i fondi per raccogliere da soli, e lì troviamo una miniera di informazioni utili.

Del mesolitico inglese si conoscono diversi genomi, e il più celebre l'abbiamo già incontrato: il Cheddar Man, vissuto 10 mila anni fa. Nel suo DNA si ritrovano le varianti associate alla pelle nera degli africani, e ai capelli neri, insieme però agli occhi azzurri. Come quasi ovunque in Europa, il passaggio al neolitico (un po' in ritardo nelle isole britanniche rispetto alle regioni limitrofe, diciamo 6 mila anni fa), porta con sé un cambiamento demografico profondo. I primi agricoltori britannici assomigliano ai primi agricoltori dell'Anatolia e dell'Egeo: come quasi tutti, è da lì che venivano. Sono loro che importano dal continente le pelli chiare, e dopo di loro non troviamo tracce della prima popolazione di pelle scura. Ma non finisce qui, perché, a differenza che altrove, all'arrivo dell'età del bronzo assistiamo a un altro cambiamento, poco meno radicale. Fra il 2400 e il 2000 a.C. i genomi delle isole britanniche sono simili a quelli dell'età del bronzo delle steppe, mentre quelli neolitici sono diventati una piccola minoranza. Tornerà a salire la componente neolitica, un paio di millenni più tardi, ma non è chiaro se si tratti di gruppi che sono sfuggiti alle analisi precedenti (ricordiamoci che tutti questi ragionamenti si basano su poche decine di resti fossili), o dell'effetto della colonizzazione romana, cioè dell'arrivo di migranti dal sud, in un numero difficile da quantificare.

È interessante però che dallo studio di alcune sepolture di epoca romana sia emerso, oltre a diversi DNA affini a quelli dell'età del bronzo, un genoma di chiare origini mediorientali, appartenuto a qualcuno che doveva essere arrivato in Inghilterra da molto lontano.

A questo punto, gli storici ci raccontano una serie di invasioni: gli anglosassoni, poi i vichinghi, poi i normanni. Cosa significano, in termini biologici, questi nomi, e siamo sicuri che ogni evento registrato dagli storici abbia modificato la composizione della popolazione? Uno studio del 2016 giunge alla conclusione che sì, l'arrivo degli anglosassoni è stata una vera migrazione, che ha lasciato tracce in Inghilterra e, in misura minore, anche in Scozia e Galles. Venivano dalla penisola dello Jutland o dalle coste subito più a sud, intorno all'anno 400 d.C., e i loro genomi sono simili a quelli degli attuali danesi e olandesi. Dunque, una volta tanto, il termine con cui gli storici dell'epoca li hanno definiti, "danesi", corrisponde bene alla loro origine geografica.

Questo studio, firmato tra gli altri da un prestigioso biostatistico di Cambridge, Richard Durbin, ha suscitato polemiche. Ne abbiamo già accennato all'inizio del capitolo: è capitato, e capita, che i dati genetici vengano interpretati un po' frettolosamente. In un editoriale non firmato dal titolo inequivocabile, *On the use and abuse of ancient* DNA ("Sull'uso e l'abuso del DNA antico"), la rivista *Nature* prende le distanze da possibili eccessive semplificazioni. "Un altro problema per archeologi e storici sta nell'abuso dei risultati degli studi sul DNA antico. [...] Sono preoccupati che studi del DNA di gruppi etichettati come franchi, anglosassoni o vichinghi portino a una loro reificazione, associando profili genetici fuorvianti a categorie definite dagli storici e non rappresentative di come gli individui del tempo consideravano se stessi. C'è già chi vede in questi studi il modo di rintracciare le proprie origini in qualche popolazione del passato, per giustificare pretese su questo e quest'altro territorio." Reificazione: vuol dire che una categoria creata per intendersi più facilmente (per esempio: gli juventini) diventa poi qualcosa di reale, a cui si finisce per attribuire un'identità genetica arbitraria (i geni degli juventini, che ovviamente non esistono). Io direi che queste preoccupazioni vanno prese sul serio, perché il rischio c'è; e conosciamo molti esempi di rivendicazioni territoriali basate su identità biologiche, vere o presunte (dalla richiesta di uno spazio vitale della Germania nazista alle leggi contro l'immigrazione nell'Ungheria di Viktor Orbán). Al tempo stesso, mi viene da dire che proprio lo studio accurato delle nostre differenze e somiglianze biologiche ha dimostrato come non esistano al mondo popolazioni che possono definirsi pure, e quindi non esista una base scientifica seria per qualsiasi tipo di proposta politica che abbia a che fare con la creazione di confini. Di fatto, l'editoriale di *Nature* invita tutti a fare i conti con la complessità dei fenomeni storici che stiamo studiando da punti di vista diversi, senza semplificazioni comode ma ingiustificate. E su questo non si può che essere d'accordo.

Dei vichinghi abbiamo appena parlato. C'è da aggiungere che anche loro provenivano, in parte, dal Nord Europa; distinguere il loro contributo da quello degli anglosassoni si è dimostrato molto complicato. Willerslev e i suoi collaboratori stimano che discenda da loro un 6% dei genomi inglesi, e un 16% di quelli scozzesi, ma ammettono che queste cifre sono da prendere con le pinze.

Tornando al *100.000 Genomes Project*, nel 2015 sono usciti i risultati di una prima analisi di oltre 2 mila genomi moderni. Gli algoritmi scelti dai ricercatori hanno raggruppato questi genomi in 17 unità, o *clusters*, che poi hanno proiettato sulla mappa con simboli di altrettanti colori diversi. Il quadro che emerge è interessante. Prima di tutto, e non dovrebbe più essere una sorpresa, nessuna zona del Regno Unito è di un colore solo; anche qui, come ovunque, la tendenza umana a spostarsi ha impedito che si formassero territori geneticamente omogenei. Però i colori non sono disposti a casaccio, ed emergono differenze fra la maggior parte dell'Inghilterra (il centro e il sud), la Cornovaglia, il Galles, e naturalmente la Scozia, e ancor più le isole Orcadi. Nonostante si parli in continuazione di profonde, insanabili differenze fra Scozia e Inghilterra, è proprio nella regione di confine, intorno al Vallo di Adriano, che troviamo il miscuglio più vario di componenti diverse. Gli autori dello studio hanno cercato di associare ciascun *cluster* a una popolazione di origine ma, a mio parere, con incerto successo. Forse è il caso di ammettere che nell'ultimo secolo la gente si è spostata tantissimo (ne avevamo già parlato a proposito degli elenchi telefonici olandesi), e la riproduzione sessuale, in cui si mescolano i contributi genetici dei genitori, ha fatto il resto. Studiare il DNA è interessante, utile e anche, per quanto mi riguarda, estremamente dilettevole. Sarebbe però ora di lasciar perdere la pretesa di poter spiegare *tutte* le nostre differenze e riportarle a un'origine ancestrale.

Gli ebrei e i rom

Si potrebbe andare avanti a lungo, raccontare di tante altre popolazioni sulla cui storia il DNA ha rivelato dettagli interessanti. Non lo farò. Mi pare che, un po' alla volta, il quadro generale si sia chiarito: l'Europa non è il continente di quelli con la pelle bianca (siamo bianchi da pochi millenni e grazie agli immigrati dall'Asia), né un posto in cui tutti si assomigliano (non ne esiste uno al mondo). Non è neanche il luogo da dove vengono i nostri antenati, perché abbiamo antenati in tanti luoghi diversi, dentro e fuori dall'Europa, e in definitiva vengono tutti dall'Africa. "Non domandarci la formula che mondi possa aprirti / sì qualche storta sillaba e secca come un ramo," come dice Eugenio Montale: vale anche qua. Ci sono però ancora due popolazioni di cui voglio parlare, speciali in un certo senso perché, a differenza delle altre, non hanno un territorio proprio in Europa: ebrei e rom. Le loro vicende storiche sono diversissime, ma le accomunano le ben note persecuzioni di cui sono state vittime, e in parte sono tuttora.

Cosa significhi essere ebreo è tema su cui si sono cimentate menti ben più fini della mia, e non intendo affrontarlo. Basta ricordare che la diaspora, la dispersione degli ebrei, è cominciata sotto il regno di Babilonia, fra l'VIII e i VI secolo a.C. Nel I secolo d.C. ci sono comunità ebraiche su tutte le coste mediterranee, in Anatolia, in Francia, in Germania, e naturalmente a Roma e a Babilonia, che fino al XIII secolo diventa il principale centro della cultura ebraica. Per gli scopi di questo libro, seguendo una tradizione consolidata, dividerò le comunità in sefardite e ashkenazite. Sefarad indica la Spagna, mentre la terra di Ashkenaz, secondo la letteratura rabbinica, si trovava nell'attuale Turchia, sulle sponde del mar Nero. Dunque, gli ebrei sefarditi sono quelli che la diaspora ha portato nella penisola iberica, finché nel 1492, anno della loro espulsione da parte dei re cattolici, si sono ulteriormente dispersi. Invece l'origine degli ebrei ashkenaziti sconfina nel mito, ma le comunità attuali discendono da gruppi di ebrei tedeschi documentati nel X secolo: forse nella valle del Reno, forse in Baviera. Il tratto caratteristico degli ashkenaziti, fino alla formazione dello stato di Israele, era la lingua yiddish, una variante del dialetto altotedesco, le cui origini, come vedremo, sono state messe in discussione da uno studio molto controverso.

Fra sefarditi e ashkenaziti ci sono differenze nelle forme di culto e nella storia demografica. La pagina di Wikipedia riporta che nell'XI secolo gli ashkenaziti costituivano solo il 3% della popolazione ebraica mondiale, ma nel 1931 erano arrivati al 92% e oggi sono un po' scesi, anche se costituiscono sempre un 80% del totale. Questo andamento demografico si riflette nelle nostre conoscenze. La genetica degli ebrei è stata studiata a fondo, soprattutto per scopi clinici, ma la maggior parte degli studi si riferisce agli ashkenaziti d'Israele e degli Stati Uniti.

Nel 1991, Greg Livshits, Robert Sokal e Eugene Kobyliansky hanno confrontato 12 paia di popolazioni, ebraiche e non, delle stesse aree dell'Europa, del Vicino Oriente e del Nord Africa. Hanno dimostrato che le prime sono più simili fra loro delle seconde, e hanno interpretato questo dato come conseguenza di una comune origine degli ebrei, più recente della comune origine delle popolazioni non ebraiche. Hanno però anche visto che, in media, ogni popolazione ebraica ha qualche affinità con quella non ebraica della stessa area, il che si spiega pensando a scambi genetici locali fra ebrei e non ebrei. Insomma, gli ebrei deriverebbero da un nucleo genetico comune, ma non è vero che da allora siano vissuti in perfetto isolamento: una mescolanza con le altre comunità c'è stata.

Nel 1991 i dati disponibili erano pochissimi rispetto a oggi, ma in sostanza queste conclusioni reggono ancora. Anche se molte comunità, ebraiche, cristiane e islamiche, ostacolano o non ammettono il matrimonio con esponenti di altre religioni, a quanto pare il tasso di conversione, in un senso e nell'altro, è stato sufficiente a mantenere attivo il transito di geni, per secoli. E c'è di più. Già nel 2000 Mike Hammer, uno dei pionieri dello studio del cromosoma Y umano, aveva rilevato che, nel Vicino Oriente, ebrei e non ebrei hanno gli stessi cromosomi Y. Lo ha confermato una recente analisi di DNA antico del gruppo diretto da David Reich, un dinamico genetista di Harvard, che il *National Geographic* ha riassunto con queste parole: "Il DNA dei canaaniti della Bibbia vive nei moderni arabi ed ebrei." La biblica terra di Canaan copriva i territori che oggi chiamiamo Siria, Libano, Israele e Giordania. Reich ha raccolto campioni dei suoi abitanti da siti archeologici delle età del bronzo e del ferro (tra il 3500 e il 1100 a.C.), fra cui Megiddo e Ashkelon. Secondo gli storici, è improbabile che i canaaniti abbiano mai fatto parte di un unico stato o entità politica, tuttavia condividevano una cultura materiale che gli archeologi sanno riconoscere. I loro DNA, ovviamente non tutti uguali, sono in effetti omogenei e fanno pensare a una discendenza da due popolazioni più antiche: i primi agricoltori del Vicino Oriente (prevedibile) e (molto meno prevedibile) le popolazioni dell'età del bronzo del Caucaso. Dev'esserci stata una migrazione, se non proprio da lì, da una regione i cui abitanti assomigliavano molto a quelli del Caucaso. Il risultato più importante dello studio di 73 antichi canaaniti emerge però dal loro confronto con le popolazioni moderne. Oltre metà del DNA di queste popolazioni, non importa se ebraiche o arabe, sembra provenire da antenati canaaniti. Studi più limitati avevano portato alle stesse conclusioni. Per esempio, la frazione di DNA che può essere attribuita ad antenati canaaniti sale al 90% nei libanesi di oggi. Insomma, procedendo a ritroso nel tempo troviamo, in un passato non molto lontano, gli stessi antenati per arabi ed ebrei. La formazione di gruppi diversi, divisi da religione, cultura o lingua, ha portato a un relativo isolamento, che non ha cancellato le tracce dell'origine comune. Ci sono tuttavia differenze fra gli ashkenaziti da un lato, e arabi ed ebrei sefarditi (i mizrahì dell'Iraq, Iran e Yemen, e quelli del Marocco) dall'altro. I primi hanno in media un 40% dei loro genomi a cui si può attribuire un'origine europea (frutto degli scambi che Sokal e i suoi collaboratori avevano individuato già nel 1991), i secondi mostrano una discendenza più diretta dai canaaniti e una ridotta componente europea nei loro genomi.

Non dovrebbe riguardarci, ma forse è il caso di precisare che, nella Bibbia, i canaaniti, dal cui DNA sembra di poter far discendere quello degli ebrei, sono avversari degli israeliti. Lascerei dirimere la questione agli esperti biblisti: non è la prima volta che leggiamo di conflitti fra popoli vicini o fratelli, e non sarà, temo, l'ultima.

La discendenza degli ashkenaziti da progenitori, più o meno leggendari, stanziati vicino al mar Nero ha posto, ovviamente, qualche problema. Per quel poco o quel tanto che la genetica può dire, se gli ashkenaziti vengono da lì non ne portano una traccia evidente nel genoma. Uno studio coordinato da Noah Rosenberg, un giovane e brillante ricercatore a cui si devono importanti innovazioni nei metodi di analisi statistica dei genomi, non ha trovato evidenze di scambi con le popolazioni khazare dell'area del mar Nero, né con altre più moderne della zona. Queste conclusioni sono state contraddette da un discusso studio a cavallo fra genetica e linguistica, firmato tra gli altri da Eran Elhaik. Lo yiddish sarebbe una lingua slava, creata nel Medioevo da mercanti ebrei "irano-turco-slavi" (la definizione è di Elhaik) lungo la Via della Seta, per intendersi fra loro senza essere capiti dagli altri. A sostegno di questa ipotesi, Elhaik porta l'analisi di un migliaio di genomi, fra ebrei ashkenaziti americani e varie popolazioni asiatiche ed europee. Ottimi storici e linguisti hanno sollevato critiche serie, e c'è chi ha accusato Elhaik di aver selezionato le comunità ebraiche che avrebbero confermato la sua ipotesi, eliminando quelle che non gli facevano comodo. Se sia davvero andata così non lo so, ma mi pare che l'ipotesi di un'origine degli ashkenaziti in Turchia non abbia trovato altri sostenitori.

Insomma, la storia delle popolazioni ebraiche è intricata, e a questo punto nessuno dovrebbe più sorprendersi perché, come abbiamo visto, vale in generale per qualsiasi popolazione. Non ci sono nel DNA elementi o varianti che definiscano chi è ebreo, come non c'è *il* DNA dei greci o dei baschi, oppure di etruschi e vichinghi. Piuttosto, l'abitudine degli ebrei di conservare documenti scritti ci aiuta a orientarci fra le tante ipotesi possibili sulla loro storia e le loro migrazioni.

Documenti del genere invece non esistono per un'altra popolazione europea senza terra, i rom, nella cui bandiera campeggia significativamente, in rosso, una ruota. La loro diaspora rimane uno dei fenomeni migratori meno indagati. Pare che la prima intuizione sulle loro origini sia venuta a un filologo ungherese del Settecento che, in viaggio, ha ascoltato due indiani parlare e ha riconosciuto parole già sentite in bocca agli tzigani del suo paese. Forse è utile aggiungere che tzigani, come gitani e zingari, sono tutti nomi attribuiti ai rom nei paesi europei. Il termine più comprensivo per chiamarli è popoli romaní, e comprende rom, sinti e altri gruppi; mi si perdonerà se, per semplicità, qui mi riferirò a tutti loro come rom, una parola entrata nell'uso comune. Oggi sono circa 11 milioni, e se per ricostruire la storia degli ebrei è inevitabile rivolgersi a un testo non scientifico, la Bibbia, la loro traccia più antica i rom potrebbero averla lasciata nell'opera di un grande poeta persiano, Firdusi. Nel suo *Shāhnāmeh* ("Libro dei Re"), Firdusi racconta che lo shah Bahram V, che ha regnato dal 420 al 438 d.C., avrebbe chiesto a un suo collega indiano migliaia di musicisti, i luri, per intrattenere la corte. Al loro arrivo li avrebbe ricompensati regalando loro delle terre, ma i luri erano pescatori, non contadini, e le avrebbero lasciate andare in rovina. Infuriato, lo shah li avrebbe cacciati, costringendoli così a viaggiare per l'eternità. Questa data, più antica di quella che molti storici vedono come il probabile inizio della diaspora rom, è sorprendentemente vicina a quella stimata in uno studio genetico del 2012, in cui i gruppi di

Manfred Kayser a Rotterdam e di David Comas a Barcellona hanno analizzato i DNA di membri delle comunità rom di 13 paesi europei (fra cui non figura l'Italia). I loro dati sono compatibili con un'origine in India, e su questo gli storici non hanno obiezioni.

Un'analisi più dettagliata è uscita nel 2020, frutto del lavoro, all'Università Pompeu Fabra di Barcellona, di Jaume Bertranpetit, David Comas e i loro collaboratori. Dopo aver raccolto dati per anni, attraverso un raffinato lavoro di simulazione, hanno confermato una probabile data di separazione fra i rom e la popolazione indiana a cui sono più affini, quella del Punjab, a cavallo fra India e Pakistan, intorno a 1500 anni fa. L'analisi ha permesso di capire qualcosa anche sulle loro vicende posteriori. La variabilità genetica fra le diverse popolazioni rom è molto limitata: segno che devono essersi drasticamente ridotte di dimensioni in una qualche fase della loro storia, comunque prima che gli antenati delle popolazioni attuali si separassero. È possibile collocare nel tempo questa crisi demografica, in gergo tecnico collo di bottiglia, e la data più verosimile è subito dopo l'uscita dall'India. Il modello che si è dimostrato più probabile stima che con il collo di bottiglia la popolazione si sia ridotta a meno della metà, e poi si sia divisa in due gruppi, uno arrivato in Europa del sud attraverso i Balcani, l'altro passando a nord del mar Nero e poi in Europa centrale. Per una via o per l'altra (e questo ce lo dicono le cronache), troviamo i rom a breve distanza di anni in regioni dell'Europa molto lontane, come la Romania (1385), la Spagna (1425), la Lituania (1501) e il Galles (1523). Altro risultato interessante: in Europa, per qualche motivo, i rom sono spesso stati chiamati egiziani, o con nomi che implicavano un'origine in Egitto. Al contrario, il gruppo di Barcellona ha potuto escludere che una frazione significativa di loro sia transitata per il Nord Africa; molto più probabile sembra un itinerario attraverso l'Iran, l'Armenia e l'Anatolia, e poi la separazione fra i due gruppi. Entrambi gli studi, quello del 2012 e quello del 2020, hanno riscontrato chiare evidenze di un transito di geni, dalle popolazioni europee ai rom, ma non viceversa. Vuol dire che europei e rom hanno fatto figli insieme, in misura anche considerevole, ma che questi figli sono poi cresciuti all'interno delle comunità rom.

A conti fatti

Negli ultimi dieci anni le nostre conoscenze sul DNA si sono sommate a quelle che archeologi, storici e antropologi hanno accumulato per secoli. Non per questo abbiamo compreso a fondo tutta la storia delle popolazioni europee, e non c'è da stupirsene. Stiamo parlando di culture che nascono, si sviluppano, entrano in crisi e scompaiono; migrazioni, contatti, conflitti; il tutto sparso su un intero continente attraverso millenni. Ma i progressi ci sono stati, e per rendersene conto basterebbe confrontare la prima edizione di questo libro con l'attuale.

Ogni progresso, tecnologico o culturale, solleva interrogativi, e neanche questo è strano. È successo, tanto per fare due esempi, con l'invenzione delle macchine tessili e con quella dei vaccini, entrambi eventi che hanno migliorato sensibilmente la qualità della vita (e, se parliamo dei vaccini, anche la sua quantità, cioè la sua durata) per miliardi di persone, ma che hanno dovuto scontrarsi con difficoltà e resistenze. Nel nostro caso, le critiche provengono soprattutto dall'area umanistica, e ne abbiamo già parlato nel capitolo 5. Mi sembra che una preoccupazione, avanzata soprattutto da sociologi e politologi, vada presa sul serio: attraverso la ricerca delle origini, si rischia di giustificare un atteggiamento essenzialista, cioè sostanzialmente etnico o razziale. È un po' quello che si chiedeva il giornalista di *The Hindu* nel primo capitolo: ma i turchi sono biologicamente assimilabili agli europei? Idee del genere non circolano solo negli scantinati dove si progettano spedizioni punitive contro gli immigrati. "Una d'arme, di lingua, d'altare / di memorie, di sangue e di cor": sarebbe l'Italia secondo Manzoni. Non si fa fatica a riconoscere, in queste parole, una sintesi delle motivazioni che hanno portato, nell'Ottocento, alla creazione degli stati nazionali. Requisiti necessari: un esercito, una lingua, una religione, delle tradizioni in comune; uno stesso ceppo biologico, il cosiddetto "sangue"; e una comunità di intenti, il cosiddetto "cor". Nell'Ottocento, e nel Novecento, durante la decolonizzazione, queste idee sono state anche un fattore di progresso: hanno contribuito alla caduta delle monarchie assolute e alla dissoluzione degli imperi coloniali, due istituzioni che personalmente non rimpiango. Oggi però siamo nel XXI secolo, e vanno riviste alla luce dell'esperienza, che comprende due guerre mondiali e un'esplosione di particolarismi e nazionalismi, fra i cui tremendi frutti vanno annoverate guerre e massacri etnici in Ruanda, Jugoslavia, Etiopia, fra India e Pakistan, Iraq, Siria, Birmania ecc.

Non credo proprio che una migliore conoscenza della storia delle popolazioni umane avrebbe potuto limitare violenze e spargimenti di sangue che trovano la loro principale ragione sul terreno economico e politico. Vorrei però concludere questo capitolo dicendo che più ne sappiamo, e meno appare plausibile la rivendicazione di un territorio, o di uno stato indipendente, su basi biologiche. Nelle ultime pagine abbiamo parlato delle differenze fra Sardegna mesolitica e neolitica, e fra sardi nuragici e attuali galluresi. Abbiamo concluso che non possiamo considerare i toscani in generale come discendenti degli etruschi. Abbiamo visto come sul territorio dell'Italia centrale si siano succeduti gruppi diversi, e che anche all'interno della stessa entità politica (Roma, dal periodo repubblicano a quello imperiale) la popolazione sia cambiata in modo profondo. I longobardi non erano la stessa gente in Ungheria e in Italia, anche se avevano mantenuto lo stesso nome. I vichinghi, e probabilmente molte altre popolazioni, si sono formati a partire da antenati che risiedevano in tanti posti diversi. Al contrario, due popoli che le cronache ci presentano come ferocemente contrapposti, arabi ed ebrei, si trovano ad avere gli stessi antenati 5 mila anni fa.

Insomma, facciamola breve: abbiamo antenati dappertutto, tutti noi. Non sono in grado di escludere che qualcuno faccia eccezione, ma io casi del genere non li conosco. È impossibile stabilire una relazione chiara fra geni, popoli e territori, e questo ci obbliga a considerare in maniera diversa il problema delle radici. Le radici: quelle che, a sentire i movimenti sovranisti, se le abbiamo in un posto ci danno diritto a essere cittadini con pieni diritti, e se invece le abbiamo in un altro posto dovrebbero implicare un minor accesso, o nessun accesso, ai sistemi di protezione sociale, alla scuola, alla sanità. Marco Aime, un bravissimo antropologo, ha fatto notare che le radici sono l'organo che permette alle piante di stare ferme in un posto: ma dove la pianta ha radici, noi umani abbiamo gambe e piedi, che sono sempre serviti esattamente al contrario, a spostarci. Ma c'è di più. Quando si parla di radici, viene spontaneo pensare a quelle della carota, un fittone ben piantato in un posto. Ora, se proprio la metafora ci piace (e senza dubbio ha una sua forza evocativa), propongo di riflettere sulla grande varietà di forme che le radici assumono nel regno vegetale. La segale, *Secale cereale*, ha un sistema di radici fibrose che, in una singola pianta, possono raggiungere una lunghezza complessiva di 623 chilometri. Ecco, questo è quanto abbiamo scoperto nei pochi studi genetici che ho cercato di riassumere in questo capitolo, e in centinaia di altri di cui non ho avuto il tempo di parlare. Se proprio dobbiamo ricorrere alla botanica per visualizzare gli antenati da cui ciascuno di noi discende, di certo le nostre radici non sono come quelle della carota, fisse in un punto preciso, ma come quelle della segale, che si spingono lontano in molteplici direzioni diverse.

Il mercato della genetica

Leggere il DNA non serve solo a soddisfare legittime curiosità sul nostro passato. L'enorme quantità di informazioni che si stanno accumulando nei database, pubblici e soprattutto commerciali, ha importanti conseguenze sul piano pratico. A lungo andare, potrà permettere di prevedere la nostra reazione ai farmaci, di scegliere un'alimentazione che ci si confà, e tante altre belle cose. A lungo andare, però: molte di queste belle cose sono ancora di là da venire. In compenso c'è chi sta già cercando di vendercele. Da metodi pseudoscientifici per selezionare l'anima gemella alla diagnosi precoce di malattie ereditarie, dall'opportunità di essere messi in contatto con parenti sconosciuti alle soluzioni miracolose per dimagrire, ormai esistono test genetici per qualsiasi cosa. Molto trendy, e del tutto destituiti di ogni fondamento, i test che promettono di riconoscere le intolleranze alimentari. Qui ci sarebbe da fare un lungo discorso su come, in molti casi, si scambino per intolleranze alimentari le banali conseguenze di una dieta scorretta, ma per questo è meglio rivolgersi agli esperti, come Dario Bressanini, che su YouTube ha un canale molto ben fatto e, per fortuna, molto seguito. I test hanno nomi altisonanti (bioscreening, test citotossico, biorisonanza) e le spacconate si sprecano: una ditta italiana propone un fantasioso "Kit salute" che permetterebbe di definire, analizzando il DNA, una "dieta altamente personalizzata", individuando "l'esatto fabbisogno personale di vitamine, minerali e antiossidanti".

Non ho trovato dati più recenti, ma nel 2002 la Società italiana di genetica umana (SIGU) aveva censito solo in Italia 373 strutture che offrivano servizi del genere, oggi chiamati *direct-to-consumer tests*, cioè test forniti senza mediazioni al consumatore; sarebbe sorprendente se negli anni trascorsi da allora il loro numero non fosse decuplicato. Questo proliferare d'iniziative è, a dir poco, prematuro. Come fa notare Massimo Gaggi sul *Corriere della Sera*, il sequenziamento del genoma umano è stato completato da tempo e ancora non si ha notizia della rivoluzione che avrebbe dovuto cambiare radicalmente la medicina. Il fatto è che prima di rivoluzionare la medicina è meglio avere le idee chiare, e per chiarirsele la strada da percorrere è ancora lunga.

Bisognerebbe capire meglio il complesso di fattori, genetici e non, che predispongono alle malattie, e per curarle bisognerebbe capire meglio perché la stessa medicina a certi fa bene, ad altri fa male e ad altri ancora non fa niente. Ma la modernità ha fretta e il traguardo, assicurano gli esperti, non è lontano, anche se gli esperti in questione sono quelli delle ditte che hanno fiutato l'affare. Così, mentre gli scienziati onesti si interrogano sul significato clinico delle novità che lo studio del genoma umano va rivelando, chiunque, pagando, può farsi dire che varianti genetiche porta nel suo DNA. Non ci capirà niente? Fatti suoi. I prezzi in genere sono contenuti, ma in realtà sono assurdamente alti per quello che viene offerto. È chiaro: pagheremmo anche di più per sapere da quali malattie proteggere noi stessi e i nostri cari. Il business è destinato a fiorire, senza dubbio.

Alcuni di questi servizi sono offerti da società serie, create da ricercatori capaci o almeno laureati, ma in molti altri casi semplicemente non si sa che cosa si stia comprando e da chi. Le analisi possibili, poi, sono migliaia; non c'è nessun organo internazionale preposto a certificarne la qualità, e se anche ci fosse avrebbe il suo bel daffare, sia per controllare che migliaia di procedure di laboratorio siano corrette e accurate, sia per far sì che venga rispettata la riservatezza delle informazioni. Infatti, se circolassero liberamente, i dati prodotti da questi test potrebbero sconvolgere la vita della gente. Tanto per dirne una: nei paesi come gli Stati Uniti in cui non esiste un sistema sanitario nazionale, potrebbero convincere le società di assicurazioni che è meglio annullare la polizza sanitaria di coloro che rischiano di sviluppare malattie lunghe e che richiedono cure costose. Se aveste una compagnia di assicurazioni auto e un mago vi dicesse in anticipo chi avrà un incidente, non lo fareste anche voi, non vi sbarazzereste dei clienti scomodi tenendovi solo quelli che incidenti non ne avranno? I test genetici non sono ancora come quel mago, ma già adesso, se i loro risultati non vengono mantenuti riservati, c'è il rischio concreto di lasciare senza copertura sanitaria chi ne avrebbe più bisogno.

Anche se qualche autorità sovranazionale riuscisse a garantire la serietà delle procedure di laboratorio (cosa al momento impossibile), bisognerebbe dire chiaramente che pochissimi di questi test permettono davvero di prevedere cosa verrà scritto sulla nostra cartella clinica fra un anno o fra dieci. Con il DNA, siamo in grado di prevedere se qualcuno di noi è intollerante al lattosio, ma in genere uno lo sa già, se n'è accorto quando ha cominciato a notare che se mangia la mozzarella gli viene mal di pancia. Oppure possiamo diagnosticare l'emofilia, la distrofia muscolare o la fibrosi cistica, ma anche in questi casi si tratta di malattie che si manifestano nell'infanzia, per le quali non c'è bisogno di scomodare il DNA. Vorremmo sapere, questo sì, se avremo un infarto, se ci verrà il cancro, o il diabete, o il Parkinson. Ma i geni che contribuiscono a queste malattie sono tanti, e tantissimi sono i fattori ambientali che possono contare. Molti geni sono sospetti: siamo convinti che abbiano qualcosa a che fare con certe malattie, ma bisognerà ancora lavorarci su. Certe ditte invece vendono i loro test come se tutto fosse già chiaro. Un esempio è *DRD2*, il gene responsabile di una proteina che, nel cervello, funziona da recettore della dopamina. Pare che alterazioni di *DRD2* predispongano all'abuso di varie sostanze, fra cui l'alcool e la nicotina, ma alcuni studi lo mettono in dubbio. Dal punto di vista scientifico si tratta di un problema appassionante e con ampie possibilità di applicazioni pratiche e terapeutiche, *una volta che lo si sarà risolto*. Ma oggi, quando ancora non è stato risolto, non è onesto pretendere circa 150 euro per test che leggendo la sequenza del vostro *DRD2* promettono di dirvi se riuscirete a smettere di fumare. Sappiamo di sapere poco, e di capire per ora solo vagamente se qualcuno di noi è predisposto a sviluppare certe malattie o a rispondere positivamente a certi trattamenti farmacologici. Bisognerebbe spiegarlo bene ai potenziali clienti; quasi nessuno lo fa.

Anche se qualche autorità riuscisse a obbligare le ditte a dichiarare che questi test sono al momento molto approssimativi, resterebbe poi il problema di spiegare bene il risultato dei test ai clienti che volessero comunque acquistarli. Chi fa il mio mestiere riceve con allarmante frequenza messaggi da privati cittadini che hanno comprato uno di questi servizi e si sono sentiti dire che hanno una probabilità del 6% di sviluppare il morbo di Alzheimer. Cosa vuol dire esattamente, e come ci si deve regolare? La risposta è difficile, perché questa branca della genetica si vale di concetti statistici poco intuitivi. In un suo bel libro intitolato *Credere*, Paolo Legrenzi, filosofo e psicologo, fa notare come le domande più importanti che ci poniamo non abbiano bisogno di risposte scientifiche, cioè quantitative, esatte. Ci domandiamo se noi e i nostri cari staremo in salute, se qualcuno ci vorrà bene; se i nostri figli andranno bene a scuola, se saremo in grado di invecchiare serenamente: abbiamo bisogno di rassicurazioni generali, non di misure esatte della salute, dell'amore, del successo scolastico o della felicità. La genetica, in questo senso, dà risposte insoddisfacenti, perché funziona in termini di probabilità: e la probabilità non è affatto un concetto rassicurante.

Non esiste, è meglio ripeterlo, *il* gene del cancro o della demenza senile. Alcune centinaia di malattie sono determinate dal cattivo funzionamento di un solo gene, e per loro lo studio del DNA permette di prevedere con esattezza se qualcuno le svilupperà. L'elenco comprende, come abbiamo visto, emofilia, distrofia muscolare, fibrosi cistica e intolleranza al lattosio; molte altre sono meno note e colpiscono poche persone. Fra le altre malattie, quelle le cui cause genetiche non comprendiamo con chiarezza, ci sono tutte quelle che pongono i problemi sanitari più seri. Per il diabete, le varie forme di cancro, le malattie degenerative, le demenze senili, i disturbi cardiocircolatori, sappiamo che i geni c'entrano, ma non siamo in grado di dire con certezza a una persona che si ammalerà o non si ammalerà.

La statistica aiuta appunto nei casi di incertezza. Nessuno può ancora dirci se e quando ci ammaleremo di morbo di Alzheimer, ma le statistiche ci dicono che avere nel nostro genoma una copia della variante E4 dell'apolipoproteina E rende tre volte più probabile ammalarsi precocemente, e averne due copie, una di origine materna e una di origine paterna (cosa che capita circa all'1% di noi), quindici volte più probabile. Attenzione: probabile, non certo. Ci sono molte persone con la variante E4 che non si ammalano, e altre che si ammalano nonostante abbiano solo la variante più comune, E3. Inoltre, non ci sono terapie disponibili. Sapere di correre un rischio elevato di Alzheimer può aiutarci a programmare una fase della nostra vita, ma non ci permette di contrastare il progresso della malattia con cure tempestive. Tutto quello che possiamo dire è che le probabilità sono diverse, e saperlo costa, sul sito Alzheimer's Mirror, 399 dollari. Lo stesso vale per tante altre varianti dei nostri geni, che poi sono quelle identificate dai vari test, e predispongono a certe malattie, senza però determinarle infallibilmente.

Dunque, ricapitolando: vorremmo avere un'idea, magari poco precisa in termini numerici, ma facilmente intuibile, di cosa ci aspetta, e invece ci troviamo davanti a due numeri che non ce lo dicono: uno rappresenta la probabilità che la nostra vita sia devastata, l'altro che non lo sia affatto. L'8% di probabilità di ammalarsi è il doppio del 4%, ma dal punto di vista psicologico ed emotivo questa differenza non c'è, o c'è solo se un esperto spiega, con pazienza e sensibilità, le implicazioni di questi numeri. Insomma, bisognerebbe che ogni test genetico fosse accompagnato da un colloquio fra il paziente e un esperto, il che è appunto il passaggio che manca quando si comprano servizi genetici su internet. "Il mio feto ha un'alterazione cromosomica in base alla quale ho letto che c'è un rischio del 20% di ritardo mentale. Devo abortire?" Questo era il messaggio scritto da una donna, o ragazza, che aveva trovato il mio indirizzo su internet e probabilmente sempre da internet aveva tratto le sue informazioni sul ritardo mentale. La risposta, naturalmente, non potevo dargliela io e non gliel'ho data: ho cercato invece di fornirle qualche spiegazione semplice e di incoraggiarla a parlarne con un genetista medico, oltre che con il partner e con la famiglia. Il moltiplicarsi di siti per test genetici, la comunicazione di informazioni poco o per nulla comprensibili per gli interessati e potenzialmente gravide di conseguenze enormi non hanno portato a una maggiore conoscenza o consapevolezza, ma hanno favorito il proliferare delle preoccupazioni.

Per le crisi d'identità, provate il DNA

Sono meno pericolosi i test che ci offrono a pagamento un racconto, più o meno plausibile, della nostra storia o della nostra genealogia. Forse qualcuno si metterà in testa di essere celtico o etrusco; pazienza. A un mio collega olandese, Peter de Knijff, che si era sottoposto all'esame a scopo sperimentale, è stato detto che è al 20% nativo americano. Se volete vedere la sua faccia e capire all'istante a quanto servano questi test, andate sul suo sito web. Tutto fa spettacolo: ai partecipanti a una trasmissione televisiva inglese veniva offerta un'analisi di DNA mitocondriale e (se erano maschi) cromosoma Y, seguita da un viaggio alla (ri)scoperta della terra d'origine dedotta dal test genetico. Ricordo un tizio di Birmingham, imbarazzatissimo, a spasso per il villaggio africano dove, secondo chi gli aveva fatto il test, avrebbe avuto origine il suo DNA mitocondriale (meglio precisare che si può individuare la regione da cui è più probabile che provenga un certo DNA, ma si tratta di aree vaste e mal definite, certo non di un posto preciso). Dopo di che il poveraccio raccontava alla telecamera il resto della storia e il suo imbarazzo sfociava in aperta irritazione: da quando nella stessa trasmissione gli avevano raccontato che il suo cromosoma Y era tedesco, i suoi colleghi di lavoro lo salutavano ogni mattina con uno spiritoso "Heil Hitler!". In televisione pare che roba così faccia audience, ma meglio almeno mettere in chiaro che con la scienza non c'entra niente.

Legami genetici, legami culturali, legami sentimentali

Ma basta con le lamentele. Anzi, voglio impiegare le ultime righe di questo capitolo nel difficile tentativo di conciliare la convinzione popolare adriese di essere discendenti diretti degli etruschi e i dati genetici che, nel mio caso, dimostrano il contrario. Nella mia famiglia abbiamo occhi di un verde speciale, e anni fa mi ha colpito trovare gente con gli stessi occhi per le strade di Tuscania: guarda un po', gli occhi etruschi, mi ero detto gongolando. Adesso che il DNA mette in crisi queste mie convinzioni, non è che per questo fra noi adriesi e gli etruschi non resti più niente. Angelo Maria Ripellino era siciliano, ma è stato lui a introdurre tanti della mia generazione ai fasti della letteratura praghese. Adelmo "Zucchero" Fornaciari è di Reggio Emilia, ma da come suona il blues potrebbe benissimo essere di Savannah. Insomma, i geni non contano poi tanto. Avere quelli giusti in famiglia può essere una soddisfazione, ma è per lo più una questione di coincidenze. Indipendentemente da dove siamo nati e da quello che ci ha trasmesso mammà, certi legami culturali o sentimentali possono essere profondi senza bisogno di giustificazioni genetiche. Il legame più significativo fra noi e gli etruschi è quello che si sente quando si visitano le rovine delle loro città, la commozione che ci coglie (o magari non ci coglie affatto) di fronte ai ritratti coniugali, alle toccanti rappresentazioni di una precaria serenità domestica.

Fra genitori e figli, o fra nonni e nipoti, ci sono rapporti personali stretti, ma lo stesso non vale per i legami di sangue che attraversano molte generazioni. Potranno avere una valenza politica (per esempio per la trasmissione di un titolo) o economica (per la trasmissione di una proprietà), ma solo in minima parte affettiva. D'altro lato, e per fortuna, non ci sono limiti biologici alla parentela intellettuale, culturale o sentimentale fra noi e gli altri: non solo fra noi e chiunque abbia vissuto anticamente nel nostro paese, ma con qualunque altro essere umano o comunità a cui ci leghi una qualsiasi affinità. Sono legami che scegliamo di costruire, non un'eredità dei nostri geni. Ma nei nostri geni è scritta una storia lunga e complicata che non si capisce perché debba condizionarci. Chi è nipote di un criminale fascista deve pagarne il prezzo? Se non è fascista anche lui, non credo proprio. I legami che scegliamo possono essere profondi, più profondi di quelli che abbiamo con i nostri remoti antenati, chiunque essi fossero. In un certo senso, anche se si provasse che la loro eredità biologica è andata persa del tutto, l'eredità culturale degli etruschi resterebbe più viva che mai, come dimostrato dalle migliaia di siti web che di loro si occupano, e dalle code davanti alla biglietteria di Palazzo Grassi, a Venezia, per la mostra tenutasi a cavallo fra 2000 e 2001. Quindi, oggi che la loro vicenda è un po' meno misteriosa ed è lecito sospettare che si siano estinti, si può continuare a dire che comunque gli etruschi sono ancora fra noi. Propongo di nominare etruschi onorari tutti quelli, me compreso, che ancora li pensano con compassione e affetto.

Anche perché, in questa ricerca delle origini, si tende a dimenticare un aspetto tutt'altro che irrilevante della trasmissione del DNA: è un meccanismo democratico. Se l'essenza della democrazia è il principio "un uomo, un voto", l'essenza della genetica è "un antenato, una frazione di DNA".

Lo dimenticano anche scrittori famosi: Dan Brown per esempio. Nel suo fortunato romanzo *Il codice Da Vinci* ci racconta una storia interessante: Gesù Cristo non sarebbe il figlio di Dio, ma un profeta; insieme a Maria Maddalena avrebbe generato una figlia, Sara, da cui sarebbe discesa la famiglia reale francese, i Merovingi; l'ultima discendente sarebbe Sophie Neveu, crittografa e nipote del curatore del

Louvre. Questa sì che è una notizia: una discendente diretta di Cristo, sia pure di un Cristo solo umano e non divino, ancora in circolazione alla fine del XX secolo. Piano con gli entusiasmi, però. Una generazione dura circa 25 anni, quindi dall'epoca di Gesù Cristo sono passate 80 generazioni. Come tutti, Sophie ha (anzi, aveva: sono morti in un incidente) due genitori; aveva poi quattro nonni, otto bisnonni e così via. Il suo DNA proviene, democraticamente, per metà da ciascun genitore, per un quarto da ciascun nonno, per un ottavo da ciascun bisnonno e così via. Quindi, 80 generazioni fa, i suoi potenziali antenati sono 2 × 2 × 2 × 2… e così via 80 volte (alla fine del capitolo, in nota, c'è una breve spiegazione del perché si debba dire "potenziali"): due all'ottantesima potenza. È un numero molto grande, 100 mila miliardi di miliardi: tanti sono quelli che, alla pari con Gesù Cristo, le avrebbero trasmesso un pezzo, anzi un pezzettino, del suo genoma. Quanto grande è questo pezzettino, allora? Basta fare una divisione per capirlo: molto piccolo, anzi, infinitesimo. Il genoma, quello di Sophie come quello di ciascuno di noi, comprende in tutto sei miliardi di basi, identiche in ogni cellula. Tre miliardi dalla mamma, tre dal papà, e così via dividendo per due a ogni generazione mentre procediamo a ritroso nei secoli. Dunque, miliardi di miliardi di potenziali antenati hanno potenzialmente trasmesso a Sophie qualcuna delle sei miliardi di basi del suo DNA. La probabilità che una base le venga direttamente da Gesù Cristo è l'inverso del rapporto fra questi due numeri, e cioè circa un centocinquantamiliardesimo: in pratica, zero. Insomma, non ha alcuna importanza se Sophie sia o non sia discendente diretta di Cristo perché, anche se così fosse, nelle sue cellule non è rimasta probabilmente nessuna traccia, non solo nessun gene ma neanche nessuna base, del suo prestigioso antenato. Due antenati fra miliardi di miliardi fanno eccezione: quella che, attraverso la linea di discendenza femminile, ci ha trasmesso il suo DNA mitocondriale (ma per Sophie questa antenata non può certo essere Cristo) e quello che, attraverso la linea di discendenza maschile, ci ha trasmesso il suo cromosoma Y (ma certo non a Sophie).

Questi calcoli servono a sottolineare come, nel giro di poche generazioni, il numero dei nostri antenati diventi molto grande, e quindi diventi molto piccolo il contributo del DNA di ciascuno di loro al nostro genoma. Se per Sophie Neveu significa dover ridimensionare l'importanza del suo prestigioso pedigree, la cosa riguarda anche tutti noi che veniamo da famiglie più modeste. Significa, in pratica, che non possiamo immaginarci tutti i nostri antenati concentrati in un posto solo, con una sola radice geografica (tipo carota), che sarebbe poi anche la nostra. Individuare (ammesso che sia possibile) il luogo d'origine di un pezzetto del nostro DNA non ci dice niente sugli altri pezzetti e dunque niente di sensato sulle nostre radici che, senza eccezioni, sono molteplici (tipo segale). Anche se una delle tante ditte specializzate sapesse dirci con sicurezza da dove vengono il nostro mitocondriale e (per chi ce l'ha) il cromosoma Y, avremmo solo individuato la posizione di due antenati, due fra tantissimi. Non ci sarebbe nessuna garanzia che anche gli altri abitassero negli stessi posti. Chi non è affatto etrusco, per esempio perché è nato in Norvegia, non è molto meno etrusco di chi è nato in Toscana o nel Lazio.

Tornando agli etruschi veri, ovunque siano andati a finire i loro geni non c'è dubbio che la loro cultura si sia estinta. Questa è stata la perdita principale, triste ma peraltro non imprevedibile, visto che tutte le culture umane si estinguono, prima o poi. È successo ai minoici e ai sumeri, è successo ai toltechi, succederà anche a noi. Rispetto a questa perdita, non cambierebbe niente se scoprissimo che qualche loro discendente diretto sia rimasto in giro. Come per Sophie Neveu, si tratterebbe di un legame molto debole, uno fra i tantissimi fili che ci collegano ad antenati lontani.

Quando si studia il DNA, quello antico come quello moderno, ci si pone domande di altra natura. Ci interessa capire che destino ha avuto un popolo perché vogliamo capire meglio i rapporti evolutivi con gli altri popoli, sia quelli dello stesso periodo sia quelli vissuti prima e dopo. In questo modo speriamo anche di comprendere, prima o poi, un paio di cose che finora ci sono sfuggite. La prima è se e in che misura le invasioni di cui è piena la storia sono state accompagnate da cambiamenti significativi della popolazione. La seconda è se e in che misura possiamo associare questi cambiamenti a quelli di cui troviamo traccia nei reperti archeologici. Sono domande molto ampie, e ammettono risposte diverse a seconda del popolo considerato e della regione geografica. Ma la storia delle popolazioni (lo abbiamo già detto) non è quella di ciascun individuo che le compone. Sulla prima potremo arrivare a delle conclusioni affidabili, basate sugli oggetti ritrovati dagli archeologi, sui documenti storici e, quando è il caso, sui geni. Sulla seconda, meglio lasciar perdere. Risalendo un po' nel tempo, abbiamo senza dubbio tanti antenati in tanti posti diversi; risalendo un po' di più ci ritroviamo tutti in Africa: questo è quello che si può onestamente dire su ciascuno di noi. Per saperlo non c'è bisogno di pagare un sacco di soldi alle ditte che vi vendono le vostre origini su internet: ve lo dico io, al modesto prezzo di questo libro.

Note

Per questo capitolo ho attinto a piene mani al magnifico *Atlante storico mondiale* curato da Christian Grataloup e pubblicato nel 2020 da L'ippocampo (Milano). È di uno storico americano, Will

Durant, la definizione della civiltà minoica come il primo anello nella catena europea. I due articoli sul DNA nell'antica Grecia sono Hofmanová Z. *et al.* (2016), "Early farmers from across Europe directly descended from Neolithic Aegeans", *Proceedings of the National Academy of Sciences USA*, 113:6886-6891, e Lazaridis I. *et al.* (2017), "Genetic origins of the Minoans and Mycenaeans", *Nature*, 548:214-218.

Ci sono ormai molti studi genetici sulla Sardegna. Nel testo faccio riferimento a Ghirotto S. *et al.* (2010), "Inferring genealogical processes from patterns of Bronze-Age and modern DNA variation in Sardinia", *Molecular Biology and Evolution*, 27:875-886; Modi A. *et al.* (2017), "Complete mitochondrial sequences from Mesolithic Sardinia", *Scientific Reports*, 7:42869; e Marcus J.H. *et al.* (2020), "Genetic history from the Middle Neolithic to present on the Mediterranean island of Sardinia", *Nature Communications*, 11:939. Ci sono poi due articoli sulle popolazioni europee in generale, che contengono informazioni importanti sui sardi, e non solo su di loro: Olalde I. *et al.* (2015), "A common genetic origin for early farmers from Mediterranean Cardial and Central European LBK cultures", *Molecular Biology and Evolution*, 32:3132-3142, e Sikora M. *et al.* (2014), "Population genomic analysis of ancient and modern genomes yields new insights into the genetic ancestry of the Tyrolean Iceman and the genetic structure of Europe", *PLOS Genetics*, 10:e1004353.

Sugli etruschi, penso che il testo migliore in circolazione sia quello di Graeme Barker e Tom Rasmussen, *The Etruscans*, edito da Blackwell (Malden 2000). Abbiamo pubblicato le sequenze (prime e finora uniche) della popolazione etrusca nell'articolo di Vernesi C. *et al.* (2004), "The Etruscans: A population-genetic study", *American Journal of Human Genetics*, 74:694-704 e un'analisi delle loro relazioni con quelle toscane in Belle E.M.S. *et al.* (2006), "Serial coalescent simulations suggest a weak genealogical relationship between Etruscans and modern Tuscans", *Proceedings*

of the National Academy of Sciences USA, 103:8012-8017. Lo studio dei cognomi olandesi che ci ha fatto riflettere sugli etruschi è Manni F. *et al.* (2005), "New method for surname studies of ancient patrilineal population structures, and possible application to improvement of Y-chromosome sampling", *American Journal of Physical Anthropology*, 126:214-228. Altri articoli a cui ho fatto riferimento (tutti dal nostro laboratorio) sono Guimaraes S. *et al.* (2009), "Genealogical discontinuities among Etruscan, Medieval and contemporary Tuscans", *Molecular Biology and Evolution*, 26:2157-2166, e Tassi F. *et al.* (2013), "Genetic evidence does not support an Etruscan origin in Anatolia", *American Journal of Physical Anthropology*, 152:11-18.
La vita quotidiana a Roma all'apogeo dell'Impero, di Jérôme Carcopino è uscito in italiano nel 2005 da Laterza (Roma-Bari). Molte utili informazioni in https://www.treccani.it/enciclopedia/roma/ e in Aldo Schiavone, *Storia di Roma*, vol. IV: *Caratteri e morfologie*, p. 26 (Einaudi, Torino 1989). Lo studio genetico delle popolazioni antiche dell'Italia centrale è Antonio M.L. *et al.* (2019), "Ancient Rome: A genetic crossroads of Europe and the Mediterranean", *Science*, 366:708-714.
Paolo Diacono, longobardo di Cividale, scrive la sua *Historia Langobardorum* nell'abbazia di Montecassino, quando ormai i franchi hanno prevalso. È un patriota, e quindi gli si possono perdonare parecchi errori che gli storici hanno poi provveduto a correggere, ma non si può prenderlo sempre alla lettera. Il libro di Patrick J. Geary *Furta sacra. La trafugazione delle reliquie nel Medioevo (secoli IX-XI)* è del 1991 ed è stato tradotto nel 2000 dalle edizioni Vita e Pensiero (Milano). Dello stesso autore è molto interessante *Il mito delle nazioni. Le origini medievali dell'Europa*, tradotto nel 2009 da Carocci (Roma). I due studi genetici sui longobardi sono Amorim C.E.G. *et al.* (2018), "Understanding 6th-century barbarian social organization and migration through paleogenomics", *Nature Communications*, 9:3547, e Vai S. *et al.* (2019), "A genetic

perspective on Longobard-Era migrations", *European Journal of Human Genetics*, 27:647-656.

Sui vichinghi, Margaryan A. *et al.* (2020), "Population genomics of the Viking world", *Nature*, 585:390-396. Per chi volesse saperne di più su Salme e sul contesto che si è riusciti a ricostruire c'è una pagina di Wikipedia in inglese: https://en.wikipedia.org/wiki/Salme_ships, e un bell'articolo, sempre in inglese, sul sito archaeology.org: https://www.archaeology.org/issues/95-1307/features/941-vikings-saaremaa-estonia-salme-vendel-oseberg. Le *Antiche saghe islandesi*, a cura di Marco Scovazzi, sono state pubblicate nel 1973 da Einaudi (Torino). Suggerirei piuttosto di leggere *Brume, Dei, Eroi* di Jorge L. Borges e María E. Vázquez, purtroppo disponibile solo in una costosa e difficilmente reperibile edizione del 1973 di Franco Maria Ricci (Parma).

La pagina web del *100.000 Genomes Project* è https://www.genomicsengland.co.uk/. La transizione al neolitico e l'inevitabile cambiamento demografico sono in Brace S. *et al.* (2019), "Ancient genomes indicate population replacement in Early Neolithic Britain", *Nature Ecology and Evolution*, 3:765-771. La descrizione di un genoma di origine mediorientale in epoca romana è in Martiniano R. *et al.* (2016), "Genomic signals of migration and continuity in Britain before the Anglo-Saxons", *Nature Communications*, 7:10326. È verosimilmente riferito all'articolo di Schiffels S. *et al.* (2016), "Iron Age and Anglo-Saxon genomes from East England reveal British migration history", *Nature Communications*, 7:10408, il commento anonimo intitolato "On the use and abuse of ancient DNA", uscito nel 2018 su *Nature*, 555:559. In Leslie S. *et al.* (2015), "The fine-scale genetic structure of the British population", *Nature*, 519:309-314, c'è l'analisi di oltre 2000 genomi moderni del Regno Unito.

Su Wikipedia ho trovato un riferimento alla storia demografica degli ebrei, ma la citazione è incompleta e non sono riuscito a controllarla direttamente: Elazar D.J. (1992), "Can Sephardic Judaism be Reconstructed?", *Judaism: A Quarterly Journal of Jewish Life*

and Thought, 41:217. Ho citato gli studi di Livshits G., Sokal R.R., Kobyliansky E. (1991), "Genetic affinities of Jewish populations", *American Journal of Human Genetics*, 49:131-146; Hammer M.F. *et al.* (2000), "Jewish and Middle Eastern non-Jewish populations share a common pool of Y-chromosome biallelic haplotypes", *Proceedings of the National Academy of Sciences of the USA*, 97: 6769-6774; Agranat-Tamir L. *et al.* (2020), "The genomic history of the Bronze Age Southern Levant", *Cell*, 181:1146-1157; Behar D.M. *et al.* (2013), "No evidence from genome-wide data of a Khazar origin for the Ashkenazi Jews", *Human Biology*, 85:859-900. L'articolo, molto controverso, del gruppo di Elhaik sulle possibili radici slave dello yiddish è Das R. *et al.* (2016), "Localizing Ashkenazic Jews to primeval villages in the ancient Iranian lands of Ashkenaz", *Genome Biology and Evolution*, 8:1132-1149, e un esempio delle reazioni che ha suscitato lo si può trovare sulle pagine online del *Times of Israel*: https://www.timesofisrael.com/prominent-scholars-blast-theory-tracing-ashkenazi-jews-to-turkey/.
Ho trovato sulla pagina italiana di Wikipedia, https://it.wikipedia.org/wiki/Storia_dei_popoli_romaní l'aneddoto su come sia stata ipotizzata l'origine dei rom in India. I due articoli citati di genetica sono Mendizabal I. *et al.* (2012), "Reconstructing the population history of European Romani from genome-wide data", *Current Biology*, 22:2342-2349, e Bianco E. *et al.* (2020), "Recent common origin, reduced population size, and marked admixture have shaped European Roma genomes", *Molecular Biology and Evolution*, 37:3175-3187.
La misura delle dimensioni del sistema radicale della segale è in un classico della ricerca sulle piante: Dittmer H.J. (1937), "A quantitative study of the roots and root hairs of a winter rye plant (*Secale cereale*)", *American Journal of Botany*, 24:417-420.
Sul sito https://isogg.org/wiki/List_of_DNA_testing_companies è consultabile un elenco di ditte europee che offrono test genealogici sul DNA. Il canale YouTube di Dario Bressanini è https://www.

youtube.com/channel/UCJphwa8Wsgzsm1zJS4sm-mA. *Credere* di Paolo Legrenzi è pubblicato da il Mulino (Bologna 2008) nella bella collana "Farsi un'idea", curata da Giovanna Movia e Alessia Graziano. L'articolo di Massimo Gaggi intitolato "Se al nonno si regala la mappa del genoma" è uscito sul *Corriere della Sera* del 15 febbraio 2008.

Qualche informazione sul morbo di Alzheimer sul sito di Medscape: http://www.medscape.com/viewarticle/484811. Alzheimer's Mirror è un sito commerciale ma il materiale illustrativo è ben fatto; lo trovate qui: http://www.alzmirror.com/home.php. Dubbi sull'effettivo rapporto fra DRD2 e propensione al fumo sono espressi nell'articolo di Johnstone E.C. *et al.* (2004), "Genetic variation in dopamergenic pathways and short-term effectiveness of the nicotine patch", *Pharmacogenetics and Genomics*, 14:83-90, e, insieme a molte altre notizie accurate e interessanti, sul sito di Genewatch UK, un'organizzazione inglese che si preoccupa di informare il pubblico sull'uso delle tecnologie genetiche e sui possibili abusi: http://www.genewatch.org/. Per vedere la faccia di Peter de Knijff e riflettere su significato e limiti dei test genetici sulle nostre origini basta andare sulla pagina a lui riservata sul sito dell'Università di Leida: https://www.universiteitleiden.nl/en/staffmembers/peter-de-knijff#tab-1. *Il codice da Vinci*, di Dan Brown, è pubblicato in Italia da Mondadori (Milano 2006). Parlando di come cresca rapidamente il numero dei nostri antenati man mano che si risale all'indietro attraverso le generazioni, bisogna dire "potenziali" antenati perché questo numero supera ben presto le dimensioni dell'intera popolazione umana. Ciascuno di noi ha 2^{10}, cioè circa mille potenziali antenati dieci generazioni fa, ciascuno dei quali ne aveva altrettanti risalendo all'indietro di altre dieci generazioni. Quindi, trenta generazioni fa, intorno al 1250, ognuno di noi avrebbe mille per mille per mille, cioè un miliardo, di potenziali antenati. All'epoca, la popolazione terrestre non raggiungeva quella cifra. L'unico modo per spiegare questa incongruenza è ammettere che lungo la storia demografica dell'umanità ci siano stati tantissimi matrimoni consanguinei. Il figlio di due cugini primi ha sei bisnonni, non otto. Solo se attraverso i secoli ci sono stati molti matrimoni fra cugini primi o comunque fra individui imparentati fra loro la nostra sterminata genealogia riesce a star dentro alle dimensioni della popolazione. Due conseguenze di questo ragionamento sono: 1) che le genealogie delle diverse persone sono molto intrecciate fra loro, con tantissimi antenati in comune; e 2) che questi antenati non potevano trovarsi tutti in un solo posto. Procedendo ancor più a ritroso nel tempo, se sono fondate le stime basate su quanto varia il DNA in individui di continenti diversi (le trovate in Fagundes N.J.R. *et al.*, 2007, "Statistical evaluation of alternative models of human evolution", *Proceedings of the National Academy of Sciences USA*, 104:17614-17619), discendiamo tutti da poco più di un migliaio di antenati che hanno lasciato l'Africa poco più di 50 mila anni fa. C'è una versione un po' più ampia di questo ragionamento in Guido Barbujani, *L'invenzione delle razze* (Bompiani, Milano 2018).

7.
L'ENNESIMA PENSATA DI CHARLES DARWIN

Dove si esamina l'ambigua relazione fra europei e indoeuropei

In Europa si parlano molte lingue. Contarle è impossibile: gli esperti insegnano che la distinzione fra lingua e dialetto è arbitraria. Affermazioni del tipo: "Il friulano è una lingua, non un dialetto," dimostrano solo che chi parla non sa cosa dice. Una lingua è un dialetto con dietro un esercito. Con le lingue si fa politica.

Si possono contare, quello sì, le lingue ufficiali dell'Unione Europea (UE). Sono, a dicembre 2020, 24. Crescono in fretta: nel 1958 erano 4 (francese, italiano, olandese e tedesco) e 20 nel maggio 2007; l'ultima arrivata è il croato. La Spagna è riuscita a ottenere che basco, catalano/valenzano e galiziano possano essere utilizzate in alcuni documenti, anche senza assurgere allo status di lingue ufficiali; il Lussemburgo sta valutando se proporre lo stesso per il lussemburghese. Anche per scegliere la definizione catalano/valenzano, anziché catalano, c'è stato da discutere. In termini percentuali, nella UE il tedesco (18%) è la più parlata come lingua-madre, seguito da francese e italiano (13%), e poi spagnolo e polacco (9%). Con l'uscita del Regno Unito, la cosiddetta Brexit, l'inglese è passato al quattordicesimo posto. Adesso sta sotto il bulgaro e prima dello slovacco, ma rimane fra le lingue più utilizzate: tutti i documenti della Banca centrale europea, per esempio, sono in inglese, mentre la Corte di giustizia europea usa il francese.

Diego Marani, a lungo traduttore-capo per il segretariato generale del consiglio dei ministri dell'UE a Bruxelles, mi racconta che l'Austria ha finalmente ottenuto l'assunzione di un interprete austriaco perché non si sentiva pienamente rappresentata da quelli tedeschi. Siccome però gli uffici dei tedeschi erano tutti pieni, l'hanno sistemato di fianco agli italiani, i quali l'hanno accolto dicendogli: "Ecco, lì è il tuo posto: al Brennero." Con le lingue si fa politica, e non solo per stiracchiare di qua o di là i regolamenti dell'Unione Europea. La grande colpa dell'Occidente, secondo Diego Marani: aver diffuso la convinzione che esisti solo se hai una terra, una lingua, una bandiera. Oggi un po' in tutto il continente si cerca di cementare incerte identità nazionali con il collante della lingua: che rimanda a un territorio, e questo a una storia, e questo fatalmente a nemici storici. La Moldavia è stata provincia della Romania dal 1878 al 1940. La bandiera delle due nazioni è identica a parte lo stemma nel centro; secondo il sito Flags of the World il rosso rappresenta appunto la Moldavia, il giallo la Muntenia e il blu l'Oltenia, cioè le tre regioni che fino alla seconda guerra mondiale costituivano il paese. Nonostante questo, il governo moldavo oggi preme perché il moldavo venga riconosciuto come lingua a sé e ha finanziato la produzione del primo dizionario moldavo-romeno; un'amica romena, probabilmente non immune da qualche risentimento, giura che l'unica parola diversa nelle due lingue sia Mickey Mouse. Anche le lingue dei sordomuti differiscono per alcune particolarità, piccole o grandi. In Belgio, manco a dirlo, i fiamminghi usano un sistema di segni chiamato VGT, alternativo a quello dei valloni che si chiama LSFB. L'Unione Europea ha discusso in varie occasioni se adottare tutte le lingue dei segni come ufficiali o se invece sia il caso di raccomandare una standardizzazione.

Qualunque sia il loro numero, le lingue europee, con solo sette eccezioni (il basco; il finlandese; il saami, cioè la lingua lappone; l'estone; l'ungherese; il maltese; il turco) appartengono alla stessa famiglia indoeuropea. La parola l'ha inventata William Jones, un geniale linguista inglese del Settecento. Ex bambino prodigio, portatissimo per le lingue (ne parlava 41), nel 1783 Jones era stato mandato dalla corona britannica a ricoprire la carica di giudice supremo nel Bengala. Lì si era reso conto per primo delle affinità fra sanscrito, latino e greco antico, e ne aveva proposto una spiegazione, diremmo oggi, genetica: le somiglianze dipendono dal fatto che tutte e tre derivano da uno stesso antenato linguistico, da una lingua scomparsa che oggi chiamiamo protoindoeuropeo. Grazie all'acume di Jones, oggi vediamo ogni lingua moderna come il frutto di una serie di trasformazioni di una lingua ancestrale: nel suono, nel lessico, nella struttura sintattica e grammaticale. Più lungo è il processo di trasformazione, maggiori saranno le differenze che si accumulano. Confrontando il lessico (e anche grammatica e sintassi, ma lì, come vedremo, i confronti sono più complicati) si è riusciti a classificare le lingue indoeuropee in sottofamiglie. Nell'Ottocento se ne riconoscevano otto (germanica, slavica, italica, iranica, indica, celtica, greca e baltica), oggi molti linguisti pensano che anche l'albanese e l'armeno stiano per conto loro, in sottofamiglie a parte, e che inoltre ci siano due sottofamiglie estinte, anatolica e tochariana. In Tabella 1 ho riportato la classificazione di Merritt Ruhlen; non tutti i linguisti sono d'accordo nel mettere insieme le lingue baltiche con quelle slave.

Lingue e geni

Ma le lingue non sono solo politica, sono anche storia. Le loro differenze si sono accumulate nel tempo, le loro somiglianze testimoniano rapporti fra popolazioni che possono

Sottofamiglia	Lingue
Anatolica	Ittita (estinto)
Armena	Armeno
Tochariana	Tochariano (estinto)
Indo-iraniana	Rom, farsi, curdo, pashtun, punjabi, gujarati, hindi-urdu, marathi, bengali
Albanese	Albanese
Greca	Greco
Italica	Portoghese, spagnolo, catalano, francese, provenzale, italiano, ladino, rumeno
Celtica	Irlandese, gallese, bretone
Germanica	Tedesco, yiddish, olandese, afrikaans, danese, svedese, norvegese, islandese, inglese
Balto-slavica	Lettone, lituano, russo, ucraino, polacco, ceco, slovacco, sloveno, serbo-croato, bosniaco, macedone, bulgaro

Tabella 1. Classificazione delle principali lingue indoeuropee secondo Ruhlen (1987).

illuminarci sul passato. In un passaggio fondamentale nella storia della scienza, il confronto fra lingue ha contribuito a convincere gli scienziati che la Terra è molto più vecchia dei 6 mila anni che il racconto biblico le attribuiva. Oltre vent'anni prima della pubblicazione del suo capolavoro, l'*Origine delle specie*, a Charles Darwin erano venuti forti dubbi sulla datazione biblica, non solo per via delle nuove conoscenze sull'età delle rocce, ma anche per una questione linguistica. Si era convinto che tutte le lingue derivassero da un antenato comune e gli sembrava impossibile che cinese e inglese fossero diventate tanto diverse in appena 6 mila anni. Darwin tendeva a rappresentarsi le relazioni fra organismi sotto forma di albero. Se disponessimo di un albero genealogico perfetto delle popolazioni umane, scriveva, comprese quelle estinte, con rami corti a collegare popolazioni simili e rami più lunghi per somiglianze sempre più deboli, disporremmo anche del miglior albero linguistico possibile.

Negli anni ottanta, nei laboratori di Robert Sokal e Luca Cavalli-Sforza si lavorava appunto intorno allo stesso progetto: mettere insieme i dati della genetica e della linguistica per ricostruire la storia dell'umanità, nell'ipotesi, come ha scritto Sokal, che una lingua comune indichi un'origine comune di due popolazioni, e due lingue imparentate indichino anch'esse un'origine comune, ma più indietro nel tempo. Spagnolo, francese e italiano da un lato, tedesco, inglese e olandese dall'altro, sono due gruppi di lingue imparentate fra loro, le sottofamiglie italica e germanica. Se le loro relazioni rispecchiano in qualche modo la storia delle popolazioni che le parlano, ci si aspetta che spagnoli, francesi e italiani siano geneticamente vicini fra loro, e diversi da tedeschi, inglesi e olandesi. Tutti questi popoli però parlano lingue indoeuropee; perciò ci si aspetta che differiscano da finlandesi, saami e ungheresi, che parlano lingue uraliche. E così via. Il confronto fra lingue produce ipotesi sulle relazioni biologiche fra popolazioni; se siano valide o meno, si può poi verificarlo a livello di geni.

Cavalli-Sforza e Sokal si sono disputati il merito di chi avesse avuto l'idea per primo. Secondo me non è così importante stabilirlo. Certe idee sono nell'aria, non sono patrimonio di questo o quel ricercatore, ma prendono forma lentamente, attraverso anni di discussioni. Insomma, sono un prodotto collettivo; nessuno può attribuirsene il merito esclusivo, ma parecchi hanno tutte le ragioni per essere contenti di aver dato una mano. Volendo essere pignoli, il primo articolo di Sokal sulle lingue è apparso nel numero di marzo 1988 dei *Proceedings of the National Academy of Sciences USA*, il primo articolo di Cavalli-Sforza sul numero di agosto della stessa rivista. Ma se vogliamo davvero essere pignoli, per quanto ne so io il primo articolo in cui si propone di vedere se le differenze genetiche fra popolazioni corrispondano alle loro differenze linguistiche l'ha firmato, nel 1963, Frank Livingstone, ai suoi tempi anche il primo antropologo ad aver proposto di abbandonare il concetto di razze umane. E se vogliamo esagerare in pignoleria, il primo ad avere la brillante idea è stato, come abbiamo visto, Charles Darwin. Ma Darwin e, un secolo dopo, Livingstone il lavoro non l'hanno fatto, l'hanno solo immaginato e auspicato. A rimboccarsi le maniche, a trovare i dati e analizzarli sono stati Cavalli-Sforza, Sokal e i loro collaboratori.

Nei due articoli emerge una realtà più sfaccettata di quanto si immaginasse. Una relazione c'è di sicuro, fra lingue e geni, e complessivamente è vero che popolazioni di lingua simile tendono ad assomigliarsi anche a livello genetico: l'albero delle lingue ricorda abbastanza fedelmente quello dei geni (negli anni novanta, ricordiamolo, non si studiava ancora il DNA, ma le proteine prodotte dal DNA). Evidentemente, parlando in generale, persone che vivono vicine tendono per forza ad avere scambi sia a livello culturale (parlando fra loro) sia biologico (sposandosi fra loro), e persone che vivono lontane molto meno. Così, alla fine, le differenze biologiche e linguistiche tendono ad accumularsi insieme. Ma non sempre, perché esistono eccezioni: a volte chiare differenze genetiche fra popolazioni di lingua simile come sardi e italiani, e a volte piccole differenze genetiche fra popolazioni separate da nette barriere linguistiche come greci e turchi.

Le eccezioni dipendono in parte dalla geografia. In Sardegna e in Italia si parla la stessa lingua, ma in mezzo c'è il mare. Greci e turchi sono separati dalla lingua e da una rivalità che sembra antica, ma non lo è, visto che fino all'inizio del XX secolo vivevano insieme nelle stesse città, e anzi, il padre della patria turco, Mustafa Kemal Atatürk, era di Salonicco. Dunque c'entra la geografia, nel senso che qualunque barriera geografica, braccio di mare o catena montuosa che sia, può isolare le popolazioni, portandole a evolversi in maniera indipendente anche quando parlano la stessa lingua. E c'entra la geografia anche quando, al contrario, eventi politici portano alla formazione di barriere in aree in cui fino a poco prima la gente si muoveva liberamente e si sposava infischiandosene delle etichette linguistiche.

Le barriere linguistiche sono in effetti un potente fattore d'isolamento. Nella Salonicco dei primi del Novecento (e ad Aleppo o Alessandria d'Egitto le cose non erano diverse), cristiani, musulmani ed ebrei vivevano insieme e i bambini imparavano diverse lingue semplicemente giocando per strada. Quando i cristiani si sono scoperti greci e gli islamici turchi, la convivenza è diventata difficilissima. Oggi le due comunità (quanto alla terza, solo mille ebrei sono rimasti a Salonicco, contro 50 mila nel 1943) mantengono vivo il ricordo di massacri ed emigrazione forzata, e nei rari casi in cui sono rimaste vicine, a Istanbul e nella Tracia greca, hanno pochissimi contatti. In due studi dell'Europa e dell'Italia, Sokal e io abbiamo rilevato che in media popolazioni separate da barriere linguistiche, e addirittura dialettali, sono geneticamente più diverse di comunità della stessa lingua o dialetto, separate dalla stessa distanza geografica. Questo significa, per esempio, che fra Treviso e Pordenone, due città molto vicine, i cui dialetti però appartengono rispettivamente al gruppo veneto e a quello friulano, ci sono differenze più forti che tra Romagna e Lombardia, separate da 300 chilometri ma dove si parlano dialetti del ceppo gallo-italico. Intendiamoci: si tratta di differenze minime, ma la coincidenza fra confini linguistici e zone dove queste differenze si accentuano è pur sempre notevole, e testimonia di come il dialetto contribuisca a definire chi abbia una maggiore e chi una minore probabilità di sposarsi e avere figli con noi.

E poi, oltre alla geografia, conta la storia. Contano episodi storici particolari, cioè i fenomeni attraverso cui una lingua originaria (per esempio il protoindoeuropeo, che non conosciamo; per esempio il latino, che conosciamo) dà origine a dialetti e poi a lingue sempre più differenti. Questi fenomeni sono mal conosciuti e non tutti i linguisti ne parlano volentieri. Ci sono ragioni legate allo sviluppo della disciplina. Come e quando l'uomo abbia cominciato a parlare, come si sia arrivati alle attuali 5 mila lingue presenti nel mondo, sono domande affascinanti. Purtroppo, rispondere è molto difficile o impossibile. Le speculazioni sulle origini delle lingue, alcune plausibili, molte no, nessuna suscettibile di essere verificata dati alla mano, erano diventate così tante e così bislacche che nel 1866 la Societé Linguistique de Paris, la massima istituzione mondiale, decise semplicemente di mettere al bando ogni discussione su questo tema ed espellere chi ci avesse provato.

Oggi le conoscenze sono molto più avanzate di allora e il tabù, in parte, è caduto. Solo in parte, a essere sinceri. Qualche tentativo di ragionamento è stato fatto, ma una resistenza di fondo resta. Può darsi anche che i linguisti siano fatti così, riluttanti a venire a patti con richieste provenienti da altri campi. Lo notava lo stesso Darwin, in una lettera del 1862 al naturalista Asa Gray a proposito di un libro del linguista

Max Müller: "È estremamente interessante, ma l'ultima parte sull'origine delle lingue l'ho trovata molto meno soddisfacente. È un problema meraviglioso, ma il libro mi ha dato l'impressione che [Müller] sia terrorizzato dal rischio di non sembrare strettamente ortodosso. Accenna addirittura alla Torre di Babele! [...] Mi piacerebbe che qualcuno mantenesse in semilibertà qualcuna delle scimmie più rumorose e studiasse come comunicano." Lo stesso uso della parola "evoluzione" ai linguisti non va bene, perché suggerirebbe che le lingue migliorino nel corso del tempo, cosa che loro si sentono di escludere. Molti biologi hanno cercato di spiegare che neanche in biologia evoluzione significa miglioramento, ma senza successo: se volete diventare subito antipatici a un linguista, chiedetegli come si evolvono le lingue.

Chi sono gli indoeuropei?

Sta di fatto che, per quanto ne so io, il primo tentativo serio e sistematico di definire i meccanismi con cui le lingue cambiano, mettendoli in rapporto con la storia delle popolazioni, viene non da un linguista ma da un archeologo, Colin Renfrew. Secondo Renfrew l'equivalenza fra una lingua, un popolo che la parla e una cultura materiale, cioè un insieme di oggetti ritrovati negli scavi archeologici, è troppo rigida e non regge. Vale invece la pena di esplorare altre relazioni, più sottili: quelle fra i meccanismi con cui cambiano attraverso il tempo le lingue, i geni e le culture materiali. In questo senso, a Renfrew vengono in mente quattro fenomeni principali. *Colonizzazione* significa che una popolazione si espande in un territorio prima non occupato, portando con sé la propria lingua; *sostituzione linguistica* significa che la popolazione di un certo territorio adotta una lingua diversa; *divergenza lingui-*

stica è un fenomeno simile a quello che, in genetica, abbiamo chiamato deriva genetica, cioè la separazione di gruppi ognuno dei quali, nell'isolamento, sviluppa particolarità che poco alla volta si accumulano; infine c'è la *convergenza linguistica*, cioè il fenomeno per cui parole ed espressioni di una lingua vengono adottate in altre e si creano ibridi, le cosiddette lingue creole. Confrontando i dati archeologici e linguistici, Renfrew propone tra l'altro che il greco si sia sviluppato a partire dall'arrivo dall'Anatolia, intorno al 6500 a.C., di piccoli gruppi che parlavano una lingua protoindoeuropea e che probabilmente corrispondevano ai primi agricoltori, quindi attraverso un processo di colonizzazione (come abbiamo visto nel capitolo 6, i dati genetici hanno confermato in pieno questa previsione). Invece le differenze fra lingue neolatine (qui la terminologia è un po' confusa; Ruhlen le attribuisce alla sottofamiglia italica, altri le chiamano romanze) si sarebbero accumulate per effetto di un processo di divergenza a partire dall'antenato comune, il latino appunto.

Renfrew dedica molte pagine agli indoeuropei, in parte per ragioni legate allo sviluppo storico della linguistica. Le cose stanno cambiando, ma fino a pochi decenni fa praticamente tutti i linguisti provenivano da paesi di lingua indoeuropea. Perciò non sorprende che a questa famiglia si siano dedicati più studi che a tutte le altre famiglie del mondo messe insieme, che sono sedici secondo Merritt Ruhlen (di più, o anche molte di più secondo altri rispettabili linguisti), più alcune isolate, fra cui il basco e il georgiano. Quanto all'origine delle lingue indoeuropee, il tema come abbiamo visto non scalda i cuori dei linguisti, ma appassiona molto gli archeologi e adesso anche i genetisti. L'idea prevalente fino agli anni ottanta derivava dal lavoro di un'archeologa ed etnologa lituana, Marija Gimbutas (l'abbiamo incontrata nel capitolo 4) che attribuiva la diffusione dell'indoeuropeo a una migrazione dalle steppe ucraine, nel V e IV millennio a.C., quindi nell'età del bronzo. In quel periodo si assiste a una limitata diffusione, da est a ovest, di sepolture a tumulo dette *kurgan*. Secondo la Gimbutas, sono stati i portatori della cultura *kurgan*, fiera stirpe guerriera a cavallo, a introdurre in Europa le lingue indoeuropee. Queste si sarebbero diffuse in seguito verso l'Iran e l'India. Ci sono mappe prodotte seguendo le idee di Gimbutas che mostrano l'Europa attraversata da frecce, cioè da movimenti migratori che spiegherebbero come si siano diffuse le lingue celtiche, germaniche ecc. Renfrew, fedele al principio di ipotizzare il minimo possibile di migrazioni preistoriche, e molto interessato al modello di diffusione demica di Cavalli-Sforza, propone di retrodatare l'arrivo dell'indoeuropeo al primo neolitico. Disponiamo, ragiona Renfrew, di prove archeologiche di un movimento migratorio da sud-est a nord-ovest; questa migrazione ha lasciato segni profondi nei geni della popolazione europea; l'Europa è sia il continente in cui si parlano lingue indoeuropee, sia l'area in cui si sono diffusi i primi agricoltori del Vicino Oriente. Perché non provare allora a immaginare non tanti fenomeni migratori poco o per niente documentati, ma un unico processo che ha portato in Europa le tecnologie per la produzione del cibo, i geni dei primi agricoltori e anche le loro lingue?

La proposta di Renfrew ha incontrato resistenze. Non c'è da stupirsene: tanti piccoli dettagli si devono per forza trascurare quando si punta a una sintesi complessiva, e perciò il suo tentativo di schematizzazione ha infastidito alcuni specialisti. In particolare, molti linguisti hanno obiettato che non si può retrodatare così tanto l'indoeuropeo, fino a 10 mila anni fa. Le loro obiezioni non mi sembrano particolarmente incisive, anche se potrei sbagliarmi, sono un profano. Però non esiste una teoria consolidata su quanto tempo ci voglia perché il vocabolario di una lingua cambi del 2, del 10 o del 30%. Anzi, gli stessi linguisti che criticano Renfrew sono molto severi anche con Morris Swadesh, che negli anni settanta aveva proposto appunto un metodo, la glottocronologia, per calcolare da quanto tempo due lingue si siano separate da un antenato comune.

Cronologie linguistiche

Il metodo di Swadesh consiste nel definire innanzitutto un elenco di 100 o 200 parole poco soggette al cambiamento: parole come "io", "tu", "noi", "questo", "quello", "grande", "piccolo" (se studiassimo invece parole come "telefono" o "ipocondria" concluderemmo che tutte le lingue del mondo sono derivate dal greco, e non sarebbe una grande pensata). Si confronta questo elenco in due lingue tenendo conto dei regolari cambiamenti fonetici fra una lingua e l'altra (molte "f" iniziali italiane sono "h" in spagnolo: *fico/higo*, *fare/hacer*). Più parole si dimostrano imparentate, più stretta è la relazione fra le lingue e più recente la loro separazione da un antenato comune. Raffrontando lingue derivate dal latino, Swadesh è arrivato a proporre un tasso di cambiamento pari a 14 parole su 100 per millennio. Analisi basate su questa idea hanno dato risultati solo in parte plausibili, e adesso la glottocronologia è caduta in discredito. Ma proprio per questo l'obiezione che il protoindoeuropeo (di cui, ricordiamolo, non esistono documenti scritti) dev'essere arrivato in Europa 6 mila e non 10 mila anni fa sembra debole. Per qualche motivo, pochi linguisti accettano che si possa risalire a più di 6 mila anni fa nel confronto fra lingue. Se non vi basta diventargli antipatici ma volete proprio farvi odiare da un linguista, ricordategli che questa data corrisponde all'età della Terra secondo i calcoli biblici del reverendo John Lightfoot, che nel Settecento aveva collocato la creazione nell'anno 4004 a.C.

Ovviamente, neanche Gimbutas era d'accordo. Lo ha detto a modo suo, in un linguaggio che ha poco a vedere con quello dei testi scientifici. Come è possibile sostenere l'ipotesi di Renfrew, scrive, "quando ogni tempio e ogni tomba, ogni statua e ogni pittura murale, ogni ceramica dipinta e ogni oggetto di culto ci grida che la cultura dell'arte, dell'amore per la vita e della coesistenza equilibrata sta in opposizione a tutto ciò che chiamiamo indoeuropeo?". Non saprei come ribattere ad argomentazioni tanto grandiose e tanto vaghe. E non ne ho nemmeno la competenza. Ma ce l'hanno Russell Gray e Quentin Atkinson, che confrontando fra loro 87 lingue attraverso una procedura statistica molto sofisticata (che gli autori rifiutano di chiamare glottocronologica) hanno stimato una divergenza delle lingue indoeuropee dall'antenato comune in un momento compreso fra 9800 e 7800 anni fa, cioè duemila anni prima di quanto previsto dalla teoria dei *kurgan*, e in ottimo accordo con l'ipotesi di Renfrew.

Russell Gray è un biologo neozelandese simpatico e chiacchierone, e dal 2014 dirige il Max Planck Institute di Jena per le Scienze della storia umana. Ha pensato di applicare alle differenze linguistiche i metodi della biologia evoluzionistica. Gli evoluzionisti sanno fare bene alcune cose, per esempio disegnare alberi che schematizzano i rapporti di parentela fra organismi. Basta sostituire all'elenco delle differenze biologiche quello delle differenze linguistiche, e il gioco è fatto. Ci ha provato per primo, nel 1988, il gruppo di Luca Cavalli-Sforza, dimostrando che (non senza eccezioni) gli alberi genealogici di lingue e geni si sovrappongono abbastanza bene. In un suo articolo del 2012, Gray è però andato oltre, cercando di risalire al territorio da cui si sono diffuse le lingue indoeuropee. Per rispondere, ha applicato il metodo statistico comunemente usato per studiare l'origine di un'epidemia. Così ha individuato sulla carta geografica il punto di partenza più probabile per le 103 lingue indoeuropee considerate, antiche e moderne. Un'origine in Anatolia, coerente con l'ipotesi di Renfrew, è risultata 1500 volte più probabile di un'origine nelle steppe dell'Ucraina, come proponeva Gimbutas.

Gli studi di Gray, e in realtà tutte le analisi linguistiche finora citate, si basano su confronti fra i vocabolari. Più numerose sono le parole che rivelano un'origine comune, e più due lingue sono simili, e le loro relazioni sono rappresentate da rami corti sull'albero. Ma una lingua, si può obiettare, è ben di più di una lista di parole: ha anche una grammatica e una sintassi. Due linguisti italiani, Pino Longobardi, che adesso lavora all'Università di York, e Cristina Guardiano dell'Università di Modena e Reggio, hanno sviluppato un metodo che permette di confrontare grammatica e sintassi delle diverse lingue, aprendo nuove possibilità di studio.

In generale, si attribuiscono alla stessa famiglia le lingue i cui vocabolari mostrano somiglianze sufficienti per poter riconoscere le parole fra loro imparentate, per esempio *fico* e *higo*, come abbiamo visto. Quando le somiglianze non sono più sufficienti, si parla di famiglie differenti, ma a questo punto, per confrontarle, il vocabolario non serve più, perché in famiglie differenti la somiglianza lessicale è appunto zero. Longobardi e Guardiano propongono di confrontare la struttura delle lingue, per esempio la posizione di soggetto, verbo e complemento oggetto (ci sono sei combinazioni possibili: SVO come in italiano, SOV, VSO, VOS, OVS e OSV, e ognuna è presente in qualche lingua), o la presenza di genere e, in caso sia presente, se ne siano ammessi solo due, maschile e femminile oppure ci sia anche il neutro ecc. È un metodo di grande respiro, con un difetto: per confrontare il lessico basta disporre di un vocabolario; per confrontare grammatica e sintassi ci vuole un esperto che impari la lingua e, discutendo con qualcuno che quella lingua la parla dalla nascita, e proponendo esempi, si faccia spiegare come si dice questo e quello. Per capire la complessità dell'operazione, conviene pensare non a lingue come tedesco o cinese mandarino, per le quali il problema è gestibile abbastanza facilmente visto l'alto numero di persone che le parlano bene, ma al lavoro necessario per ricostruire la struttura sintattica, diciamo, del khanty (1200 parlanti in Siberia), dell'alutiiq (1000 parlanti in Alaska) o dello hadza (500 parlanti in Tanzania). In altre parole, la raccolta dei dati è molto più difficile se si vogliono approfondire gli aspetti strutturali del linguaggio. Pure, il metodo funziona: sia nell'indicare una regola, e cioè che c'è una corrispondenza generale fra livelli di differenziazione linguistica e genetica, anche quando i confronti sono tra famiglie linguistiche diverse; sia nel mettere in evidenza le eccezioni a questa regola, che a volte sono ancora più interessanti.

In uno studio appena pubblicato, condotto da Patrícia Santos insieme a Pino Longobardi e Cristina Guardiano, abbiamo osservato che un gruppo di lingue uraliche in Europa, le lingue ugrofinniche, si assomigliano fra loro molto più che alle lingue delle popolazioni adiacenti, delle famiglie indoeuropea a ovest e altaica a est. Ma la sintassi delle lingue ugrofinniche occidentali (finlandese, estone, ungherese) risente dell'influsso delle lingue indoeuropee, mentre quella delle lingue ugrofinniche orientali (udmurt e khanty) è stata influenzata da contatti con gente che parlava lingue altaiche. A livello genetico, le cose sono sorprendentemente simili: estoni e finlandesi più vicini alle popolazioni di lingua indoeuropea, e udmurt e khanty a quelle di lingua altaica. C'è una chiara eccezione, ed è l'Ungheria, dove la lingua è ugrofinnica ma i geni sono vicini a quelli degli altri europei. La spiegazione più semplice è che l'ungherese sia stato introdotto al seguito di un'invasione militare, per la quale disponiamo anche di una data storica precisa, 895-905. L'esercito invasore, proveniente dall'est, si è stabilito al vertice della società, imponendo la propria lingua attraverso il fenomeno che Renfrew ha chiamato *élite dominance* e sostituendo una lingua preesistente, probabilmente derivata dal tardo latino. Ma un esercito è composto da qualche migliaio di persone, per lo più di sesso maschile: al drastico cambiamento linguistico non ha corrisposto un cambiamento profondo nella popolazione, che ha conservato caratteristiche simili a quelle dei suoi vicini.

Lingue e identità europee

Insomma, ci sono europei che parlano lingue non indoeuropee, e ce ne faremo una ragione. Queste, però, sono eccezioni: e la regola sembra essere che le lingue della maggior parte degli europei si siano diffuse a partire dall'Anatolia, nel corso di un vasto evento migratorio iniziato nel neolitico, durante il quale i primi agricoltori hanno diffuso in gran parte del continente anche le loro tecnologie per la produzione del cibo e i loro geni. Certo, le eccezioni non comprendono solo gli ungheresi, ma anche buona parte delle popolazioni del nord, più profondamente interessate alla diffusione dei popoli delle steppe: quelli che Gimbutas chiama il popolo dei *kurgan*, dell'età del bronzo. Diciamo però che l'ipotesi di Renfrew ha il pregio di fornire un'unica spiegazione a un complesso molto vasto di osservazioni provenienti da campi diversi. È probabile che, in termini rigorosi, non sia del tutto vera, cioè che in certi luoghi la cultura neolitica sia arrivata per via culturale e non demica, che certe lingue indoeuropee abbiano avuto una vicenda particolare e che certe peculiarità genetiche non dipendano solo dalla diffusione demica neolitica. Benissimo, e in effetti lo stesso Renfrew parla del suo come di un tentativo di trovare un primo livello di spiegazione per fenomeni che, se approfonditi, andrebbero spiegati ciascuno sulla base delle proprie specificità. Con tutto questo, il lavoro di Renfrew ha rappresentato un punto di svolta. Confrontando dati genetici, linguistici e archeologici si è preso atto delle loro corrispondenze (molte) e anche delle differenze (parecchie). Se quasi nessuno oggi crede che un solo fenomeno neolitico possa spiegare tante osservazioni diverse, le proposte di Cavalli-Sforza, di Sokal e di Renfrew hanno fatto incontrare scienziati che lavoravano su temi affini in aree diverse, spesso all'insaputa l'uno dell'altro, hanno permesso nuove sintesi e hanno portato allo sviluppo di una nuova area di ricerche interdisciplinari. Queste ricerche continuano tuttora, anche grazie alle nuove possibilità offerte dallo studio del DNA, moderno e antico. Quanto alle teorie di Gimbutas, se possiamo affermare che Renfrew ci ha visto giusto in generale, ma alcuni dettagli non corrispondono alle sue previsioni, per lei mi sembra valga il discorso opposto. La teoria *kurgan* non va bene per spiegare la diffusione dell'indoeuropeo in generale; ma forse i popoli delle steppe, che forse parlavano lingue indoeuropee, possono aver contribuito a diffondere queste lingue nel nord dell'Europa.

Ma siccome abbiamo sottolineato quanto le lingue siano importanti nel definire la nostra identità, e alla fine dei conti anche qualche nostra pretesa politica, vale la pena di provare a tirare le somme: chi erano, in definitiva, gli indoeuropei? Sembra facile: i protoindoeuropei erano quelli che parlavano protoindoeuropeo; noi che parliamo lingue indoeuropee siamo indoeuropei. O no?

Mica tanto. Per prima cosa, uno può essere italiano o cinese, ma (tranne rarissime eccezioni) non italiano *e* cinese.

Invece di lingue se ne possono parlare tante, come dimostra prima di tutti William Jones. Un cinese diventa indoeuropeo quando parla italiano? Certamente no. Tutto sommato, però, questo è un problema da poco. Basta passare alla lingua madre, alla prima lingua che abbiamo imparato, perché l'ambiguità scompaia: tranne casi di bilinguismo in famiglia, ognuno ha una sola lingua madre. Il problema, piuttosto, è un altro. Abbiamo visto come i sapiens di Paglicci avessero 28 mila anni fa un DNA molto simile, in certi casi addirittura identico, a quello degli europei di adesso. È proprio questa somiglianza, o addirittura identità, che ci ha fatto capire che i nostri antenati erano, se non proprio loro, gente come loro. Ma con le lingue non è la stessa cosa: non tutti quelli che oggi parlano inglese come lingua madre discendono da antenati che mille anni fa parlavano inglese (per esempio, i kenyoti e i neri americani), mentre molti discendenti di quelli che nel Medioevo parlavano yiddish oggi parlano ebraico (cioè sono passati da una lingua indoeuropea a una afroasiatica). L'ebraico anzi è un esempio interessante di come una lingua possa morire e rinascere, cosa mai riuscita a nessun essere vivente. Dunque da un lato c'è la comunità di quelli che parlano una certa lingua, dall'altro c'è una popolazione di individui. Spesso le chiamiamo con lo stesso nome ("i catalani", "i fiamminghi", "i finlandesi" ecc.), può darsi che oggi siano praticamente la stessa cosa, ma non c'è nessuna garanzia che sia così da lungo tempo. I geni si evolvono nella continuità genealogica, le lingue cambiano nella discontinuità culturale. Meglio allora fare attenzione. Sappiamo dire con una certa esattezza quali lingue siano indoeuropee e quali no; ma di certo i primi indoeuropei, si trattasse dei cavalieri dell'età del bronzo, o dei primi agricoltori neolitici, o di un altro gruppo ancora non identificato, non sono gli antenati di tutti i miliardi di persone che oggi parlano inglese in Africa,

America e Oceania, portoghese e spagnolo in Africa e nelle Americhe, francese in Africa e in Canada.

Quindi noi europei non siamo certo indoeuropei, nel senso che alle lingue indoeuropee non si può associare un popolo e una storia comune. Non siamo neanche europei senza se e senza ma, nel senso che 100 mila anni fa i nostri antenati si trovavano in Africa, non in Europa, e quelli che all'epoca erano in Europa, i Neandertal, non ci sono più. Se non bastasse, sembra anche probabile che molti nostri antenati neolitici siano arrivati dal Vicino Oriente, oppure, nell'età del bronzo, dalle steppe dell'Ucraina. E non apparteniamo a un territorio specifico, se non in casi molto particolari, perché gli antenati da cui discendiamo erano tantissimi e certo non stavano in un posto solo. Gli studi archeologici, linguistici e genetici lasciano aperte moltissime questioni, ma provano in maniera definitiva che l'equazione fra un popolo tenuto insieme da relazioni di parentela, un territorio, una lingua e un insieme di tradizioni non ha basi scientificamente difendibili. Può avere, anzi, ha una valenza squisitamente politica, ma non rappresenta certo quello che possiamo ricostruire della nostra storia.

E, a proposito di identità…

Insomma, meglio farsene una ragione: ricomporre i pezzi della nostra identità in un tutto unico e coerente è un'impresa disperata. Le lingue cambiano, i confini cambiano. Cambiano le religioni, le opinioni politiche neanche a parlarne. I geni di tanti antenati si mescolano e si rimescolano a ogni matrimonio, le persone si spostano. Nel suo libro *Contro l'identità*, Francesco Remotti smonta l'idea che si possa tracciare un confine fra noi e gli altri sulla base di caratteristiche stabili e ben definite. L'identità, scrive, è un "tentativo talvolta eroico (e irrinunciabile) di salvazione rispetto all'inesorabilità del flusso e del mutamento". Ma non siamo né identici agli altri membri della nostra comunità, né identici a noi stessi attraverso il tempo. Pensiamoci meglio. A rigore, identità significa uguaglianza completa (per esempio: identità matematica, identità di vedute), e perciò l'aggettivo "perfetta" che generalmente l'accompagna è un pleonasmo. Più spesso, si usa la parola per definire l'insieme di caratteristiche che contraddistingue, o addirittura definisce, un individuo o un gruppo (per esempio: carta d'identità). In italiano è uguale al singolare e al plurale, e da lì nascono equivoci. Infatti potrebbe venire in mente, e a quanto pare molti ci cascano, che l'identità sia una cosa sola, e addirittura si radichi in un preciso luogo geografico, che è poi quello di nascita, che è poi quello dove da sempre sarebbero vissuti gli antenati: sangue e suolo, come dicevano i nazisti che di queste cose se ne intendevano. Scivolando sempre più nell'equivoco, questo suolo ove affonderebbero tutte le radici dell'identità (al singolare) determinerebbe infallibilmente filosofie di vita, gusti gastronomici e musicali, stili di guida, perversioni dell'eros, passioni sportive, credenze religiose, tendenze criminali, valori etici ed etilici, vezzi lessicali e bizzarrie dell'abbigliamento: tutti, manco a dirlo, coerenti l'uno con l'altro. Un equivoco, si diceva, perché, come abbiamo visto, non vivevano certo tutti nello stesso posto i nostri 32 quadrisavoli, e men che meno il milione di nostri antenati di 600 anni fa. Per non parlare di quello che apprendiamo dagli altri nel corso della vita, e che i nostri trisavoli ignoravano. È perciò evidente che ciascuno di identità ne ha tante, e costringere dentro a un'unica definizione una persona, e peggio ancora un gruppo di persone, è operazione insensata. Scrive il premio Nobel per l'economia Amartya Sen: "La stessa persona può essere, senza la minima contraddizione, di cittadinanza americana, di origine caraibica, con ascendenze africane, cristiana, progressista, donna, vegetariana, maratoneta, storica, insegnante, romanziera, femminista, eterosessuale, sostenitrice dei diritti dei gay e delle lesbiche, amante del teatro, militante ambientalista, appassionata di tennis." Tante identità e non una, dunque, e in minima parte correlate a quanto portiamo nel DNA, perché (questo lo aggiungo io) non siamo neanche identici agli antenati da cui discendiamo.

Sulle controindicazioni del senso d'identità, Amartya Sen è esplicito: "Un senso d'identità può essere fonte non solo di orgoglio e gioia, ma anche di forza e fiducia. [...] Eppure l'identità può anche uccidere, e uccidere con passione. Il sentimento forte – ed esclusivo – di appartenere a un gruppo può in molti casi portare con sé una sensazione di distanza e divergenza da altri gruppi." Bene l'identità, dunque, purché non crei artificiose contrapposizioni fra noi e gli altri. Il guaio è che le rivendicazioni di un'unica, forte identità creano *inevitabilmente* contrapposizioni e conflitti. "Un manovale Hutu di Kigali," scrive Sen, "può essere forzato a vedere se stesso solo come Hutu e incitato a uccidere i Tutsi, eppure non è solo un Hutu, ma un abitante di Kigali, un ruandese, un africano, un manovale e un essere umano." Basta sostituire a hutu e tutsi un altro binomio: serbo e bosniaco, fiammingo e vallone o, risalendo lungo la storia della violenza nel nostro continente, italiano e austriaco, tedesco e francese, turco e armeno, protestante e cattolico, cristiano ed ebreo, per rendersi conto del valore generale (è troppo dire universale?) di questa considerazione.

Non si conosce un pezzo d'Europa il cui suolo possa essere attribuito a un solo popolo, con una sola lingua e una chiara continuità genealogica. Anche l'estensione del continente è cambiata nel corso del tempo: se a sud il Mediterraneo lo separa con chiarezza dall'Africa, a est i suoi confini sono incerti: che la Russia ne facesse parte è stato controverso almeno fino al Settecento, e solo allora si è stabilito che l'Asia cominciasse con gli Urali. Le regioni europee sono state abitate da gente diversa in momenti diversi, il bilinguismo è stato spesso la regola, non l'eccezione: per esempio nell'impero romano. Ogni rivendicazione di un'identità univoca ("Noi siamo i catalani, i celti, gli ariani; voi siete i castigliani, i terroni, gli ebrei") riposa su presupposti storici sbagliati, o più spesso su miti. Non c'è nessuna radice unitaria europea, un'unica identità, una continuità, demografica, culturale o religiosa a cui riallacciarsi. C'è invece un intreccio di radici e di identità, e forse è questa la caratteristica che può dirsi più europea: la pluralità di lingue, popoli, tradizioni e culture.

Cosa farsene dell'identità è un problema aperto ed è meglio che anche chi non concorda con la radicale proposta di abbandonarla si faccia venire qualche dubbio. Nel momento in cui processi migratori di dimensioni planetarie stanno portando a vivere insieme persone di origini e cultura molto diverse (e non basteranno muri o decreti di espulsione a fermarli), un'identità elastica, o plurale come propone Sen, sembra il meglio a cui si possa aspirare. Un'identità, in altre parole, che non tenda a contrapporsi alle altre supponendosi immutabile, ma punti a trovare elementi di contatto e di dialogo: "Aprirsi," scrive Sen, "alla possibilità di un mondo capace di superare la memoria del suo tormentato passato e vincere le insicurezze del difficile presente." Non è affatto facile, ma non sembra che ci siano alternative, almeno se vogliamo continuare a vivere in uno stato democratico, fra cittadini liberi e con uguali diritti. Se invece siamo disposti a rinunciare alla democrazia, le soluzioni ci sono e sono tutte variazioni sul tema dell'apartheid, il sistema di segregazione razziale in vigore in Sudafrica fino al 1990, e che qualcuno sta cercando di presentare come una soluzione plausibile anche in Europa. Ma di questo vale la pena di parlare in un altro capitolo, il prossimo.

Note

Il sito di Eurobarometer con i dati, non aggiornatissimi (al 2014), sulle lingue parlate nell'Unione Europea è https://data.europa.eu/euodp/en/data/dataset/S518_64_3_EBS243. Altre informazioni su Wikipedia: https://en.wikipedia.org/wiki/European_Union. Un catalogo esauriente delle bandiere del mondo, accompagnato da storie affascinanti sul perché siano come sono, si trova sul sito https://www.fotw.info/flags/.

Per un'introduzione generale ai tanti e diversi aspetti dello studio del linguaggio raccomando, di Marina Nespor e Donna Jo Napoli, *L'animale parlante* (Carocci, Roma 2004). La classificazione linguistica di Ruhlen è accettata da una minoranza degli esperti che ne criticano soprattutto il metodo, ma è anche l'unica che abbia una pretesa di completezza e per questo gode fra i genetisti di una certa considerazione: Merritt Ruhlen, *A guide to the world's languages. Volume 1: Classification* (Edward Arnold, London 1987).

Possiamo far risalire l'inizio del confronto scientifico fra dati genetici e linguistici all'articolo di Livingstone F.B. (1963), "Blood groups and ancestry: A test case from the New Guinea highlands", *Current Anthropology*, 4:541-542. Due articoli fondamentali sono usciti quasi simultaneamente nel 1988: Sokal R.R. (1988), "Genetic, geographic, and linguistic distances in Europe", *Proceedings of the National Academy of Sciences* USA, 85:1722-1726, e Cavalli-Sforza L.L. *et al.*(1988), "Reconstruction of human evolution: bringing together genetic, archaeological, and linguistic data", *Proceedings of the National Academy of Sciences* USA, 85:6002-6006. Gli studi sull'effetto delle barriere linguistiche sono Barbujani G., Sokal R.R. (1990), "Zones of sharp genetic change in Europe are also linguistic boundaries", *Proceedings of the National Academy of Sci-*

ences USA, 87:1816-1819, e Barbujani G., Sokal R.R. (1991), "Genetic population structure of Italy. II. Physical and cultural barriers to gene flow", *American Journal of Human Genetics*, 48:398-411. Gli studi che ho citato di Quentin Atkinson e Russell Gray sono Gray R.D., Atkinson Q.D. (2003), "Language-tree divergence times support the Anatolian theory of Indo-European origin", *Nature*, 426:435-439, e Bouckaert R. *et al.* (2012), "Mapping the origins and expansion of the Indo-European language family", *Science*, 337:957-960.

Tutte le lettere di Darwin su temi riguardanti la linguistica sono disponibili a questo indirizzo web: https://www.darwinproject.ac.uk/search/?keyword=language&tab=. Le principali osservazioni di Darwin sul linguaggio si trovano però nel capitolo 13 dell'*Origine delle specie* (Newton Compton, Roma 2007) e nel capitolo 3 dell'*Origine dell'uomo e la selezione sessuale* (Newton Compton, Roma 2007).

Colin Renfrew ha descritto le sue idee sul parallelismo fra cambiamenti linguistici, genetici e archeologici in un articolo del 1989, "Models of change in language and archaeology", *Transactions of the Philological Society*, 87:103-155, e in uno del 1991, "Before Babel: Speculations on the origins of linguistic diversity", *Cambridge Archaeological Journal*, 1:3-23, oltre che nel suo *Archaeology and language: The puzzle of Indo-European origins* (Jonathan Cape, London 1987; trad. it. *Archeologia e linguaggio*, Laterza, Roma-Bari 1989). Le osservazioni di Marija Gimbutas sono apparse, a commento di una recensione del libro di Renfrew, alle pagine 453-456 del volume 29 di *Current Anthropology* (1988). Il principale testo di Morris Swadesh sulla glottocronologia si chiama *The origin and diversification of language* (Routledge & Kegen, London 1972). Lo studio delle lingue ugrofinniche in Europa è appena uscito in stampa: Santos P. *et al.* (2020), "More rule than exception: Parallel evidence of ancient migrations in grammars and genomes of Finno-Ugric speakers", *Genes*, 11:1491. Uno dei testi con le critiche

più interessanti, e più lucidamente argomentate, contro l'abuso di equazioni semplicistiche fra popoli, lingue e geni è quello di Heggarty P. (2006), "Interdisciplinary indiscipline? Can phylogenetic methods meaningfully be applied to language data – and to dating language?", in Peter Forster, Colin Renfrew (a cura di), *Phylogenetic methods and the prehistory of languages*, pp. 183-194 (McDonald Institute for Archaeological Research, Cambridge 2006).
Nel capitolo significativamente intitolato "Un continente inventato" del suo *L'identità europea* (il Mulino, Bologna 2007), Pietro Rossi racconta come siano cambiati nel corso del tempo i confini dell'Europa. Per alcune sagge e stimolanti riflessioni sull'identità cfr. Francesco Remotti, *Contro l'identità* (Laterza, Roma-Bari 2007) e il già citato Amartya Sen, *Identity and violence. The Illusion of destiny* (Norton, New York & London 2006; trad. it. *Identità e violenza*, Laterza, Roma-Bari 2006).

8.
MA CONTA DAVVERO TANTO?

Dove si ammette che la genetica è buona e fa bene, ma non offre scorciatoie

> Home is where I want to be, but I guess I'm already there.
> ("A casa, ecco dove vorrei essere, ma mi sa che ci sono già.")
> David Byrne, *This must be the place (Naïve melody)*

Nell'Unione Europea del 2021, non contando i cittadini del Regno Unito che dal 1° gennaio se ne sono andati, vive quasi mezzo miliardo di persone, 447 milioni per essere precisi. Di loro, 47,3 milioni sono nati in un paese diverso da quello in cui abitano: un europeo su dieci è un immigrante. Gli altri europei, in maggioranza, riconoscono che senza di loro l'economia non funzionerebbe, ma sono preoccupati, soprattutto per quanto riguarda la sicurezza nelle città e la competizione per il posto di lavoro. Secondo Marcella Lucidi, ex sottosegretaria al ministero degli interni con delega per le materie dell'immigrazione, la crescente ostilità degli italiani verso gli immigranti ha più di una causa: "Il conflitto che si genera per la diversità di comportamenti, di abitudini di vita; il rinchiudersi degli immigrati dentro enclave etniche; il vantaggio ingiustificato dell'accesso gratuito ai servizi; il degrado sociale e urbano, sintomo di maggiore criminalità ma anche di inciviltà, di un modo violento di gestire le relazioni." Allo stesso modo, l'arrivo di nuovi paesi membri nell'Unione suscita una miscela di aspettative, incertezze e timori. Si apprezza l'apertura di nuovi canali per l'esportazione che potrebbero dare slancio all'economia, ma si vorrebbe al tempo stesso impedire l'invasione di merci straniere che avrebbero l'effetto opposto. Centinaia di piccole aziende trasferiscono gli impianti nei paesi dell'est europeo ("delocalizzano") mentre i loro dipendenti, stretti fra due fuochi, temono anche l'arrivo di masse di disoccupati disposti a offrirsi a basso prezzo sul nostro mercato del lavoro. Se si parla così tanto di Europa in questi anni è soprattutto perché non sappiamo fare i conti con questi rapidi e a volte sconcertanti cambiamenti, cosa conservare e cosa modificare dell'insieme di norme e abitudini che finora hanno regolato la nostra convivenza.

Ma a questo punto chi sono, allora, gli europei? Nel 1936, in mezzo alla tempesta provocata dal montante razzismo nazista, Julian Huxley, che pure in precedenza qualche simpatia per movimenti di destra l'aveva dimostrata, aveva provato a rispondere. Huxley era dotato di un'eccellente inventiva; dobbiamo a lui la parola "gradiente", usata così spesso in questo libro per descrivere un cambiamento graduale delle caratteristiche biologiche nello spazio geografico. Era un dono di famiglia: suo padre Thomas, oltre a coniare il termine "agnostico", ha introdotto la parola "evoluzione" al posto della darwiniana "discendenza con modifiche". In un influente saggio scritto in collaborazione con un etnologo, Alfred C. Haddon, Julian Huxley aveva negato che si potesse parlare di razza europea. Così aveva coniato un altro termine, a suo parere migliore: "gruppo etnico", cioè un insieme di persone che hanno in comune un'origine biologica, una lingua, una cultura, e un senso d'appartenenza.

Settant'anni dopo, l'idea della suddivisione dell'umanità in razze è tramontata (ma il razzismo, come sappiamo, no). I nuovi dati genetici, accumulatisi rapidamente a partire dagli anni settanta, hanno dimostrato che l'umanità non è composta da gruppi biologicamente distinti fra loro e omogenei al loro interno, ognuno localizzato in un territorio d'origine. Gruppi del genere, cioè razze, sono presenti in molte specie animali fra cui gli scimpanzé e i cavalli (anche se nei primi sono un prodotto dell'evoluzione naturale e nei secondi un risultato delle manipolazioni umane), ma in altre specie no; fra queste ultime c'è la nostra. Lo dimostra la mancanza di chiari confini biologici, riconoscibili con lo studio del DNA, fra le popolazioni dei diversi continenti. E lo conferma un'analisi storica dei cataloghi razziali proposti a partire dal Settecento: decine e decine, e ciascuno in contrasto con gli altri per la definizione e il numero delle razze, quest'ultimo oscillante fra due e duecento.

Dunque, Huxley si sbagliava: non si trattava di sostituire una parola offensiva, razza, con una meno carica di implicazioni, gruppo etnico, ma di un concetto sbagliato. Indipendentemente da come lo si chiami, razza o gruppo etnico, è un concetto che nell'uomo non esiste: la scienza non è mai riuscita a definire gruppi biologici omogenei al loro interno, e distinti fra loro, nell'umanità. Mi piace e mi diverte la definizione coniata da Marco Aime: un gruppo etnico è un gruppo di persone convinte di appartenere allo stesso gruppo etnico. In un altro senso, più limitato, però, Huxley aveva ragione: lingua, cultura e senso d'appartenenza sono importanti, altroché. Come abbiamo visto, per le origini biologiche è un'altra storia: appena si scava un po' nel nostro genoma si trovano componenti di origini diverse, e scavando di più si sbuca, tutti insieme, in Africa. Invece gruppo etnico rimanda a un'adesione a una comunità, cioè a qualcosa che con i geni c'entra poco, ma che ha indubbia importanza per ciascuno di noi. Il nostro gruppo etnico è quello a cui apparteniamo perché agli altri che ne fanno parte ci sentiamo vicini per affinità sociali, linguistiche, culturali, magari anche politiche, storiche e religiose. Può corrispondere a un gruppo di persone che condividono qualche antenato, ma anche no. Joseph Conrad era nato in Polonia come Józef Teodor Konrad Korzeniowski e, benché suddito britannico dall'età di trent'anni, è stato sepolto con il suo nome polacco. Ma i suoi figli Borys Alfred e John Alexander di cognome si chiamavano Conrad ed erano inglesi. Vittorio Gassman era italiano, Alexandria Ocasio-Cortez è statunitense, Michel Platini è francese.

Dunque l'Europa potrebbe essere un insieme di gruppi diversi, una federazione di diversità, con gli europei definiti come quelli che in questi gruppi si riconoscono, a prescindere dalle loro effettive origini. Mica male come idea, mi sembra. Visto che gli europei veri, quelli senza se e senza ma, si sono estinti, gli europei nuovi sono quelli che si sentono europei.

Ma magari qualcuno non è convinto. Ma come? Gli europei, dirà quel qualcuno, sono ben più di questo, e lo sappiamo tutti. Gli europei sono quelli con la pelle bianca. Obiezione debole: abbiamo già visto che, ammesso che sia vero, lo è solo da poco, da 5700 anni fa in poi. E Steve Jones, un genetista inglese, ha anche fatto notare che se sulla nostra pelle si potesse leggere in qualche modo il gruppo sanguigno e capire chi è A, chi B, chi 0 e chi AB, avremmo idee molto diverse (e più esatte) su come è strutturata la nostra specie, su quanto profonde (poco) sono le differenze fra le popolazioni dei diversi continenti e su quanto (tanto) sono diversi fra loro i membri della stessa popolazione. Invece tendiamo a classificare la gente in base alla pigmentazione della pelle, cioè a differenze superficiali: in senso assolutamente letterale.

In tutta Europa l'immigrazione suscita preoccupazioni e insofferenze, ma secondo il corrispondente del *New York Times* Michael Kimmelman i vertici si sono toccati in Italia. Dopo che, nel 2008, il parlamento europeo ha approvato severe regole per espellere o incarcerare gli immigrati irregolari, il governo italiano ha varato un disegno di legge durissimo, che ha sollevato proteste da parte di magistrati, associazioni umanitarie, del Vaticano e dell'ONU. Il governo che ha proposto queste misure godeva di forte popolarità nel paese; fra i suoi principali sostenitori c'era una larga maggioranza dei piccoli e medi imprenditori e degli artigiani: ceti che, senza lavoratori stranieri, semplicemente non saprebbero a chi rivolgersi, con la natalità in calo continuo e una popolazione sempre più anziana. Un atteggiamento contraddittorio, da cui è difficile immaginare che possa nascere una proposta coerente. In assenza di un disegno chiaro per affrontare un futuro in cui, con ogni evidenza, il fenomeno migratorio non è destinato ad attenuarsi, si prendono misure che non risolvono niente, ma ad alto contenuto simbolico. Al grido di "Prima gli italiani!" si tagliano i fondi per l'integrazione dei migranti, per esempio quelli che permettevano la sopravvivenza di corsi per insegnare loro la lingua italiana, e si chiudono (2018) gli SPRAR (acronimo di Sistema di protezione per richiedenti asilo e rifugiati), le strutture decentrate a livello comunale considerate all'estero, ma a quanto pare non da noi, un esempio di funzionalità ed efficienza. Se sono questi i messaggi che provengono da parlamento ed enti locali, non ci si può meravigliare poi troppo se nella società si moltiplicano e si diffondono forme di intolleranza violenta, quando non vere e proprie rivolte popolari.

Il *Libro bianco* dell'associazione Lunaria riporta, negli ultimi 18 anni, 7426 episodi di intolleranza verso gli immigrati, fra cui 901 aggressioni fisiche. Limitiamoci al 2018: 488 casi. A Macerata, il 3 febbraio, Luca Traini, ex candidato leghista alle elezioni amministrative, spara verso un gruppo di africani, ferendone sei, e poi, avvolto nella bandiera tricolore, si lascia arrestare. Il 5 marzo un pensionato fiorentino, Roberto Pirrone, decide di suicidarsi, ma poi cambia idea e uccide uno sconosciuto, Idy Diene, ambulante senegalese. Il 2 giugno a Rosarno viene ammazzato a fucilate un sindacalista del Mali, Soumaila Sacko; a novembre del 2020 è stato condannato a 22 anni di carcere per omicidio volontario un agricoltore di 45 anni, Antonio Pontoriero. Il 17 luglio, a Roma, viene colpita alla schiena da un piombino una bambina rom di 13 mesi, Cerasela, che è rimasta zoppa; Marco Arezio, ex funzionario del Senato che le ha sparato, sosterrà di aver voluto provare l'arma dal terrazzo di casa. Sparare all'immigrato diventa di moda: in quell'estate sono molti i casi di africani feriti da piombini partiti da pistole e fucili ad aria compressa (a Napoli, Forlì, Latina, Pistoia...). Uno di loro, vicino a Vicenza, stava lavorando su un ponteggio a 7 metri di altezza e ha rischiato di sfracellarsi; lo sparatore si giustificherà sostenendo di aver mirato a un piccione. Il 29 luglio, ad Aprilia, due uomini ammazzano di botte un marocchino, convinti che si accingesse a commettere un furto.

Si potrebbe andare avanti a lungo; non lo farò. I sostenitori dell'idea europea, da Altiero Spinelli in poi, un progetto ce l'avevano: un futuro in cui i conflitti fra nazioni si attenueranno mentre scompaiono i loro confini, l'economia si svilupperà in modo razionale, gli scambi saranno equi, i più fortunati aiuteranno solidalmente quelli che lo sono di meno e le diverse identità interagiranno con reciproco profitto, rispettandosi a vicenda. Sono idee eccellenti e condivisibili, e le condivido anch'io. Ma questo futuro contiene anche elementi che possono inquietare qualcuno. Economia razionale significa come minimo pagare le tasse. Solidarietà significa doversi accollare una parte dei problemi altrui. Convivere con altre identità significa non poter più fare tutti i propri comodi. Basta aprire il giornale per rendersi conto di come per tutti sia difficile mettere in pratica questi sani propositi. Anzi: moltissimi non ne hanno alcuna intenzione e qualcuno se ne vanta, mentre altri, da posizioni di responsabilità, li incoraggiano con le parole e con le azioni.

Così, all'idea di una futura federazione europea che accolga e includa si contrappone la riproposizione del passato: purtroppo, di un passato che non c'è mai stato, sereno e tranquillo, con le piccole patrie che se la cavano bene nel loro pacifico tran-tran, i doganieri che fanno pagare il dazio ai mercanti stranieri, due cinesi o tre a vendere cravatte per strada e i nipoti che crescono secondo pochi valori, essenziali e condivisi, ereditati dai nonni – religione e farsi gli affari propri – e tanto basta. In Italia questa ideologia, fasulla ma confortante, viene veicolata in dosi massicce da un sistema televisivo nel quale la nostalgia di un passato dolciastro e mai esistito è merce corrente e quotidiana. Un comodo rifugio in un'Italietta che ci sembra familiare per averla vista in cento sceneggiati e telequiz, l'Italia dei poveri ma belli, in cui però la novità è che i belli siamo noi, i poveri sono gli altri e se ci disturbano si cambia canale. Rattrista ma non stupisce che, fra l'incertezza del futuro e le consolanti banalità di questo pseudopassato con il lifting e i capelli finti, in molti prevalga l'istinto di guardare indietro. Certi impressionanti ritorni di integralismo religioso, anacronistico ma non per questo meno virulento, vanno nello stesso senso.

È banale, ma vale la pena di ripeterlo: questa Italia non è mai esistita; gli anni sessanta non sono stati solo Claudia Cardinale e la Giulietta Sprint, ma anni di scontro sociale durissimo, culminato in stragi e tentativi di colpo di stato. Ma anche se questa Italia fosse esistita, tornare a ricrearla oggi sarebbe impossibile. Sono già successe troppe cose, il nostro paese è già cambiato. Se hanno un minimo di sale in zucca, non ci credono neppure quelli che a parole vogliono ripristinare la società omogenea e conclusa in se stessa in cui vivevano i loro nonni. Come dice la canzone di David Byrne, vorremmo tornarcene a casa, là sì che tutto si sistemerebbe; ma a casa, porca miseria, ci siamo già, e l'unica è cercare di rimetterla in sesto. Per farlo non ci sono bacchette magiche. Anche se riuscissimo a fermare l'immigrazione nel nostro paese (e come, poi? Nessun altro c'è riuscito), anche se uno sviluppo meno iniquo riducesse la distanza fra il nord e il sud del mondo e con essa la spinta a cercare un futuro per sé e i propri figli nei paesi più ricchi, la società italiana, come quella di tutti i paesi europei, si è già trasformata. Con la sua accresciuta complessità bisogna fare i conti. Nessuno ha la soluzione a portata di mano, siamo tutti inesperti, ma non c'è dubbio che il futuro sarà molto diverso dal passato.

Su questo confuso futuro è naturale nutrire preoccupazioni, ma essere solo preoccupati non porta da nessuna parte. Certo: complessità vuol dire un bel po' di nuovi problemi da risolvere per arrivare a una decente convivenza, ma vuol dire anche maggiore ricchezza. Oggi anche i meno curiosi hanno accesso a risorse e informazioni che vent'anni fa neanche si sognavano; nei negozi si trovano elettrodomestici, mobili, automobili, scarpe, telefoni, dispositivi digitali e giochi elettronici provenienti da mezzo mondo; se vogliamo possiamo mangiare giapponese, indiano o greco, e se non vogliamo possiamo farne a meno. Guardiamo serie televisive di tutto il mondo, troviamo sul cellulare i risultati dei campionati di calcio di mezza Europa, possiamo affittare su internet l'appartamento delle vacanze nei cinque continenti e prenotare il volo per arrivarci. La didattica a distanza, imposta nelle scuole e nelle università dalla pandemia, ha tantissimi limiti e speriamo di poter tornare presto alla vera didattica, quella in presenza; ma intanto abbiamo scoperto il modo di far funzionare l'istruzione, sia pure a regime ridotto, anche in tempi difficilissimi. E nel frattempo abbiamo scoperto la possibilità di seguire corsi e ascoltare conferenze tenute nelle sedi più prestigiose; se non capiamo la lingua possiamo farle sottotitolare; e se in quel momento abbiamo da fare le ritroviamo su YouTube o su Facebook quando ci fa più comodo. Confini secolari si dissolvono, le distanze si riducono. Siamo connessi in mille modi ai nostri contemporanei, molto più simili a loro che ai nostri antenati; i nostri gusti e i nostri atteggiamenti hanno poco a che fare con quelli dei nostri nonni, ostinarsi a ragionare come loro non ha più nessun senso. Uno dei maggiori intellettuali europei, Amin Maalouf, che è libanese e scrive in francese, che è arabo e cristiano, ci ricorda che le religioni sono viste come elementi forti della nostra identità, un filo che ci lega alla tradizione e cioè al passato, ma se portassimo a spasso per Roma, Istanbul o Tel Aviv un cristiano, un musulmano o un ebreo di cinquecento anni fa, probabilmente gli verrebbe un colpo, e certo il nostro stile di vita lo lascerebbe inorridito.

Insomma, l'Europa è già cambiata e noi con lei. O meglio, è cambiata la società europea. Le istituzioni europee faticano a prenderne atto, costrette alla mediazione fra istanze spesso non conciliabili. A loro volta, i governi si muovono con estrema prudenza perché cercano il consenso di un'opinione pubblica preoccupata e spesso spaventata. Ma la paura non è mai buona consigliera; far politica non è solo rispecchiare le opinioni dei cittadini, specie quando queste opinioni emergono in modo confuso e contraddittorio. La buona politica, nel senso della buona partecipazione alla vita civile del paese, è soprattutto mostrare ai cittadini una via d'uscita quando da soli non la trovano. A differenza di quanto molti pensano, e in pieno accordo con Mario Tronti e Walter Tocci che ne hanno scritto, penso che oggi il problema non sia tanto che la politica è sorda alle voci della società, quanto, al contrario, che è muta: non inventa, non propone. Ci vuol poco a capire che non ci sarà modo di superare le paure indistinte e la conseguente paralisi finché qualche figura rispettata e responsabile non si sforzerà di immaginare, e proporre ai cittadini allarmati, vie d'uscita realistiche e ragionevoli.

La politica deve parlare, o almeno provarci. Su temi di interesse planetario come il clima e l'immigrazione, o come la diplomazia internazionale, non c'è dubbio che l'Europa debba avere una sola voce. Continuare con un coro discordante di solisti ognuno dei quali va per conto proprio produce un solo risultato: alla fine le scelte importanti le fanno gli altri mentre i paesi europei stanno a guardare. In questo contesto, suonano insulsi i richiami alla difesa della sovranità nazionale minacciata dai burocrati di Bruxelles, che echeggiavano regolarmente dall'Inghilterra e di frequente da altri paesi. Nessun paese europeo è in grado di fare da sé quando si tratta di governare i flussi migratori o di controllare le emissioni di monossido di carbonio; non è nemmeno in grado di proteggere i prodotti locali a denominazione d'origine controllata: cosa succederebbe se ognuno dei 26 paesi dell'UE si presentasse a cinesi e americani con l'elenco dei vini e dei formaggi di qualità che non è lecito imitare fuori dalla loro regione d'origine? Da tempo la sovranità nazionale in questi campi non esiste.

L'Europa è già cambiata e continua a cambiare. Oggi la questione è in che misura riusciremo a comprendere e governare le conseguenze di questi vasti cambiamenti. Per quanto riguarda i temi di questo libro, si tratta soprattutto di tenere presenti al tempo stesso i problemi di una società multiculturale (che indubbiamente esistono, ma quelli li conosciamo tutti) e i suoi vantaggi (che invece tendiamo, stranamente, a ignorare), e quindi riuscire a indirizzarne lo sviluppo verso esiti ragionevoli. L'opzione di vivere in una società culturalmente omogenea non esiste più.

Finora, le contrapposizioni si stanno moltiplicando e l'integrazione (con qualche lodevole eccezione) segna il passo.

Nei paesi in cui l'immigrazione si è concentrata intorno alle grandi metropoli, Francia e Inghilterra, i conflitti sono esplosi con violenza nei ghetti in cui uno sviluppo poco lungimirante ha raggruppato gli immigrati e i nuovi cittadini. In paesi come la Germania e l'Italia, in cui la popolazione immigrata è distribuita in modo più omogeneo sul territorio, abbiamo avuto meno episodi altrettanto clamorosi, ma piuttosto una frizione continua e alla fine non meno lacerante. I periodici attacchi di terrorismo islamico, concentrati soprattutto in Francia ma non solo, e da cui l'Italia è rimasta, al momento, immune, hanno contribuito a diffondere nell'opinione pubblica un sistema di equazioni: immigrato dal Nord Africa = islamico; islamico = fondamentalista islamico; fondamentalista islamico = terrorista; che portano a scaricare su milioni di persone le responsabilità di crimini compiuti da una minoranza (e comunque ricordiamoci che, in democrazia, la responsabilità delle proprie azioni non è collettiva, ma individuale). Sono emerse posizioni moderate e altre estreme, queste ultime sistematicamente amplificate dalla stampa e dai mezzi di comunicazione per un meccanismo di seduzione del lettore che, se fa vendere di più, è però diventato un ulteriore fattore di squilibrio. Sarebbe indispensabile tenere i nervi a posto, mentre il minimo che si possa dire dei giornali e dei telegiornali è che non danno certo una mano. "I romani si sentono insicuri, mentre vivono in una delle metropoli più sicure del mondo," ha scritto Birgit Schönau, corrispondente del settimanale tedesco *Die Zeit*, parlando di un impossibile eppure desiderato balzo indietro "negli anni cinquanta, quando la capitale e il paese erano più piccoli, più semplici, più governabili e più cattolici [...]. La stessa città che duemila anni fa era il centro cosmopolita di un impero guidato spesso da imperatori non romani e non italici, oggi ha dei problemi ad accettare la realtà multiculturale".

Come ha autorevolmente scritto David Grossman a proposito del dramma israelo-palestinese, spesso chi propone soluzioni estreme da un lato del conflitto trova i suoi migliori alleati negli estremisti dell'altro lato. Senza voler affatto sottovalutare le difficoltà di una convivenza fra culture diverse e a volte molto diverse, con i discorsi apocalittici sugli effetti dell'immigrazione non si va da nessuna parte. Torniamo allo stereotipo che vede in ogni immigrato musulmano un fondamentalista religioso e quindi un potenziale avversario dei valori dell'Occidente. Ora, l'Occidente e i suoi valori sono difficili da definire in due parole (e anche in duemila), ma qualche dato l'abbiamo. In uno studio condotto in 70 paesi e riassunto in un articolo di Ronald Inglehart e Pippa Norris, è emerso con chiarezza che i valori principali della democrazia incontrano uguale consenso nei paesi occidentali e in quelli a maggioranza islamica. Su affermazioni come "Le democrazie sono in grado di mantenere l'ordine", "La democrazia può avere molti problemi, ma è meglio di ogni altra forma di governo", e "Ci vuole un leader forte che non debba perdere tempo con il parlamento e le elezioni", i due gruppi di intervistati hanno concordato nelle stesse identiche percentuali (rispettivamente, 68%, 87% e 39%). Le differenze risiedono altrove: nell'importanza data ai leader religiosi ("I politici che non credono in Dio sono inadatti a svolgere il loro compito": sono in disaccordo il 62% degli occidentali e il 39% dei musulmani), ai diritti di genere ("Quando il lavoro è scarso, gli uomini dovrebbero avere la precedenza sulle donne": sono in disaccordo l'82% degli occidentali e il 55% dei musulmani) e all'aborto. E sono differenze più forti fra i giovani che fra le persone più anziane, il che dovrebbe preoccuparci più di tutto il resto, perché indica come, in effetti, il divario vada allargandosi. Ma è un divario che riguarda la sfera sociale, non quella politica. Il conflitto fra civiltà, l'idea di Samuel Huntington che ci sia un'insanabile incompatibilità fra islam e valori democratici, non regge alla prova dei fatti. C'è invece nei paesi islamici una difficoltà (seria; speriamo sanabile) a riconoscere l'importanza dei diritti individuali.

Anche sul fondamentalismo religioso esistono dei dati, e neanche questi sono allarmanti. In Italia vivono circa 1,2 milioni di immigrati di religione islamica; dal 5 al 7% di loro frequenta la moschea quotidianamente, e quindi può definirsi praticante. I fondamentalisti sono una frazione dei praticanti, una parte, immagino ridotta, di questo 5 o 7%. Si tratta quindi di numeri molto piccoli; presentare come fanatici religiosi tutti gli immigrati islamici, compresa quella grande maggioranza che non è nemmeno praticante, non serve a niente e suscita allarmismi infondati. Anzi, a qualcosa serve: a convincere qualcuno di loro che in fin dei conti esiste davvero un complotto cattolico-sionista contro l'islam, la nuova crociata, e quindi a incoraggiarli a diventare quello che non erano, dei potenziali avversari dei valori democratici. Così si ostacola la ricerca di una civile convivenza, ma si trovano ulteriori motivi per gridare alla minaccia terrorista, in un ciclo di azioni e reazioni che sarebbe folle non cercare di spezzare al più presto.

La minaccia è immaginaria, ma le sofferenze che produce sono reali. Né negli Stati Uniti dopo l'11 settembre 2001, né in Spagna e in Inghilterra dopo gli attentati e le stragi dell'11 marzo 2004 e del 7 luglio 2005, ci sono state reazioni islamofobe violente come in Italia in questi ultimi anni. Lo dimostra Eurobarometer, il sito della commissione europea che registra gli atteggiamenti delle opinioni pubbliche degli stati membri. E lo ricorda nell'aprile del 2008 il quotidiano madrileno *El País*, citando i discorsi di Berlino di Silvio Berlusconi sulla superiorità dell'Occidente, l'ostentato razzismo degli ultimi libri di Oriana Fallaci e le quotidiane prese di posizione xenofobe dei parlamentari della Lega Nord, oggi semplicemente Lega. Così, anziché spingere le comunità di origine straniera verso una maggiore apertura e accettazione dei principi dello stato laico, si propone come antidoto al loro estremismo religioso (vero o presunto) un estremismo (finora più nelle parole che nei fatti; ma le parole, lo sappiamo, sono pietre) di segno opposto. Quanto poco lontano portino questi atteggiamenti è sotto gli occhi di tutti.

C'è chi sostiene che più che di un rifiuto dell'immigrato si tratta di una reazione contro una povertà che ci disturba avere sotto gli occhi. Non credo sia solo così. Erano poverissime anche le borgate della Roma di Pasolini, ma erano il passato, il residuo di un vecchio sottosviluppo, di un dopoguerra che tutti avevano fretta di lasciarsi alle spalle. Le baracche dei campi nomadi nelle periferie, le case diroccate dove trascorrono la notte gli immigranti clandestini non rappresentano solo un problema concreto che come tale si potrebbe risolvere. Inquietano o terrorizzano perché temiamo che siano il futuro: un futuro di processi migratori sempre più inarrestabili. "Oggi questi insediamenti sembrano le prime avanguardie, sconclusionate, disperate ma tenaci, di un rimescolamento più generale dell'ordine tra i popoli e delle gerarchie del pianeta. Per questo fanno paura," scrive il politico Goffredo Bettini. E aggiunge che l'abusivismo edilizio si è trasformato in un business: soldi guadagnati in fretta, affittando alloggi inaccettabili per i cittadini normali a chi non può permettersi di dire di no. Di questo fenomeno gli immigrati sono le vittime, non i responsabili. Ma siccome non ne avevamo sentore finché per strada non si sono cominciate a vedere facce nuove, qualcuno si illude che espellendo, incarcerando, o comunque eliminando le facce esotiche si tornerà a vivere in pace. Non andrà così, ovviamente: non ci sono scorciatoie per risolvere semplicemente problemi di dimensioni planetarie. Anche in altri paesi europei affiora la tentazione di tagliare il nodo a colpi di espulsioni o di nasconderlo a colpi di marginalizzazione. Ma è un'altra anomalia italiana, l'ennesima, l'esplicita fobia per gli immigrati, non solo nelle chiacchiere al bar ma come elemento centrale del dibattito politico, culminata con la proposta di schedatura dei rom (giugno 2008), primo esempio di trattamento differenziale riservato a un'intera comunità dalla caduta del fascismo.

In questo caso c'è da sperare che l'Europa possa essere d'aiuto, dare una mano per salvarci dalle nostre italianissime nevrosi. Le direttive comunitarie dicono chiaramente che non è possibile riservare ai cittadini un trattamento diverso su base etnica, ha dichiarato Vladimir Špidla, commissario europeo alle pari opportunità. È auspicabile che venga ascoltato. Più in generale, può esserci utile l'esperienza di paesi come la Francia, l'Inghilterra e la Germania, dove l'immigrazione ha una storia ormai lunga. In nessuno di questi paesi è emersa una politica capace di risolvere brillantemente i conflitti, ma almeno si stanno, a fatica, mettendo a punto regole chiare di convivenza. Queste regole non possono che essere quelle dello stato laico e democratico, e perciò non prevedono affatto (come qualcuno teme, o finge strumentalmente di temere) di gettare alle ortiche i valori democratici in cui crede la maggioranza degli italiani. Al contrario. Ma uno stato può dirsi democratico solo se tutti i cittadini godono degli stessi diritti senza distinzione di sesso, di razza, di lingua, di religione, di opinioni politiche, di condizioni personali e sociali: come troviamo scritto nella nostra Costituzione. Si tratta quindi di applicare con coerenza principi che sono nostri dal dopoguerra, anche se non è sempre facile. In tutti i casi, qualunque soluzione voglia avere qualche speranza di successo dovrà per forza prevedere meno ossessioni identitarie e più curiosità per l'identità degli altri; meno dogmi e più senso critico; meno religione nella sfera pubblica e politica, e, per chi vuole, più nella sfera personale.

Siamo partiti chiedendoci se i turchi hanno i geni in regola per entrare in Europa. Come mi sembra evidente, la domanda era mal formulata e non ha una risposta. Lo studio della biologia, delle nostre origini e della nostra storia, ci mette a disposizione un sacco di nozioni interessanti e può farci venire qualche dubbio salutare, ma non può guidare le nostre decisioni in un ambito che è e rimane quello della politica. Gli europei senza se e senza ma non ci sono più da almeno 30 mila anni. Le radici dell'Europa attuale sono tante e hanno a che vedere con la cultura greca classica, con il cristianesimo, con l'impero romano, ma anche con l'incorporazione nell'impero romano di popoli e culture provenienti dai quattro punti cardinali, e con il pensiero filosofico, giuridico e sociale che ha definito il moderno concetto di cittadinanza. Tutto questo è Europa, e non poggia su basi genetiche. Tentare di ridurre l'identità europea a una formula semplice, univoca e invariabile è un'offesa agli europei, prima ancora che agli immigrati che a questa formula sarebbero tenuti ad attenersi.

Il nostro continente in generale, e la regione mediterranea in particolare, sono sempre stati luoghi di transito e di mescolanza fra genti e culture diverse. Dove indirizzare questa mescolanza, quali provvedimenti prendere per governarne lo sviluppo futuro, è un problema serio. Lo si potrà affrontare solo usando gli strumenti adatti, che non sono quelli della genetica o dell'antropologia. La scienza dimostra solo, al di là di ogni ragionevole dubbio, che il diritto di appartenere a questa Europa non può derivare dalle nostre radici biologiche, superficiali ed estese per chiunque, come abbiamo visto, indipendentemente dal passaporto che tiene nel taschino. Chi saranno gli europei del futuro e come vivranno dipende invece da un complesso negoziato su come amalgamare o accostare culture diverse e diversamente fornite di potere: su come farlo oggi in un insieme di stati democratici in cui affiora la tentazione di rinunciare a un po' di libertà in cambio di un'ipotetica sicurezza, e su come farlo domani, chissà, in un unico stato federale.

Note

La corrispondenza da Roma di Michael Kimmelman intitolata "Italy Gives Cultural Diversity a Lukewarm Embrace" ("L'Italia abbraccia con freddezza la diversità culturale") è uscita il 25 giugno 2008 sul *New York Times*. Sul sito web del giornale l'articolo è accompagnato da una serie di fotografie intitolate "Unwelcome to Italy" ("Malvenuti in Italia"): (http://www.nytimes.com/2008/06/25/arts/design/25abroad.html?scp=1&sq=Kimmelman&st=nyt). Si può scaricare il *Libro bianco sul razzismo* da questo sito: https://www.lunaria.org/quinto-libro-bianco-sul-razzismo-in-italia/. Molti episodi di intolleranza razziale in Italia sono elencati al sito http://www.cronachediordinariorazzismo.org/.

Nel *Manifesto di Ventotene*, scritto nel 1941, Altiero Spinelli, Ernesto Rossi, Eugenio Colorni e Ursula Hirschmann definiscono i principi a cui dovrà ispirarsi un'entità federale europea. Lo si trova a questo sito: http://www.italialibri.net/contributi/0407-1.html.

Le dichiarazioni del sottosegretario Marcella Lucidi sono riportate sulla *Repubblica* del 4 maggio 2008, a p. 35. Il 25 settembre 2001 Silvio Berlusconi, allora presidente del consiglio, ha dichiarato: "Dobbiamo essere consapevoli della superiorità della nostra civiltà, che costituisce un sistema di valori e principi che ha dato luogo al benessere e che garantisce il rispetto dei diritti umani e religiosi, cosa che non c'è nei paesi islamici [...]. Non dobbiamo mettere le due civiltà sullo stesso piano: la libertà non è patrimonio della civiltà islamica [che] è rimasta indietro di 1400 anni" (http://www.vita.it/it/article/2001/09/26/berlusconi-la-nostra-civilta-e-su-

periore/5508/; cfr. anche Di Caro P., "L'Occidente è una civiltà superiore", sul *Corriere della Sera* del 27 settembre 2001).
Sul sito di Eurobarometer: http://ec.europa.eu/public_opinion/archives/ebs/ebs_296_en.pdf, sotto il titolo *Discrimination in the European Union: Perceptions, Experiences and Attitudes*, si può trovare una vasta analisi degli atteggiamenti degli europei nei confronti degli immigranti e in generale delle persone di origini etniche differenti. Una descrizione dettagliata (in italiano) delle risposte dei nostri compatrioti alle domande del sondaggio è a questo sito: http://ec.europa.eu/public_opinion/archives/ebs/ebs_288_it_nat.pdf. Di fronte a domande come: "Vi sentireste in imbarazzo se aveste come vicino: 1. un handicappato? 2. una persona di fede religiosa diversa? 3. una persona di origine etnica diversa? 4. un omosessuale? 5. uno zingaro?" gli italiani rispondono di sì con percentuali più alte dal 9% al 20% della media europea, mentre sono nettamente più contrari della media europea a interventi dello stato in difesa dei gruppi (etnici e sociali) più deboli.
La corrispondenza da Roma di Birgit Schönau era tradotta in italiano sul sito di Internazionale, ma adesso non c'è più. Sui ritorni di fiamma dell'integralismo religioso in Italia non posso che raccomandare la lettura di *Sante ragioni*, di Carla Castellacci e Telmo Pievani (Chiarelettere, Milano 2007). I dati sull'immigrazione provengono dal dossier 2007 della Caritas. L'inchiesta sui valori degli islamici è riassunta in un articolo di Inglehart R., Norris P. (2003), "The true clash of civilizations", *Foreign Policy*, 135:63-70, i dati sulla percentuale di islamici praticanti vengono dal libro di Roberto Gritti e Magdi Allam, *Islam, Italia. Chi sono e cosa pensano i musulmani che vivono tra noi* (Guerini, Milano 2001). Ho preso diversi spunti da un articolo di Louassini Z., "Ha recibido la Iglesia clases de 'marketing'?", su *El País* del 1° aprile 2008.
Undici tesi dopo lo tsunami, un testo di Mario Tronti e Walter Tocci, si trova a questo indirizzo: http://l_antonio.ilcannocchiale.it/2008/06/03/undici_tesi_dopo_lo_tsunami.html. L'articolo di

Goffredo Bettini "Perché abbiamo perso Roma?" è apparso il 7 maggio 2008 su *l'Unità*. Citando il famoso e controverso libro di Samuel Huntington, *The clash of civilizations and the remaking of world Order* (Simon & Schuster, New York 1996; trad. it. *Lo scontro delle civiltà e il nuovo ordine mondiale. Il futuro geopolitico del pianeta*, Garzanti, Milano 2000), non posso non ricordare anche gli illuminati tentativi di Edward Said di superare le dicotomie fra buoni e cattivi e ragionare seriamente sul mondo in cui viviamo. Una sua risposta a Huntington è uscita su *The Nation* il 22 ottobre 2001 (Said E.W., "A clash of ignorance"); un suo testo più ampio e secondo me bellissimo è *Umanesimo e critica democratica. Cinque lezioni* (il Saggiatore, Milano 2007). Secondo l'articolo 3 della Costituzione italiana "Tutti i cittadini hanno pari dignità sociale e sono eguali davanti alla legge, senza distinzione di sesso, di razza, di lingua, di religione, di opinioni politiche, di condizioni personali e sociali."

RINGRAZIAMENTI

Ogni testo scientifico, anche se firmato da un solo autore, è sempre il prodotto del lavoro di tante persone. Voglio ricordare qui almeno i nomi di quelli che più hanno contribuito direttamente alla stesura di questo libro: Michele Luzzatto, Lara Ricci, Marco Vigevani, Giovanni Boniolo, Elisabetta Scavo; Giorgio Manzi e Marco Peresani per la parte paleontologica; Alessandro Barbero per tante importanti chiacchierate sulla storia; e Vittorio Parsi che, a detta di tutti, condivide con me lineamenti inconfondibilmente etruschi.

Altri hanno contribuito indirettamente. Gli anziani restano penosamente attaccati al tempo che fu e io non faccio eccezione. Nel mio caso, il tempo che fu è quello in cui si riteneva che per un paese civile la cultura fosse importante e l'università il luogo in cui trasmetterla agli studenti dopo averla prodotta con la ricerca. Ho avuto fortuna: ho incontrato persone che hanno condiviso questa fissazione *rétro*, e che in anni difficili (ma i prossimi saranno peggio) sono riusciti a produrre, nonostante tutto, scienza di ottima qualità. Perciò grazie ad Alessandra Farabegoli, Andrea Pilastro, Giulietta Di Benedetto, Lucia Simoni, Lounès Chikhi, Chiara Romualdi, David Caramelli, Isabelle Dupanloup, Enza Colonna, Silvia Ghirotto, Gloria González Fortes, Jaume Bertranpetit, Doug Futuyma, Rob Tykot e Richard Nichols. Non posso più ringraziare, ma questo non estingue il mio debito di riconoscenza nei loro confronti, Robert Sokal, Luca Cavalli-Sforza, Rossella

Panarese, Gianfranco Bangone e Pietro Greco, che in modi diversi mi hanno insegnato tanto, e se ne sono andati troppo presto. E grazie naturalmente, per tanti motivi, a Lorena Madrigal.

PICCOLO GLOSSARIO

ADATTAMENTO: Sviluppo di particolari caratteristiche biologiche, favorite in un determinato ambiente dalla selezione naturale.

ALLELE: Una delle forme alternative di un certo gene o di una certa sequenza di DNA.

AMMINOACIDO: Uno dei componenti delle catene proteiche. Nelle proteine dei Vertebrati ci sono venti diversi amminoacidi, ciascuno codificato, nel DNA, da tre basi.

APLOIDE: Cromosoma o tratto di DNA presente in una sola copia nella cellula.

APLOTIPO: Complesso di alleli portati insieme su un cromosoma.

AURIGNAZIANA: Tecnologia preistorica caratterizzata dalla produzione di lamine e piccole punte, in parte in pietra, in parte ricavate da materie dure animali. Diffusa in Europa, a partire dall'area mediterranea, nel paleolitico superiore, fra 38 mila e 20 mila anni fa, e associata a forme umane anatomicamente moderne (che qui abbiamo chiamato sapiens). Allo stesso periodo appartengono i primi oggetti ornamentali e le prime forme di arte figurativa.

BASE: Uno dei componenti degli acidi nucleici. Nel DNA ci sono quattro diverse basi o nucleotidi.

BATTERIO: Organismo unicellulare procariota, cioè dotato di cellule prive di membrana nucleare.

BIODIVERSITÀ: L'insieme delle differenze biologiche fra tutti i membri di una specie, di una comunità o di un ecosistema.

CASTELPERRONIANO: Tecnologia preistorica comprendente punte e coltelli a dorso con caratteristiche di transizione fra quelle musteriane e quelle aurignaziane, documentata in Europa centrale e nella penisola iberica nella prima fase del paleolitico superiore. Viene generalmente associata a popolazioni neandertaliane entrate in contatto con popolazioni anatomicamente moderne.

CAUCASICO: Termine obsoleto che designa le persone di pelle bianca o di origine europea.

CELLULA: La componente fondamentale degli organismi viventi. Nei Vertebrati contiene di norma un corredo diploide di DNA. Fanno eccezione le cellule fertili o gameti, che ne contengono un corredo aploide.

COALESCENZA: L'evento per cui, risalendo dal presente al passato attraverso le generazioni, due linee di discendenza convergono in un antenato comune.

CODICE GENETICO: Regole attraverso cui la cellula traduce nella sequenza di amminoacidi di una proteina l'informazione rappresentata dalla sequenza di basi del DNA. È universale e ha segnali di inizio e fine. Ogni amminoacido è indicato da tre basi consecutive del DNA.

CODIFICANTE: Frazione di DNA che contiene l'informazione per la sintesi delle proteine. Nell'uomo rappresenta circa il 10% del DNA totale.

CROMOSOMA: Componente cellulare formata principalmente da una lunga catena di DNA avvolta su se stessa. Il genoma umano comprende 46 cromosomi, cioè 23 coppie di cromosomi omologhi, fra cui due cromosomi sessuali, l'X e l'Y.

CROMOSOMA Y: Cromosoma che determina il sesso maschile, trasmesso dal padre ai figli maschi.

DERIVA GENETICA: Fenomeno di divergenza casuale fra popolazioni nelle quali l'isolamento provoca una riduzione della variabilità genetica interna e un aumento della variabilità rispetto ad altre popolazioni.

DIPLOIDE: Cromosoma o tratto di DNA presente in due copie nella cellula.

DIVISIONE CELLULARE: Processo attraverso cui le cellule si moltiplicano. È preceduto da una replicazione del DNA, di modo che da una cellula-madre si ottengono due cellule figlie, geneticamente identiche (a meno di mutazioni).

DNA: Acido desossiribonucleico. Molecola presente nelle cellule, dalla struttura a doppia elica, che contiene l'informazione genetica.

DNA MITOCONDRALE: Breve tratto di DNA (nei mammiferi, poco più di 16 mila basi) contenuto non nel nucleo della cellula, ma nei mitocondri. Viene trasmesso dalla madre ai figli, sia femmine sia maschi.

EFFETTO DEL FONDATORE: Processo demografico attraverso il quale un piccolo gruppo di fondatori (generalmente poco variabile) forma una popolazione che dei fondatori conserverà le caratteristiche genetiche.

ÉLITE DOMINANCE: Processo attraverso cui un piccolo gruppo di immigranti, di elevato status sociale, introduce in una popolazione cambiamenti culturali, per esempio una nuova lingua, senza alterare significativamente le caratteristiche genetiche della stessa popolazione.

ENZIMA: Proteina che catalizza (cioè favorisce) una reazione chimica.

FARMACOGENETICA: Lo studio dei geni che determinano le differenze fra individuo e individuo nella risposta al trattamento con farmaci.

FERTILITÀ: Capacità riproduttiva. Si misura tramite il numero di discendenti prodotti da un individuo, o in media dai membri di una popolazione. Insieme alla mortalità, è uno dei fattori che, variando, determinano la selezione naturale.

FOSSILIZZAZIONE: Trasformazione post mortem di tessuti biologici dovuta all'azione di fattori meccanici, fisici e chimici, che porta alla conservazione dei tessuti in forma variamente modificata (mineralizzata, carbonificata, mummificata ecc.).

GAMETI: Le cellule uovo non fecondate e gli spermatozoi. Hanno contenuto aploide di DNA.

GENE: Tratto di DNA che contiene l'informazione necessaria a produrre una o più proteine.

GENETICA: Studio della trasmissione ereditaria dei caratteri biologici.

GENOMA: Complesso del DNA presente in una cellula, o in un individuo, o tipico di una specie.

GLACIAZIONE: Periodo in cui si abbassa la temperatura terrestre, con conseguente espansione delle calotte glaciali e abbassamento del livello del mare.

GLOTTOCRONOLOGIA: Metodo, oggi caduto in disuso, per datare la separazione fra lingue imparentate sulla base di differenze lessicali.

GRADIENTE: Cambiamento graduale delle caratteristiche biologiche nello spazio geografico, per cui le differenze biologiche fra popolazioni o individui tendono a essere proporzionali alla loro distanza.

HOMO ERECTUS: Forma umana tipica dell'Asia a partire da 1,7 milioni di anni fa (un tempo nota anche con il nome di Pitecantropo), documentata inizialmente in Cina (uomo di Pechino) e Indonesia (uomo di Giava).

HOMO ERGASTER: Forma umana tipica dell'Africa, documentata fra 2 milioni e 1 milione di anni fa. La si ritiene vicina parente del gruppo che ha dato origine a *Homo heidelbergensis.*

HOMO HABILIS: Forma umana tipica dell'Africa orientale, documentata prima di 2 milioni di anni fa. La si ritiene vicina parente del gruppo che ha dato origine a *Homo ergaster*, e si pensa che i primi umani usciti dall'Africa fossero simili a *Homo habilis.*

HOMO HEIDELBERGENSIS: Forma umana presente in Africa, Europa e Asia occidentale, documentata fra i 600 e i 100 mila anni fa, da cui si ritiene abbiano avuto origine le popolazioni neandertaliane e quelle di *Homo sapiens*.

HOMO SAPIENS: L'uomo moderno. Forma umana presente in Africa a partire da circa 190 mila anni fa, in seguito diffusasi su tutta la Terra attraverso una o più espansioni che i dati genetici collocano intorno a 56 o 51 mila anni fa, in buon accordo con i dati paleontologici.

INTERGLACIALE: Periodo compreso fra due glaciazioni in cui si alza la temperatura terrestre, i ghiacciai si ritirano verso i poli e si alza il livello del mare.

ISOLAMENTO RIPRODUTTIVO: Condizione in cui si trovano individui che non possono riprodursi con membri di altre comunità.

MESOLITICO: Periodo dell'età della pietra segnato dalla transizione da un'economia di caccia e raccolta a una caratterizzata dall'agricoltura e dall'allevamento.

METABOLISMO: Insieme delle reazioni che avvengono in un organismo e che portano alla trasformazione delle molecole chimiche in esso presenti.

MIGRAZIONE: Spostamento di individui o popolazioni attraverso lo spazio geografico.

MITOCONDRIO: Organo della cellula contenente molte copie di un tratto di DNA trasmesso solo per via materna.

MOLECOLA: La più piccola parte di un composto o elemento chimico capace di esistenza indipendente, costituita da atomi tenuti insieme da legami chimici.

MORTALITÀ: Tendenza a morire. Si misura tramite l'età alla morte di un individuo, o in media dei membri di una popolazione. Insieme alla fertilità, è uno dei fattori che, variando, determinano la selezione naturale.

MUSTERIANA: Tecnologia (o industria litica) preistorica tramite la quale si ottenevano attrezzi scheggiando un nucleo di selce. Diffusa in Europa e Vicino Oriente nel paleolitico medio, fra 300 mila e 30 mila anni fa, e associata all'uomo di Neandertal, ma non esclusivamente.

MUTAZIONE: Alterazione ereditaria nella sequenza del DNA.

NEANDERTAL: Gruppo umano dalle caratteristiche anatomiche arcaiche, documentato in Europa e Asia occidentale fra 300 mila e 38 mila anni fa. Il nome deriva dal sito tedesco in cui sono stati trovati alcuni dei primi reperti.

NEODARWINISMO: Sintesi fra la teoria evoluzionistica darwiniana e la genetica mendeliana.

NEOLITICO: Periodo dell'età della pietra in cui le popolazioni umane producono il cibo grazie all'agricoltura e all'allevamento degli animali. Nel Vicino Oriente comincia 10 mila anni fa, e nel giro di 5 mila anni si estende a tutta l'Europa.

OMOLOGO: Si dice di un cromosoma rispetto a un altro di uguale struttura e contenente gli stessi geni. In ciascuna cellula umana i cromosomi formano coppie di omologhi, uno ricevuto in eredità da un genitore e uno dall'altro. Fanno eccezione i cromosomi sessuali, che nella femmina sono due cromosomi X, nel maschio un X (trasmesso dalla madre) e un Y (trasmesso dal padre).

PALEOLITICO: Periodo dell'età della pietra in cui le popolazioni umane si procurano il cibo attraverso la caccia e la raccolta. Si distinguono un paleolitico inferiore, medio e superiore.

POOL GENICO: Complesso di alleli presenti in una specie o in una popolazione.

POPOLAZIONE: Un insieme di individui che hanno in comune alcune caratteristiche fisiche o sociali, e che tendono a riprodursi fra di loro.

PRIMATI: Ordine di mammiferi comprendente i lemuri, le scimmie e le grandi scimmie, queste ultime comprese nella famiglia *Hominidae* di cui fanno parte orangutan, gorilla, scimpanzé, bonobo (o scimpanzé pigmeo) e uomo.

PROTEINA: Molecola organica composta da una o più catene di amminoacidi (o peptidi), ciascuna delle quali è il prodotto dell'attività di un gene.

RAZZA: Gruppo di individui che differiscono dagli altri membri della loro specie per alcune caratteristiche ereditarie riconoscibili, e vivono in una precisa area geografica.

REPLICAZIONE (DEL DNA): Processo cellulare attraverso cui il DNA dei cromosomi viene duplicato. Precede la divisione cellulare.

SAPIENS: vedi *Homo sapiens*.

SELEZIONE ARTIFICIALE: Modifica progressiva delle caratteristiche genetiche di animali e piante, tramite incroci controllati.

SELEZIONE NATURALE: Processo evolutivo che porta all'eliminazione di certe caratteristiche biologiche e alla diffusione di altre, più adatte all'ambiente. È dovuta a differenze ereditarie nella capacità di sopravvivere e riprodursi dei diversi individui, e quindi al loro diverso contributo alla generazione successiva.

SEQUENZA: Successione di basi nel DNA, o di amminoacidi in una proteina.

SPECIE: Concetto di base nella classificazione degli organismi viventi. Secondo la definizione classica, insieme di individui in grado, incrociandosi, di generale prole fertile. Lamarck e poi Darwin sottolineano come specie imparentate derivino dagli stessi antenati, e quindi che nella formazione di nuove specie si attraversino fasi di transizione (formazione di razze o sottospecie) in cui i limiti fra l'una e l'altra sono difficili o impossibili da definire. Per comprendere i rapporti fra Neandertal e sapiens, il concetto di specie non è di grande utilità.

STRUTTURA GENETICA: Distribuzione della diversità genetica nello spazio geografico.

TEORIA MULTIREGIONALE: Modello secondo cui le popolazioni moderne dell'Eurasia sono discendenti (in tutto o in buona parte) di *Homo neanderthalensis* e *Homo erectus*, che quindi non sarebbero, di fatto, due specie distinte, ma membri di un'unica specie umana.

TEORIA OUT-OF-AFRICA: Modello secondo cui le popolazioni moderne di tutto il mondo discendono da antenati africani che in tempi relativamente recenti hanno sostituito le forme umane preesistenti in Eurasia, *Homo neanderthalensis* e *Homo erectus*; queste ultime sarebbero quindi, di fatto, due specie distinte ed estinte.

VARIABILITÀ: Tendenza naturale alla variazione. Spesso usato come sinonimo di diversità.

VARIANTE GENICA: Sinonimo di allele.

VIRUS: Organismo a struttura subcellulare, parassita obbligato di un organismo superiore.

Made in the USA
Monee, IL
05 November 2026

67386720R00185